"好程序员成长"丛书

Java移动端企业大型项目实战
SpringBoot+Android

千锋教育高教产品研发部 / 编著

清华大学出版社
北京

内容简介

本书融合了Java和Android技术，还原企业的真实需求，模拟企业管理项目开发流程，带领读者"从0到1"学习公司管理项目的开发。

该项目的服务端主要采用SpringBoot框架，并集成MyBatis-Plus简化了接口的开发，提高了开发效率，还在多个模块的开发中介绍了数据库触发器、Redis的简单使用，通过注解实现定时任务。在移动端主要讲解了Android SDK及其插件的使用，集成第三方接口，调用API查询企业信息等功能。项目中主要实现了客户资料管理、销售机会管理、报价记录管理、合同订单管理等模块的功能，并严格按照用户的权限对各类数据实现管控。

本书适合掌握一定的Java基础，拥有Spring相关框架开发经历的读者使用。

版权所有，侵权必究。举报：010-62782989，beiqinquan@tup.tsinghua.edu.cn。

图书在版编目(CIP)数据

Java移动端企业大型项目实战：SpringBoot＋Android/千锋教育高教产品研发部编著.—北京：清华大学出版社，2024.7

("好程序员成长"丛书)

ISBN 978-7-302-58766-8

Ⅰ.①J… Ⅱ.①千… Ⅲ.①JAVA语言－程序设计 Ⅳ.①TP312.8

中国版本图书馆CIP数据核字(2021)第143985号

责任编辑：黄 芝 张爱华
封面设计：吕春林
责任校对：郝美丽
责任印制：曹婉颖

出版发行：清华大学出版社
网　　址：https://www.tup.com.cn, https://www.wqxuetang.com
地　　址：北京清华大学学研大厦A座　　邮　编：100084
社 总 机：010-83470000　　邮　购：010-62786544
投稿与读者服务：010-62776969, c-service@tup.tsinghua.edu.cn
质量反馈：010-62772015, zhiliang@tup.tsinghua.edu.cn
课件下载：https://www.tup.com.cn, 010-83470236

印 装 者：三河市天利华印刷装订有限公司
经　　销：全国新华书店
开　　本：185mm×260mm　　印　张：18.5　　字　数：451千字
版　　次：2024年8月第1版　　印　次：2024年8月第1次印刷
印　　数：1～2500
定　　价：69.80元

产品编号：091348-01

编 委 会

(排名不论先后)

主　任：胡耀文　王向军
副主任：吴　阳　杜海峰
委　员：甘杜芬　李海生　袁怀民
　　　　孔德凤　徐　娟　武俊生
　　　　常　娟　王玉清　夏冰冰
　　　　周雪芹　孙玉梅　杨　忠
　　　　武俊生　张小峰

前言

北京千锋互联科技有限公司(简称"千锋教育")成立于2011年1月,立足于职业教育培训领域,公司现有教育培训、高校服务、企业服务三大业务板块。教育培训业务分为大学生技能培训和职后技能培训;高校服务业务主要提供校企合作全解决方案与定制服务;企业服务业务主要为企业提供专业化综合服务。公司总部位于北京,目前已在20个城市成立分公司,现有教研讲师300余人。公司目前已与国内20 000余家IT相关企业建立人才输送合作关系,每年培养泛IT人才近2万人,十年间累计培养10余万泛IT人才,累计向互联网输出免费学科视频950余套,累积播放量9800万余次。每年有数百万名学员接受千锋组织的技术研讨会、技术培训课、网络公开课及免费学科视频等服务。

千锋教育自成立以来一致秉承"初心至善 匠心育人"的工匠精神,打造学科课程体系和课程内容,高教产品部认真研读国家教育大政方针,在"三教改革"和公司的战略指导下,集公司优质资源编写高校教材,目前已经出版新一代IT技术教材50余种,积极参与高校的专业共建、课程改革项目,将优质资源输送到高校。

高校服务

锋云智慧教辅平台(www.fengyunedu.cn)是千锋教育专为中国高校打造的智慧学习云平台,依托千锋教育先进的教学资源与服务团队,可为高校师生提供全方位教辅服务,助力学科和专业建设。平台包括视频教程、原创教材、教辅平台、精品课、锋云录等专题栏目,为高校输送与教材配套的课程视频、教学素材、教学案例、考试系统等教学辅助资源和工具,并为教师提供样书快递及增值服务。

锋云智慧服务QQ群

读者服务

学IT有疑问,就找"千问千知",这是一个有问必答的IT社区,平台上的专业答疑辅导老师承诺在工作时间3小时内答复您学习IT时遇到的专业问题。读者也可以通过扫描下页的二维码,关注"千问千知"微信公众号,浏览其他学习者在学习中分享的问题和收获。

千问千知公众号

资源获取

本书配套资源可添加小千 QQ 号 2133320438 或扫下方二维码索取。

小千 QQ 号

前 言

伴随着移动互联网的发展,越来越多的企业和个人需要开发移动应用来满足业务需求。SpringBoot+Android 的组合不仅能够满足市场需求,而且 SpringBoot 作为 Java 领域的优秀框架,具有自动配置、简化开发等特点,与 Android 的结合能够充分利用 Java 的技术优势,提升开发效率和质量。本书融合 SpringBoot 与 Android 技术,开发了一款企业移动端 App,旨在帮助学生学习真实的企业移动应用项目的开发流程,提高学生的职业化能力。

本书以一个企业移动端 App 项目贯穿全书,以项目驱动式的模式实践了 SpringBoot 与 Android 的主要技术,帮助学生具备全面的技术能力和业务实践能力,同时还需要保持持续学习和解决问题的能力,以适应不断变化的市场需求和技术挑战。本书在语言描述上准确规范、简明扼要、通俗易懂;在章节编排上采用循序渐进的方式,内容精炼且全面;在语法阐述中尽量避免使用生硬的术语和枯燥的公式,从项目开发的实际需求入手,将理论知识与实际应用相结合,促进学生的学习和成长,快速积累项目开发经验,从而在职场中拥有较高起点。

本书特点

SpringBoot 与 Android 技术在企业级移动端应用开发中具有各自独特的优势。SpringBoot 简化了后端服务的搭建和管理,提供了强大的微服务支持;而 Android 则提供了跨平台的兼容性、丰富的 UI 组件和库以及广泛的设备支持和连接性。两者结合使用可以构建出功能强大、性能优越、用户体验良好的企业级移动端应用。

通过本书将学习到以下内容。

第 1 章:主要介绍企业移动端 App 项目的背景、需求分析和系统功能。

第 2 章:主要介绍服务端接口框架搭建、Android 常用开源库与插件以及 Android App 框架搭建。

第 3 章:主要介绍登录模块中登录表的设计与创建、用户登录与修改密码功能的接口,以及登录功能与首页页面的实现。

第 4 章:主要介绍 RBAC 模型、数据库表的设计和使用 SQL 查询权限范围。

第 5 章:主要介绍产品信息管理模块,包括产品信息库表设计、产品信息服务端接口和实现产品信息管理功能。

第 6 章:主要介绍客户资料管理模块,包括客户资料库表设计、客户资料服务端接口和实现客户资料管理功能。

第 7 章:主要介绍跟进记录管理模块,包括跟进记录库表设计、跟进记录服务端接口和实现跟进记录管理功能。

第 8 章:主要介绍销售机会管理模块,包括销售机会库表设计、销售机会服务端接口和实现销售机会管理功能。

第9章：主要介绍报价记录管理模块，包括报价记录库表设计、报价记录服务端接口和实现报价记录管理功能。

第10章：主要介绍合同订单管理模块，包括合同订单库表设计、合同订单服务端接口和实现合同订单管理功能。

第11章：主要介绍费用报销管理模块，包括费用报销库表设计、费用报销服务端接口和实现费用报销管理功能。

第12章：主要介绍数据审核中心，包括数据审核服务端接口和实现数据审核管理功能。

第13章：主要介绍回款记录管理模块，包括回款记录库表设计和回款记录服务端接口。

第14章：主要介绍项目部署，包括服务端项目打包部署和移动端App打包发布。

通过本书的系统学习，读者能够快速掌握使用SpringBoot与Android技术实现企业移动应用App所需的知识和技能，为未来的开发工作打下坚实的基础。

致谢

本书的编写和整理工作由北京千锋互联科技有限公司高教产品部完成，其中主要的参与人员有胡耀文、王向军、吴阳、杜海峰等。除此之外，千锋教育的500多名学员参与了教材的试读工作，他们站在初学者的角度对教材提出了许多宝贵的修改意见，在此一并表示衷心的感谢。

意见反馈

在本书的编写过程中，虽然力求完美，但难免有一些不足之处，欢迎各界专家和读者朋友们给予宝贵的意见，联系方式：textbook@1000phone.com。

2024年4月于北京

目　　录

下载源码

第 1 章　项目介绍	1
1.1　背景介绍	1
1.1.1　开发背景	1
1.1.2　用户特点	1
1.1.3　项目描述	2
1.2　需求分析	2
1.2.1　项目需求概述	2
1.2.2　业务流程分析	2
1.2.3　运行环境依赖	4
1.3　系统功能介绍	4
1.3.1　客户资料管理模块	4
1.3.2　跟进记录管理模块	5
1.3.3　销售机会管理模块	8
1.3.4　报价记录管理模块	10
1.3.5　合同订单管理模块	11
1.3.6　回款记录管理模块	12
1.3.7　客户公共池管理模块	14
1.3.8　产品信息管理模块	16
1.3.9　数据审核中心	18
1.3.10　费用报销管理模块	18
第 2 章　项目搭建	22
2.1　服务端接口框架搭建	22
2.1.1　配置运行环境	22
2.1.2　创建 SpringBoot 工程	23
2.1.3　安装 Redis	33
2.2　Android 常用开源库与插件	34
2.2.1　Retrofit 网络访问框架	34
2.2.2　RxJava 响应式编程框架	36
2.2.3　Android 开源库介绍	38

2.3 Android App 框架搭建 ··· 39
　　2.3.1 安装 Android Studio 与创建项目 ··· 39
　　2.3.2 自定义 Gradle 配置文件 ·· 41

第 3 章　登录模块 ··· 44

3.1 登录表设计 ··· 44
　　3.1.1 设计表结构 ··· 44
　　3.1.2 创建数据表 ··· 44
　　3.1.3 用户登录、修改密码功能接口 ·· 44
　　3.1.4 用户登录、修改密码功能接口测试 ······································· 48
3.2 实现登录功能 ·· 49
　　3.2.1 用户登录与记住密码 ··· 49
　　3.2.2 修改用户密码 ··· 54
3.3 实现首页页面 ·· 58
　　3.3.1 首页页面 ··· 58
　　3.3.2 工作台页面 ··· 63

第 4 章　基于 RBAC 模型权限设计 ··· 68

4.1 RBAC 模型介绍 ··· 68
　　4.1.1 RBAC 模型概述 ·· 68
　　4.1.2 RBAC1 基于角色的分层模型 ·· 69
　　4.1.3 RBAC2 约束模型 ·· 69
4.2 设计数据库表 ·· 69
　　4.2.1 分析公司人员组成结构 ·· 69
　　4.2.2 设计权限管理表结构 ··· 69
　　4.2.3 创建数据表 ··· 69
　　4.2.4 员工部门、职位层级关系 ·· 70
4.3 使用 SQL 查询权限范围 ·· 71

第 5 章　产品信息管理模块 ··· 74

5.1 产品信息库表设计 ··· 74
　　5.1.1 设计产品表结构 ·· 74
　　5.1.2 创建数据表 ··· 74
5.2 产品信息服务端接口 ··· 76
　　5.2.1 产品信息增、删、改、查接口 ··· 76
　　5.2.2 产品信息增、删、改、查接口测试 ······································ 87
5.3 实现产品信息管理功能 ··· 92
　　5.3.1 TakePictureManager 相机与相册上传图片类 ························· 92
　　5.3.2 产品信息列表展示 ··· 94

  5.3.3 新增、修改产品信息 ·· 97
  5.3.4 查看产品信息 ·· 101
  5.3.5 查询产品信息 ·· 104

第6章 客户资料管理模块 ·· 107

6.1 客户资料库表设计 ·· 107
  6.1.1 设计客户表、联系人表结构 ··· 107
  6.1.2 创建客户、联系人数据表 ··· 107
6.2 客户资料服务端接口 ·· 109
  6.2.1 客户资料管理操作权限验证 ··· 109
  6.2.2 编辑客户资料管理模块文件 ··· 110
  6.2.3 编辑客户资料管理模块Mapper接口 ·· 118
  6.2.4 编辑客户资料管理模块Service ·· 124
  6.2.5 编辑客户资料管理模块Controller ·· 131
6.3 实现客户资料管理功能 ·· 132
  6.3.1 客户资料列表功能实现 ··· 132
  6.3.2 查看客户资料功能实现 ··· 135
  6.3.3 添加与修改客户资料功能实现 ··· 138
  6.3.4 联系人功能实现 ·· 142

第7章 跟进记录管理模块 ·· 145

7.1 跟进记录库表设计 ·· 145
  7.1.1 跟进记录及其附属表结构设计 ··· 145
  7.1.2 创建跟进记录及其附属数据表 ··· 145
7.2 跟进记录服务端接口 ·· 146
  7.2.1 编辑跟进记录管理模块文件 ··· 146
  7.2.2 编辑跟进记录管理模块Mapper接口 ·· 148
  7.2.3 编辑跟进记录管理模块Service ·· 150
  7.2.4 编辑跟进记录管理模块Controller ·· 152
7.3 实现跟进记录管理功能 ·· 153
  7.3.1 任务跟进列表功能实现 ··· 153
  7.3.2 添加与修改跟进记录功能 ··· 154
  7.3.3 查看跟进记录功能实现 ··· 159

第8章 销售机会管理模块 ·· 166

8.1 销售机会库表设计 ·· 166
  8.1.1 销售机会及其附属表结构设计 ··· 166
  8.1.2 创建销售机会及其附属数据表 ··· 166
  8.1.3 实现销售机会管理模块数据库触发器 ··· 168

8.2 销售机会服务端接口 …… 170
　8.2.1 编辑销售机会管理模块文件 …… 170
　8.2.2 销售机会管理模块 Mapper 接口 …… 174
　8.2.3 销售机会管理模块 Service …… 175
　8.2.4 编辑跟进记录管理模块 Controller …… 179
8.3 实现销售机会管理功能 …… 179
　8.3.1 销售机会列表功能实现 …… 179
　8.3.2 查看销售机会功能实现 …… 182
　8.3.3 添加销售机会功能实现 …… 185
　8.3.4 编辑销售机会功能实现 …… 189

第 9 章　报价记录管理模块 …… 192

9.1 报价记录库表设计 …… 192
　9.1.1 报价记录表及其附属表结构设计 …… 192
　9.1.2 创建报价记录数据表 …… 192
　9.1.3 实现报价记录管理模块数据库触发器 …… 193
9.2 报价记录服务端接口 …… 195
　9.2.1 编辑报价记录管理模块文件 …… 196
　9.2.2 编辑报价记录管理模块 Mapper 接口 …… 198
　9.2.3 编辑报价记录管理模块 Service …… 201
　9.2.4 编辑费用报销管理模块 Controller …… 207
9.3 实现报价记录管理功能 …… 208
　9.3.1 报价记录列表功能实现 …… 208
　9.3.2 新增与修改报价记录功能实现 …… 208
　9.3.3 查看报价记录功能实现 …… 211

第 10 章　合同订单管理模块 …… 213

10.1 合同订单库表设计 …… 213
　10.1.1 合同订单表结构设计 …… 213
　10.1.2 创建合同订单数据表 …… 213
　10.1.3 实现合同订单管理模块数据库触发器 …… 215
10.2 合同订单服务端接口 …… 217
　10.2.1 编辑合同订单管理模块文件 …… 217
　10.2.2 编辑合同订单管理模块 Mapper 接口 …… 219
　10.2.3 编辑合同订单管理模块 Service …… 222
　10.2.4 编辑合同订单管理模块 Controller …… 229
10.3 实现合同订单管理功能 …… 229
　10.3.1 合同订单列表功能实现 …… 229
　10.3.2 合同订单查看功能实现 …… 229

10.3.3　添加与修改合同订单功能实现 230
　　　10.3.4　合同订单审核追踪功能实现 233

第 11 章　费用报销管理模块 237

11.1　费用报销库表设计 237
　　　11.1.1　费用报销表结构设计 237
　　　11.1.2　创建费用报销数据表 237
11.2　费用报销服务端接口 239
　　　11.2.1　编辑费用报销管理模块文件 239
　　　11.2.2　编辑费用报销管理模块 Mapper 接口 245
　　　11.2.3　编辑费用报销管理模块 Service 247
　　　11.2.4　编辑费用报销管理模块 Controller 253
11.3　实现费用报销管理功能 253
　　　11.3.1　费用报销列表功能实现 253
　　　11.3.2　查看与修改费用报销功能实现 254
　　　11.3.3　新建费用报销功能实现 255
　　　11.3.4　新建费用报销明细功能实现 258

第 12 章　数据审核中心 261

12.1　数据审核服务端接口 261
12.2　实现数据审核管理功能 262
　　　12.2.1　数据审核列表功能实现 262
　　　12.2.2　合同、报销、报价审核功能实现 262

第 13 章　回款记录管理模块 265

13.1　@Scheduled 注解 265
13.2　回款记录库表设计 266
　　　13.2.1　回款记录表结构设计 266
　　　13.2.2　创建回款记录管理模块数据表 266
13.3　回款记录服务端接口 267
　　　13.3.1　编辑回款记录管理模块文件 267
　　　13.3.2　编辑回款记录管理模块 Mapper 接口 270
　　　13.3.3　编辑费用报销管理模块 Service 272
　　　13.3.4　编辑回款记录管理模块 Controller 275

第 14 章　项目部署 276

14.1　服务端项目打包部署 276
14.2　移动端 App 打包发布 278

第 1 章　项 目 介 绍

本章学习目标
- 了解项目的开发背景。
- 了解项目需求。
- 了解项目开发运行环境。
- 熟悉项目的功能。

智能手机的出现极大地简化了人们的衣食住行，不仅方便了人们的生活，还给工作带来极大的便利。合理地利用手机办公，既能提高工作效率，又能简化工作流程。因此，大多数企业都会利用移动端软件协助办公。本章将带领读者了解移动端 App 的开发流程，以及项目开发前的需求分析、业务流程、环境依赖等，帮助读者更轻松地学习后续章节。

1.1　背 景 介 绍

1.1.1　开发背景

企业移动端 App 的开发，通常是为了解决一些计算机（俗称电脑）操作不便或者计算机端操作不及时的工作弊端而设计的。本项目也是在这种情形下孕育而出的。笔者所在的公司是一家制造业公司，随着公司的发展、业务员业务能力的强化，计算机端的工作形式已经不能满足正常的工作需求，每天公司都要处理大量零配件物品的出入库，靠人工计件非常不现实。因此，在项目开发之初选用 Zxing 图像处理库的集成来快速计件，并实现库存物品的先进先出的功能。在销售方面，公司的业务员面临着经常到外地出差的情况，因此，在大多数情况下，业务员在计算机端录入相关数据非常不便利，而且数据不能及时更新，于是，移动端销售模块开发的想法就随之萌发。

1.1.2　用户特点

本项目的用户包含公司仓库管理员、销售人员和财务人员等。仓库管理员在整理仓库货物时，从登记货物编号开始至搜索物品的存放位置再到通过计算机将物品录入系统，甚至每一个零配件的出入库，都会牵动一系列工作流程，使得对仓库的管理极为不便，工作效率也难以得到保障。公司的销售人员经常出差在外，每一次拜访客户时都不能及时录入拜访信息，在洽谈合同时不能及时反馈产品的报价信息，就连最基本的库存信息都难以及时录入准确的数据，使得销售人员的工作状态趋于疲乏，缺失灵动性。

1.1.3 项目描述

本项目分为服务端和移动端两部分：服务端基于 SpringBoot 开发，为整个 App 提供服务接口；移动端基于 Android 技术，实现模块功能和页面展示，采用 SQL Server 2012 作为数据库，Redis 作为缓存数据库。整个项目主要由仓库和销售两个模块组成，在仓库模块中，主要实现了扫码查询实时库存、物品出入库扫码审核等功能；在销售模块中，主要实现了客户资料管理、跟进记录管理、销售机会管理、报价记录管理、合同订单管理、回款记录管理、数据审核和费用报销管理等功能。

1.2 需求分析

1.2.1 项目需求概述

仓库管理员迫切需要一款能够查询实时库存并能够实现库存调账功能的软件。当仓库管理员在登记仓库进出货物时，通过扫描货物本身携带的条形码，即可查询到当前货物在每个仓库中的最新库存量，当库存量有偏差时还能够即时更改数据，调整库存。安保人员需要一款能够实现出入登记审核的软件，当有来访人员进入公司时，带其进入公司的内部人员必须出示来访人员的电子申请单，交由门卫室的安保人员扫码审核后方可入内。销售人员需要一款软件能够实现随时随地办公，不受时间、地点等条件的约束，并能够及时地向多级领导反馈业务洽谈成果，即时提出报价申请由上级领导审核反馈，即时查询公司产品库存信息、销售价格等功能。

1.2.2 业务流程分析

1. 仓库模块

在仓库模块中仓库管理员通过 App 扫码查询出该产品在仓库1、仓库2、仓库3 中的实时库存，如果库存有偏差，仓库管理员可以更改库存数量，实现库存调账的功能，如图 1.1 所示。

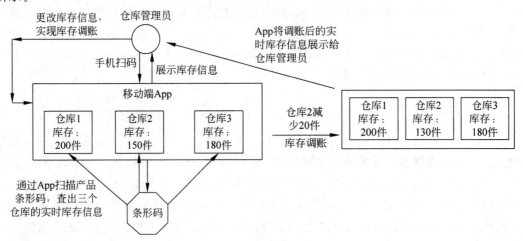

图 1.1 仓库模块

从图 1.1 中可以看出,仓库管理员第一次扫码后查询出的仓库实时数据为:仓库 1 有库存 200 件,仓库 2 有库存 150 件,仓库 3 有库存 180 件。当仓库管理员核实信息后发现数据有偏差,便更改相应的产品,数据更新成功后,此时将最新的数据信息展示给仓库管理员。

2. 销售模块

在销售模块中,需要实现客户资料管理、跟进记录管理、销售机会管理、报价记录管理、合同订单管理、回款记录管理、数据审核和费用报销管理等功能。客户资料管理包含客户的增、删、改、查,联系人的增、删、改、查以及客户公共池的增、删、改、查功能;跟进记录管理包含跟进任务的增、删、改、查以及图片上传等功能;销售机会管理包含最新发现的销售机会的增、删、改、查功能,关联客户、联系人、产品的功能以及推送生成报价记录的功能;报价记录管理、合同订单管理在销售机会管理的基础上新增了数据审核的功能;回款记录管理包含关联合同,生成回款记录、申请回款、查看回款记录、回款临近提醒和逾期未回款记录查看等功能;费用报销管理包含报销单申请,报销单审核等功能,如图 1.2 所示。

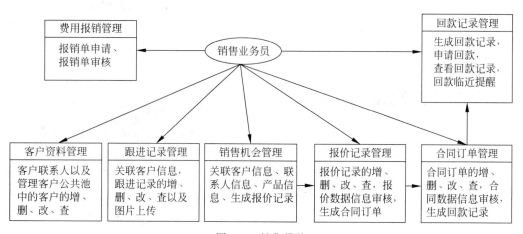

图 1.2　销售模块

从图 1.2 中可以看出,销售机会管理、报价记录管理、合同订单管理和回款记录管理这四个功能之间是互相关联的,需要注意的是,在销售机会管理中添加产品时,只能填写比原价高的报价,而报价记录管理和合同订单管理模块可以输入比产品原价低的价格,但是需要备注原因,以便上级领导审核。

3. 安保模块

在安保模块中,来访人员需要事先联系好要拜访的公司内部员工,内部员工依据待审核的数据信息生成条形码,发送给来访人员,或亲自去门卫室向安保人员出具条形码。当安保人员扫码成功后,来访人员方可入内,如图 1.3 所示。

由于本书篇幅有限,因此,只对销售模块的功能做重点讲解。后续在销售模块的讲解中为了减少代码量,重复的功能将一笔带过,不做过多叙述。

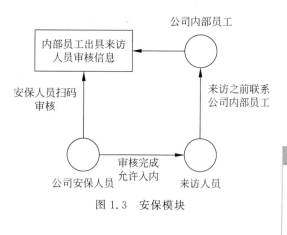

图 1.3　安保模块

1.2.3 运行环境依赖

本项目使用 SQL Server 2012 作为数据库,服务端是使用 SpringBoot 开发的,需要在开发的机器上准备 Java 编译环境和构建工具。由于 SpringBoot 2.0 需要 Java 8 以上的版本支持,因此,需要在开发的机器上安装 JDK1.8 并进行环境变量配置。开发工具选择自己习惯的 IDE 即可,本书使用 IntelliJ IDEA 作为开发服务端工具、Android Studio 作为 Android 端开发工具。另外,需要安装 Postman 测试接口。

1.3 系统功能介绍

1.3.1 客户资料管理模块

项目最终将会在移动端展示,用户在使用前需要输入用户名、密码登录系统,为了方便操作,还可以勾选"记住用户名和密码"复选框,如果用户忘记密码则可以单击"更改密码"按钮,重新设置新的密码,如图 1.4 所示。

当用户名和密码输入无误后,单击"登录"按钮,即可进入 App 首页工作台,如图 1.5 所示。

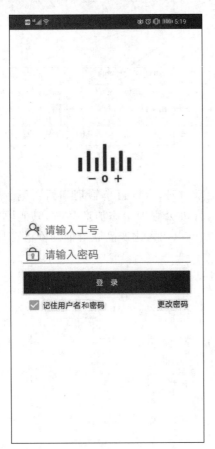

图 1.4 登录界面

图 1.5 主界面

单击图1.5中的"客户资料"图标,即可进入"客户资料"页面(即客户资料列表页面),用户可以查看自己权限范围内的客户资料,也能够筛选查看自己创建的客户资料,如图1.6所示。

用户单击图1.6中的"放大镜"图标,可以进入客户模糊查询的页面,输入想要查询的公司名称关键字,单击"查询"按钮,即可查出对应的客户信息,如图1.7所示。

图1.6 "客户资料"页面

图1.7 查询客户资料

单击图1.6中的"＋"图标,可以新建客户资料,进入客户资料信息编辑页面,信息填写完毕后,单击"提交"按钮,即可在数据库中新增该客户的数据,如图1.8所示。

在图1.6的"客户资料"页面中,单击一条数据,即可跳转到该客户资料的查看页面,在该页面下可以查看所有与该客户关联的信息,例如,该客户的跟进记录、销售机会、报价记录、产生的合同/订单、回款计划等,如图1.9所示。

在图1.9中的"操作"按钮下,隐藏着两个按钮,分别是对客户的信息编辑和将该客户放入客户公共池的操作按钮,客户一旦放入公共池便不再被某一个员工拥有,如图1.10所示。

1.3.2 跟进记录管理模块

单击图1.5中的"任务/跟进"图标,便可以跳转到"任务/跟进"页面(即任务跟进列表页面)。它与客户资料查看页面类似,如图1.11所示。

图 1.8 新增客户　　　　　　　图 1.9 客户资料查看

单击图 1.11 中的"＋"按钮，即可新增跟进记录，在该页面的最底端可以进行图片的上传，上传方式可以选择从手机相册中选取照片上传或者拍照上传，如图 1.12 所示。

在"任务/跟进"页面中单击一条跟进记录，即可查看该条跟进记录的详情，如图 1.13 所示。

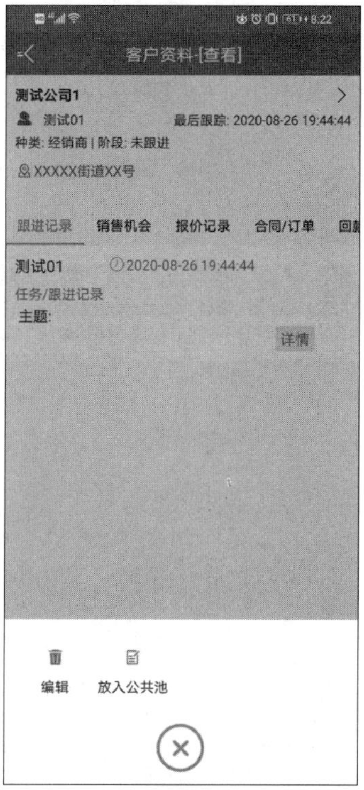

图 1.10　编辑客户资料

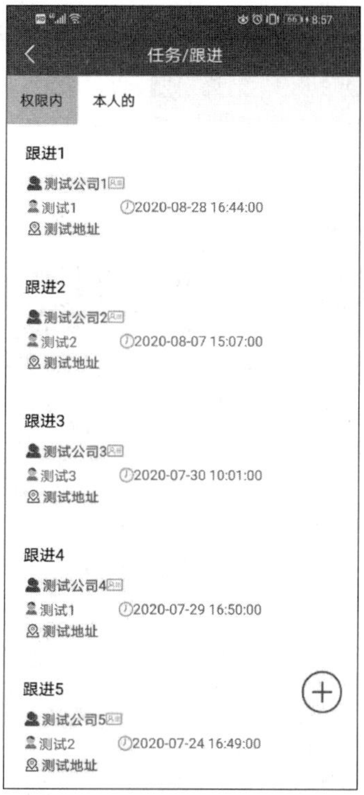

图 1.11　“任务/跟进”页面

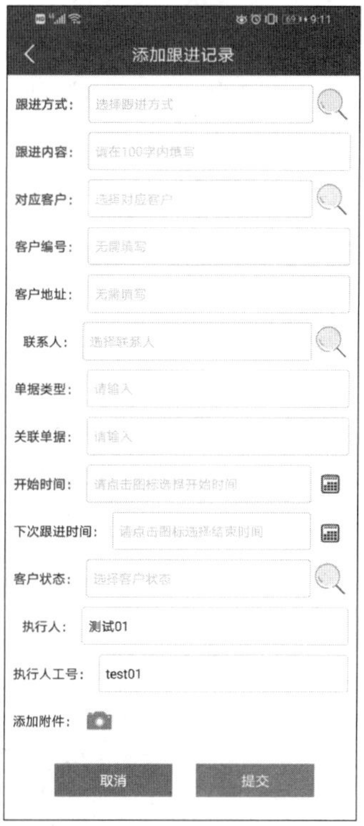

图 1.12　添加跟进记录

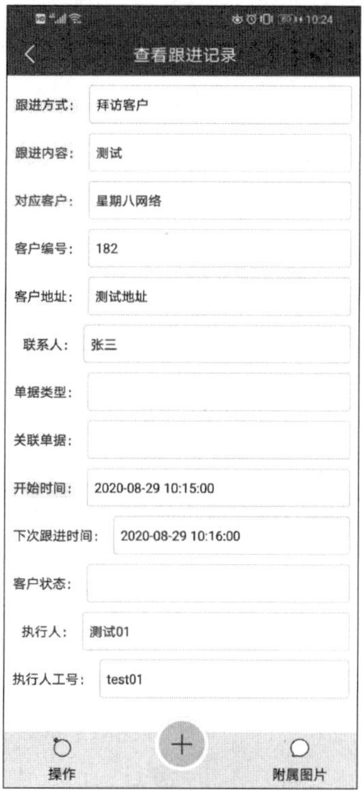

图 1.13　查看跟进记录

在图1.13中的"操作"按钮中,隐藏着"删除"和"编辑"两个按钮,单击"删除"按钮,即可将该条跟进记录从数据库中移除,单击"编辑"按钮,可以修改跟进记录中的字段信息,如图1.14所示。

单击图1.13中的"附属图片"按钮,即可查看对应跟进记录中上传的图片信息,单击"删除"按钮,可以删除图片,如图1.15所示。

图1.14 操作跟进记录　　　　图1.15 查看跟进记录下属附件

1.3.3 销售机会管理模块

在图1.5中单击"销售机会"图标,即可跳转到"销售机会"页面(即销售机会列表页面),如图1.16所示。

单击"销售机会"页面中的一条销售机会,即可跳转到该条销售机会的详情页,在该页面中可以查看销售机会的详细信息,如图1.17所示。

在图1.17中的"操作"按钮下隐藏着"删除""推送""编辑"三个按钮,这三个按钮的功能分别是删除该条销售机会、将该条销售机会推送生成报价记录和修改该条销售机会,如图1.18所示。

单击图1.17中的"查看明细"按钮,即可查看该条销售机会中的产品明细,包括产品名称、产品数量和产品报价等信息,在产品明细下还附带有创建该销售机会时上传的图片信息,如图1.19所示。

图 1.16 "销售机会"页面

图 1.17 查看销售机会

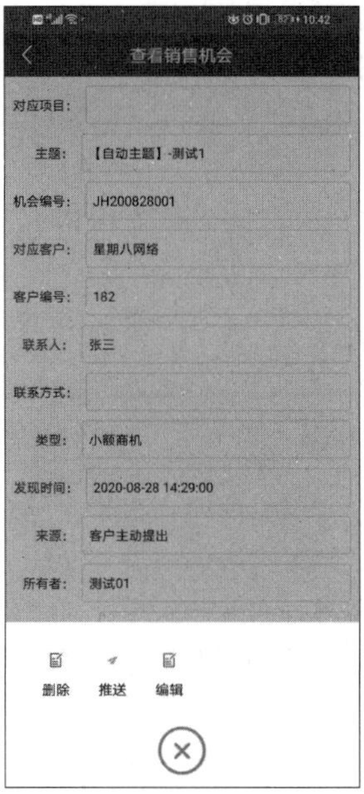

图 1.18 操作"销售机会"

图 1.19 查看销售机会明细

1.3.4 报价记录管理模块

单击图1.5中的"报价记录"图标,即可跳转到"报价记录"页面(即报价记录列表页面),在该页面中可以看到报价记录的审批状态,如图1.20所示。

单击"报价记录"页面中的一条数据,可以跳转到该条数据信息的详情页,除此之外,其还具备"操作"和"查看明细"功能,如图1.21所示。

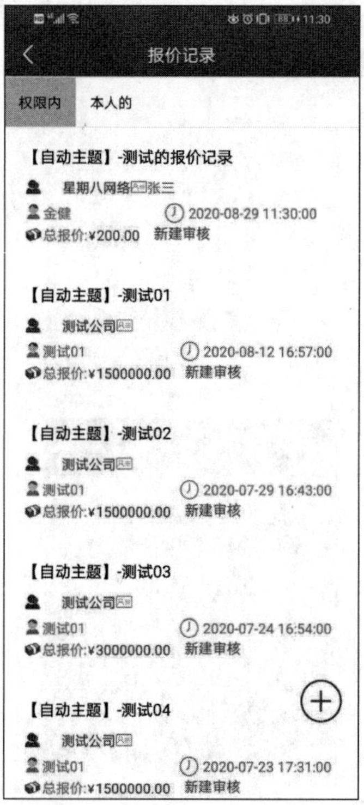

图1.20 "报价记录"页面

图1.21 查看报价记录

在图1.21中的"操作"按钮下同样隐藏着"删除""提审""编辑"三个按钮,这三个按钮的功能分别是删除该条报价记录、将该条报价记录提交至上级领导审批、修改报价记录信息(审核状态下不能修改),如图1.22所示。

单击图1.21中的"查看明细"按钮,可以查看"报价记录"中的产品明细的详细信息,以及上传的图片信息,如图1.23所示。

图 1.22 操作"报价记录"　　图 1.23 查看报价记录明细

1.3.5 合同订单管理模块

单击图 1.5 中的"合同/订单"图标,即可跳转到"合同/订单"页面(即合同订单列表页面),如图 1.24 所示。

单击图 1.24 中的"＋"按钮,即可跳转到"新增合同订单"页面,在该页面的下方可以单击"添加明细"按钮选择产品,还可以单击"照相机"图标添加图片信息,如图 1.25 所示。

单击图 1.24 中的一条合同订单,即可跳转到查看该条合同订单详情的页面,如图 1.26 所示。

在图 1.26 中的操作按钮下,同样隐藏着"生成回款计划""反审""追踪"三个按钮,这三个按钮的功能分别是:将合同订单的总额生成回款计划;将审核通过的合同订单反审核,使其重新成为待审核状态,在重新提交审核之前可以修改合同订单的信息;查看合同订单审核的流程,了解当前审核所处节点信息,如图 1.27 所示。

图 1.24 "合同/订单"页面

图 1.25 "新增合同订单"页面　　图 1.26 　查看合同订单

单击图 1.26 中的"查看明细"按钮,即可查看该条合同订单下的产品明细和照片信息,如图 1.28 所示。

1.3.6　回款记录管理模块

单击图 1.5 中的"回款记录"图标,即可跳转到"回款计划管理"页面,在该页面中,主要实现了"回款计划"的新增、查看和回款的功能,还实现了查看临近三天未回款客户回款信息的功能以及查看逾期尚未回款的客户的功能,如图 1.29 所示。

图 1.27 操作合同订单

图 1.28 查看合同订单

单击图 1.29 中的"回款计划"图标,即可跳转到"回款计划"页面(即回款计划列表页面),如图 1.30 所示。

图 1.29 "回款计划管理"页面

图 1.30 "回款计划"页面

单击图 1.30 中的"＋"按钮，跳转到新增回款计划页面，在该页面中单击"添加明细"按钮，即可将合同总额分期生成"回款计划"，如图 1.31 所示。

在图 1.30 的回款计划页面中单击一条回款计划，可以跳转到该条回款计划的查看页面，在该页面中可以查看回款详情、回款状态、申请回款和回款记录等，如图 1.32 所示。

图 1.31　新增回款计划　　　　图 1.32　查看回款计划

在图 1.30 中单击右上角的"放大镜"按钮，即可跳转到"搜索回款计划"页面，可以在输入栏中输入合同编号来查询该合同的回款计划，如图 1.33 所示。

单击图 1.29 中的"近期回款"图标，可跳转到"近期待回款项"页面，可以查看到近期待回款的合同订单信息，以及该合同订单关联的回款计划中的第几期待回款、回款金额等，如图 1.34 所示。

单击图 1.29 中的"逾期回款"图标，可跳转到"逾期未回款项"页面，如图 1.35 所示。

1.3.7　客户公共池管理模块

在图 1.5 中单击"客户公共池"图标，即可跳转到"公共池客户资料"页面，如图 1.36 所示。

单击"公共池客户资料"页面中的一条数据，即可跳转到该客户信息的查看页面，在该页面的"操作"按钮中隐藏着"编辑"和"领用"两个按钮，这两个按钮的功能分别是修改客户资料和将该客户领取为自己的私有客户，

图 1.33　搜索回款计划

如图 1.37 所示。

图 1.34　查看近期待回款项

图 1.35　"逾期未回款项"页面

图 1.36　"公共池客户资料"页面

图 1.37　操作"公共池客户资料"

1.3.8 产品信息管理模块

在图1.5中单击"产品信息"图标,即可跳转到"产品信息"页面,如图1.38所示。

单击图1.38中的"+"按钮,即可新增产品信息。如需添加图片附件,可以单击图1.39中的"照相机"图标即可。

图1.38 "产品信息"页面

图1.39 新增产品信息

单击图1.38中"产品信息"页面中的一条数据,即可跳转到该条产品的详细信息页面,如图1.40所示。

在图 1.40 中的"操作"按钮下隐藏着"删除"和"编辑"两个按钮,这两个按钮的功能分别是删除该条产品信息和修改该条产品信息,如图 1.41 所示。

图 1.40　查看产品信息详情　　　　图 1.41　操作"产品信息"

单击图 1.40 中的"附件"按钮,即可查看该产品对应的图片信息,如图 1.42 所示。

在图 1.38 中单击右上角的"放大镜"图标,即可跳转到"查询产品信息"页面,在输入栏中输入产品的关键字,即可查询该产品信息,如图 1.43 所示。

图1.42　查看产品图片信息　　　　图1.43　"查询产品信息"页面

1.3.9　数据审核中心

单击图1.5中的"数据审核"图标,即可跳转到"数据审核列表"页面,其中默认进入"待处理任务"页面,在该页面中可以查看等待自己审核的数据,也能通过单击"已处理任务"按钮进行切换,查看已经处理过的数据,如图1.44所示。

单击"数据审核列表"中的一条数据,可以展示待审核的数据信息,在该页面的最下方的"操作"按钮中,隐藏着"通过""不通过"和"编辑"三个按钮,这三个按钮的功能分别是通过审核、不通过审核和修改待审核数据,如图1.45所示。

1.3.10　费用报销管理模块

单击图1.5中的"费用报销"图标,即可跳转到"费用报销"页面(即费用报销列表页面)查看所有的报销单,如图1.46所示。

单击图1.46中的"+"按钮,即可新建费用报销单,如图1.47所示。

在图1.47中单击"费用报销-明细"右侧的"+"按钮,即可添加报销明细,如图1.48所示。

单击图1.46中"费用报销"页面的一条数据,即可查看该数据的详细信息,包括审核节点、审核状态和审核时间等,如图1.49所示。

图 1.44　查看"数据审核列表"　　　图 1.45　审批"合同订单"

图 1.46　"费用报销"页面　　　图 1.47　新建费用报销单

图1.48 新建费用报销明细　　　　图1.49 费用报销查看

在图1.49中的"操作"按钮下隐藏着"删除""提交"和"编辑"三个按钮,这三个按钮的功能分别是删除该条报销数据、提交报销数据给上级领导审核和修改报销数据信息,如图1.50所示。

单击图1.49中的"查看下属图片"按钮,可以查看该报销单中对应的照片信息,如发票、车票、机票等报销单照片,如图1.51所示。

图 1.50　操作"费用报销"　　　　图 1.51　查看"费用报销"附件

第 2 章　项目搭建

本章学习目标
- 了解项目的运行环境。
- 了解 Android 常用的开源库与插件。
- 掌握项目服务端接口框架的搭建。
- 掌握 Android App 框架的搭建。

一个项目能够有条不紊地运行，需要前后端互相配合、相辅相成。本项目的后端是使用 SpringBoot 构建的，项目的运行离不开 Java 环境，也少不了数据库提供数据支持，在项目中也用到了 Redis 做缓存数据库，简化开发流程，提高运行效率。前端是以 Android App 的形式展示，并为用户与后端数据的交互提供了平台支持。因此，本章将从安装 JDK 开始，至构建完成前、后端项目为止，带领读者学会使用 SpringBoot+Android 技术构建企业中常见的项目。

2.1　服务端接口框架搭建

2.1.1　配置运行环境

打开官网，下载 JDK 8，选择适合自己计算机的版本。下载完成后，双击安装文件，选择安装目录安装即可。安装成功后，打开命令提示符，输入 java，按 Enter 键。如果出现如图 2.1 所示的内容，即表示安装成功。

图 2.1　安装 JDK

JDK 安装成功后需要配置 Java 运行环境,右击"计算机"图标,在弹出的快捷菜单中选择"属性"命令,在弹出的"系统属性"对话框中选择"高级"选项卡,如图 2.2 所示。

图 2.2 配置环境变量

单击"环境变量"按钮,在弹出的对话框中新建系统变量 JAVA_HOME,变量值填写为 JDK 的安装目录地址。然后找到系统变量中的 Path 并双击,找到单击"编辑文本"按钮,在变量值的最后添加";%JAVA_HOME%\bin;%JAVA_HOME%\jre\bin",最后新建系统变量 CLASSPATH,变量值填写为".;%JAVA_HOME%\lib;%JAVA_HOME%\lib\dt.jar;%JAVA_HOME%\lib\tools.jar"(注意这个变量值前面还有一个点,代表从当前路径)。全部设置完成后,打开命令提示符窗口,输入 javac-version 或 java-version,按 Enter 键,如果出现如图 2.3 所示的提示,即表示环境配置成功。

图 2.3 查看 Java 版本信息

2.1.2 创建 SpringBoot 工程

服务端项目采用 SpringBoot + MyBatis-Plus 技术开发,MyBatis-Plus 与传统的 MyBatis 相比只需简单配置,即可快速进行增、删、改、查操作,从而节省大量时间。

首先,打开 IDE 开发工具,单击 Create New Project,新建项目工程,如图 2.4 所示。

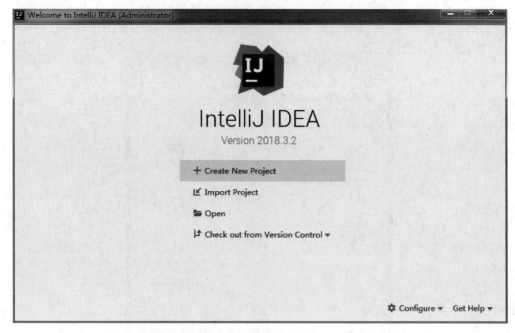

图 2.4　新建项目工程

接下来，单击 Maven，表明将要创建一个 Maven 工程的项目，然后单击 Next 按钮，如图 2.5 所示。

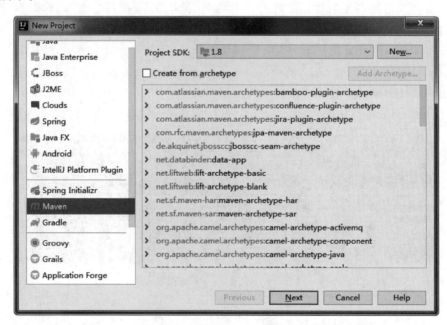

图 2.5　创建 Maven 工程的项目

然后在弹出的对话框中输入组织或者公司名称、项目在组织中的唯一 id 以及版本信息，单击 Next 按钮，如图 2.6 所示。

最后，可以修改项目名称和项目存放地址，单击 Next 按钮，如图 2.7 所示。

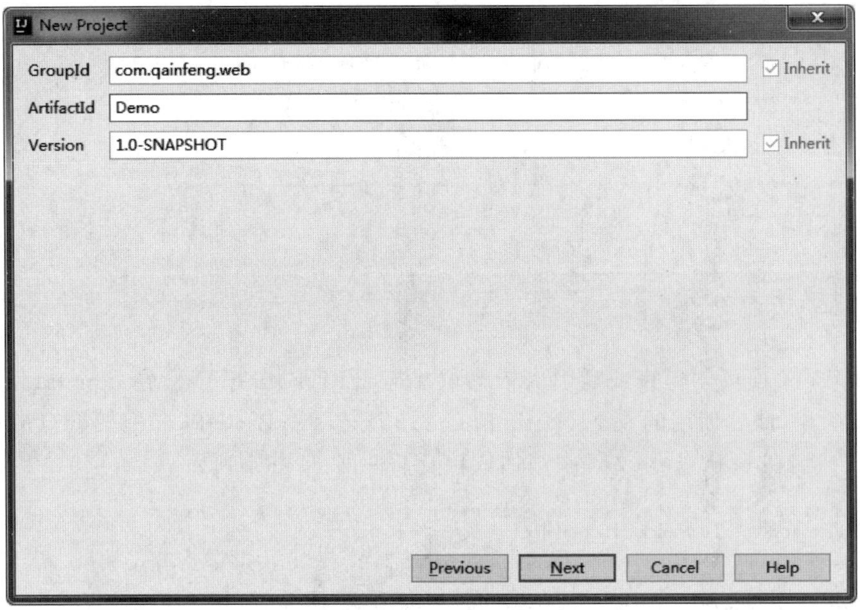

图 2.6　编辑项目名称

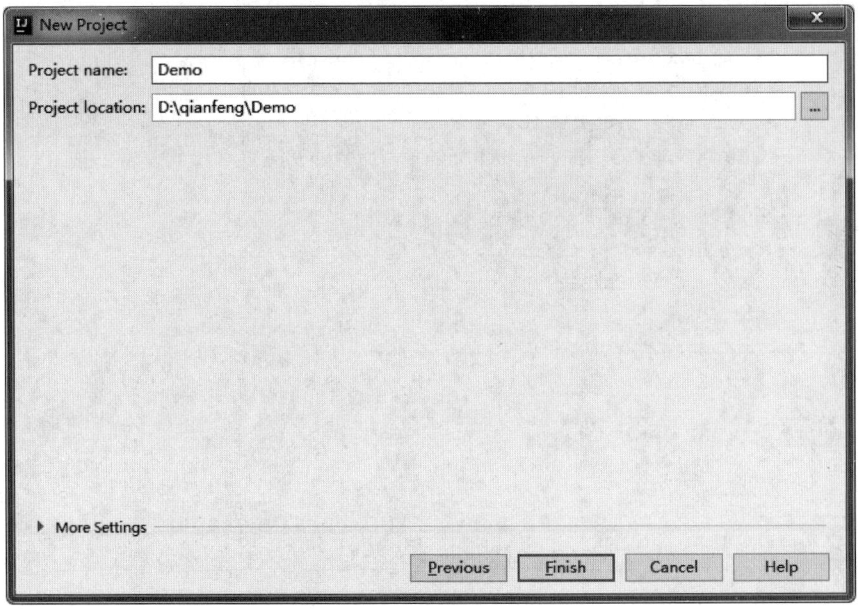

图 2.7　修改项目信息

项目名称和项目存放地址确认无误后，单击 Finish 按钮，然后在 pom.xml 文件中继承 spring-boot-starter-parent 依赖接口完成创建，该依赖代码如下。

```
<parent>
    <groupId>org.springframework.boot</groupId>
    <artifactId>spring-boot-starter-parent</artifactId>
```

```
            <version>2.2.0.RELEASE</version>
            <relativePath/> <!-- lookup parent from repository -->
</parent>
<parent>
            <groupId>org.springframework.boot</groupId>
            <artifactId>spring-boot-starter-parent</artifactId>
            <version>2.2.0.RELEASE</version>
            <relativePath/>
 <!-- lookup parent from repository -->
   </parent>
```

SpringBoot 项目创建完成后引入依赖包并集成 MyBatis-Plus。在 pom.xml 文件中添加 Maven 引用,此处使用的是 MyBatis-Plus 2.3 版本,MyBatis-Plus 框架会自动完成依赖关系管理,只需在 pom.xml 文件中添加依赖及插件即可,如下所示。

```
<?xml version="1.0" encoding="UTF-8"?>
<project xmlns="http://maven.apache.org/POM/4.0.0" xmlns:xsi=http://www.w3.org/2001/XMLSchema-instance
         xsi:schemaLocation="http://maven.apache.org/POM/4.0.0 https://maven.apache.org/xsd/maven-4.0.0.xsd">
     <modelVersion>4.0.0</modelVersion>
     <parent>
            <groupId>org.springframework.boot</groupId>
            <artifactId>spring-boot-starter-parent</artifactId>
            <version>2.2.0.RELEASE</version>
            <relativePath/> <!-- lookup parent from repository -->
     </parent>
     <groupId>com.hongming</groupId>
     <artifactId>demo</artifactId>
     <version>0.0.1-SNAPSHOT</version>
     <name>demo</name>
     <description>Demo project for Spring Boot</description>
  <properties>
            <java.version>1.8</java.version>
  </properties>
  <dependencies>
     <dependency>
            <groupId>org.springframework.boot</groupId>
            <artifactId>spring-boot-starter-jdbc</artifactId>
     </dependency>
     <dependency>
            <groupId>org.springframework.boot</groupId>
            <artifactId>spring-boot-starter-web</artifactId>
     </dependency>
     <dependency>
            <groupId>com.microsoft.sqlserver</groupId>
            <artifactId>mssql-jdbc</artifactId>
            <scope>runtime</scope>
```

```xml
        </dependency>
        <dependency>
            <groupId>org.springframework.boot</groupId>
            <artifactId>spring-boot-devtools</artifactId>
            <scope>runtime</scope>
            <optional>true</optional>
        </dependency>
        <dependency>
            <groupId>com.microsoft.sqlserver</groupId>
            <artifactId>sqljdbc4</artifactId>
            <version>4.0</version>
            <scope>runtime</scope>
        </dependency>
        <dependency>
            <groupId>com.alibaba</groupId>
            <artifactId>druid-spring-boot-starter</artifactId>
            <version>1.1.21</version>
        </dependency>
        <dependency>
            <groupId>com.baomidou</groupId>
            <artifactId>mybatis-plus-boot-starter</artifactId>
            <version>3.1.2</version>
        </dependency>
        <dependency>
            <groupId>com.baomidou</groupId>
            <artifactId>mybatis-plus-generator</artifactId>
            <version>3.1.2</version>
        </dependency>
        <!-- https://mvnrepository.com/artifact/org.springframework/spring-context-support -->
        <dependency>
            <groupId>org.springframework</groupId>
            <artifactId>spring-context-support</artifactId>
            <version>5.2.2.RELEASE</version>
        </dependency>
        <!-- Redis 依赖包 -->
        <dependency>
            <groupId>org.springframework.boot</groupId>
            <artifactId>spring-boot-starter-data-redis</artifactId>
        </dependency>
        <!-- https://mvnrepository.com/artifact/com.alibaba/fastjson -->
        <dependency>
            <groupId>com.alibaba</groupId>
            <artifactId>fastjson</artifactId>
            <version>1.2.68</version>
        </dependency>
        <dependency>
            <groupId>org.springframework.boot</groupId>
            <!--<artifactId>spring-boot-starter-redis</artifactId>-->
            <artifactId>spring-boot-starter-data-redis</artifactId>
        </dependency>
        <dependency>
            <groupId>redis.clients</groupId>
            <artifactId>jedis</artifactId>
            <version>2.9.3</version>
        </dependency>
```

```xml
<!-- https://mvnrepository.com/artifact/org.freemarker/freemarker -->
<dependency>
    <groupId>org.freemarker</groupId>
    <artifactId>freemarker</artifactId>
    <version>2.3.29</version>
</dependency>
<dependency>
    <groupId>org.apache.shiro</groupId>
    <artifactId>shiro-spring</artifactId>
    <version>1.3.2</version>
</dependency>
<dependency>
    <groupId>org.springframework.boot</groupId>
    <artifactId>spring-boot-starter-thymeleaf</artifactId>
</dependency>
<dependency>
    <groupId>org.xhtmlrenderer</groupId>
    <artifactId>flying-saucer-pdf</artifactId>
    <version>9.1.18</version>
</dependency>
<dependency>
    <groupId>org.springframework.boot</groupId>
    <artifactId>spring-boot-starter-web</artifactId>
    <!-- 排除JACKSON依赖 -->
    <exclusions>
        <exclusion>
            <groupId>com.fasterxml.jackson.core</groupId>
            <artifactId>jackson-databind</artifactId>
        </exclusion>
    </exclusions>
</dependency>
<!-- 添加GSON依赖 -->
<dependency>
    <groupId>com.google.code.gson</groupId>
    <artifactId>gson</artifactId>
</dependency>
<!-- AOP -->
<dependency>
    <groupId>org.springframework.boot</groupId>
    <artifactId>spring-boot-starter-aop</artifactId>
</dependency>
<!-- 生成token -->
<dependency>
    <groupId>io.jsonwebtoken</groupId>
    <artifactId>jjwt</artifactId>
    <version>0.9.0</version>
</dependency>
<!-- https://mvnrepository.com/artifact/org.thymeleaf/thymeleaf -->
<dependency>
    <groupId>org.thymeleaf</groupId>
```

```xml
            <artifactId>thymeleaf</artifactId>
            <version>3.0.11.RELEASE</version>
        </dependency>
        <dependency>
            <groupId>org.projectlombok</groupId>
            <artifactId>lombok</artifactId>
            <optional>true</optional>
        </dependency>
        <!-- 日志注解 -->
        <dependency>
            <groupId>org.projectlombok</groupId>
            <artifactId>lombok</artifactId>
            <optional>true</optional>
            <scope>provided</scope>
        </dependency>
        <dependency>
            <groupId>org.springframework.boot</groupId>
            <artifactId>spring-boot-starter-test</artifactId>
            <scope>test</scope>
            <exclusions>
                <exclusion>
                    <groupId>org.junit.vintage</groupId>
                    <artifactId>junit-vintage-engine</artifactId>
                </exclusion>
            </exclusions>
        </dependency>
    </dependencies>
    <build>
        <plugins>
            <plugin>
                <groupId>org.springframework.boot</groupId>
                <artifactId>spring-boot-maven-plugin</artifactId>
                <configuration>
                    <jvmArguments>
                        -Xdebug -Xrunjdwp:transport=dt_socket,server=y,suspend=y,address=5005
                    </jvmArguments>
                </configuration>
            </plugin>
        </plugins>
    </build>
</project>
```

配置 YML 文件：

```
server:
# 端口
  port: 8888
  servlet:
```

```yaml
    #项目名
    context-path: /web
  max-http-header-size: 4048576
mybatis-plus:
  mapper-locations: classpath: /mapper/*.xml
  configuration:
    log-impl: org.apache.ibatis.logging.stdout.StdOutImpl
  global-config:
    db-config:
      id-type: auto
spring:
  datasource:
    driver-class-name: com.microsoft.sqlserver.jdbc.SQLServerDriver
    type: com.alibaba.druid.pool.DruidDataSource
    url: jdbc:sqlserver://192.168.1.127:1433;databaseName=AOS20180226140739
    username: root
    password: root
    druid:
      #下面为连接池的补充设置,应用到上面所有数据源中
      #初始化大小,最小,最大
      initial-size: 5
      min-idle: 5
      max-active: 20
      #配置获取连接等待超时的时间
      max-wait: 60000
      #配置间隔多久才进行一次检测,检测需要关闭的空闲连接,单位是毫秒
      time-between-eviction-runs-millis: 60000
      #配置一个连接在池中最小生存的时间,单位是毫秒
      min-evictable-idle-time-millis: 300000
      test-while-idle: true
      test-on-borrow: false
      test-on-return: false
      #配置 Redis
  redis:
    host: 127.0.0.1
    port: 6379
    pool:
      max-active: 100
      max-idle: 10
      max-wait: 100000
    timeout: 0
  mvc:
    static-path-pattern: /**
  resources:
    static-locations: file:D:/churu,file:D:/images/xiaoshoujihui/
  servlet:
    multipart:
      enabled: true                    #是否启用 HTTP 上传处理
      max-request-size: 100MB          #最大请求文件的大小
      max-file-size: 20MB
      #设置单个文件的最大长度
      file-size-threshold: 20MB        #当文件达到多少时进行磁盘写入
```

在项目的根目录下新建 Config 文件夹用来存放项目的相关配置。在 Config 文件夹下创建 SqlserverGenerator 类来配置 MyBatis-Plus 自动生成的实体类、Mapper 接口以及对应的 XML 文件。代码如下所示。

```java
public class SqlserverGenerator {
    //生成文件所在项目路径
    private static String baseProjectPath = "E:\\idea package\\11191525\\web";
    //基础包名
    private static String basePackage = "com.qianfeng.demo";
    //设置作者
    private static String authorName = "小千";
    //这里是要生成的表名(如果全部要生成的话,这里注释掉)
    //private static String[] tables =
    //{"t_role","t_resource","t_role_resource","t_user_role"};
    //可以设置 table 前缀
    private static String prefix = "t_";
    //数据库配置四要素
    private static String driverName = "com.microsoft.sqlserver.jdbc.SQLServerDriver";
    private static String url = "jdbc:sqlserver://192.168.1.127:1433;
    databaseName = AOS20180226140739";
    private static String username = "root";
    private static String password = "root";
    public static void main(String[] args) {
        //代码生成器
        AutoGenerator mpg = new AutoGenerator();
        //全局配置
        GlobalConfig gc = new GlobalConfig();
        String projectPath = System.getProperty("user.dir");
        gc.setOutputDir(baseProjectPath + "/src/main/java");
        //设置用户名
        gc.setAuthor("qianfeng");
        gc.setOpen(true);
        //service 命名方式
        gc.setServiceName("%sService");
        //service impl 命名方式
        gc.setServiceImplName("%sServiceImpl");
        //自定义文件命名,注意 %s 会自动填充表实体属性
        gc.setMapperName("%sMapper");
        gc.setXmlName("%sMapper");
        gc.setFileOverride(true);
        gc.setActiveRecord(true);
        //XML 二级缓存
        gc.setEnableCache(false);
        //XML ResultMap
        gc.setBaseResultMap(true);
        //XML columList
        gc.setBaseColumnList(false);
        mpg.setGlobalConfig(gc);
        //数据源配置
```

```java
DataSourceConfig dsc = new DataSourceConfig();
dsc.setUrl(url);
dsc.setDriverName(driverName);
dsc.setUsername(username);
dsc.setPassword(password);
mpg.setDataSource(dsc);
//包配置
PackageConfig pc = new PackageConfig();
//pc.setModuleName(scanner("模块名"));
pc.setParent("com.qianfeng.demo");
pc.setEntity("entity");
pc.setService("service");
pc.setServiceImpl("service.impl");
mpg.setPackageInfo(pc);
//自定义需要填充的字段
List<TableFill> tableFillList = new ArrayList<>();
//自定义配置
InjectionConfig cfg = new InjectionConfig() {
    @Override
    public void initMap() {
        //自定义实现
    }
};
List<FileOutConfig> focList = new ArrayList<>();
focList.add(new FileOutConfig("/templates/mapper.xml.ftl") {
    @Override
    public String outputFile(TableInfo tableInfo) {
        //自定义输入文件名称
        return projectPath + "/src/main/resources/mapper/"
                + "/" + tableInfo.getEntityName() + "Mapper" + StringPool.DOT_XML;
    }
});
cfg.setFileOutConfigList(focList);
mpg.setCfg(cfg);
mpg.setTemplate(new TemplateConfig().setXml(null));
//策略配置
StrategyConfig strategy = new StrategyConfig();
strategy.setNaming(NamingStrategy.underline_to_camel);
strategy.setColumnNaming(NamingStrategy.underline_to_camel);
strategy.setEntityLombokModel(true);
//设置逻辑删除键(这个是逻辑删除的操作)
strategy.setLogicDeleteFieldName("deleted");
//指定生成的Bean的数据库表名(如果全部生成,这里要注释掉)
strategy.setInclude("db_ribao_dianping");
//A01010001 db_custom_genjinjilu
```

```
            //strategy.setSuperEntityColumns("id");
            //驼峰转连字符
            strategy.setControllerMappingHyphenStyle(true);
            mpg.setStrategy(strategy);
            //使用Freemarker引擎需要在pom.xml文件中配置相关依赖
            mpg.setTemplateEngine(new FreemarkerTemplateEngine());
            mpg.execute();
        }
    }
```

2.1.3 安装 Redis

Redis 在 Windows 和 Linux 两种环境下都可以安装，由于在 Windows 服务器上部署本项目，因此，这里只讲解在 Windows 系统下安装 Redis。安装之前，需要下载 Windows 版本的 Redis 安装包，将安装包解压后，重新将解压后的文件夹命名为 redis，解压后的文件目录如图 2.8 所示。

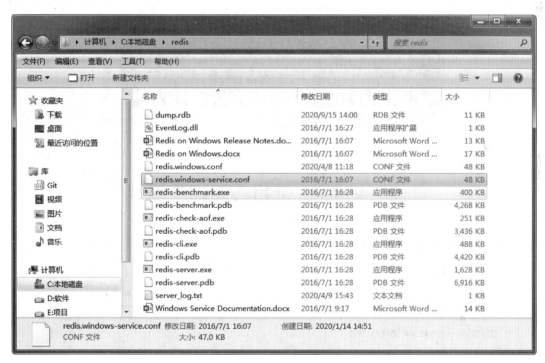

图 2.8　Redis 安装目录

接下来，打开命令提示符窗口，进入到 Redis 安装目录下，运行 redis-server.exe redis.windows.conf 命令，如图 2.9 所示。

图 2.9 代表 Redis 服务已经启动成功，此时，不要关闭当前窗口，在该路径下执行命令 redis-cli.exe 后按 Enter 键，出现如图 2.10 所示的界面，即表示安装成功。

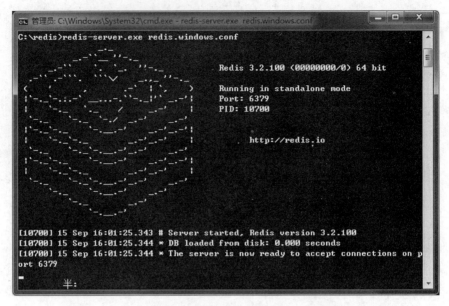

图 2.9 启动 Redis 服务

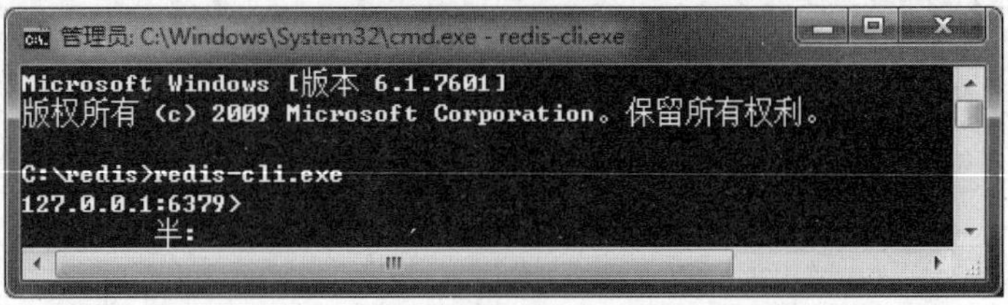

图 2.10 启动 Redis 客户端

2.2 Android 常用开源库与插件

2.2.1 Retrofit 网络访问框架

Retrofit 是 Square 的一个开源网络访问框架,底层使用 OkHttp 封装。实际上,网络请求是由 OkHttp 完成的,Retrofit 仅仅负责网络请求接口的封装,并且其使用注解的方式来标记接口,大大简化代码。

1. 添加 Retrofit 框架的依赖

在 app build.gradle 中添加 Retrofit 框架的依赖,具体代码如下所示。

```
implementation 'com.squareup.retrofit2: retrofit: 2.3.0'
implementation 'com.squareup.retrofit2: converter-gson: 2.3.0'
```

2. 添加网络访问权限

在工程的 AndroidManifest.xml 中添加网络访问权限,具体代码如下所示。

```
<uses-permission android: name = "android.permission.INTERNET" />
```

3. 适配 Android 9.0 网络访问

在 AndroidManifest.xml 的 application 节点下添加 android：networkSecurityConfig = "@xml/network_security_config" 属性，然后在 res/xml 目录下创建该文件并写入如下代码。

```xml
<?xml version = "1.0" encoding = "utf-8"?>
<network-security-config>
    <base-config cleartextTrafficPermitted = "true" />
</network-security-config>
```

4. 编写数据实体类

在 com.qianfeng.chapter2_retrofit 包下创建 Translation 类，该类用于接收金山词霸查词 API("http://fy.iciba.com/ajax.php?a=fy&f=auto&t=auto&w=android")返回的数据。由于该 API 接口返回的数据为 JSON，需要使用 GsonFormat 将其转换为对象，具体代码如下所示。

```java
public class Translation implements Serializable {
    private int status;
    private ContentBean content;
    //省略 getter()与 setter()方法
    public static class ContentBean {
        private String ph_en;
        private String ph_am;
        private String ph_en_mp3;
        private String ph_am_mp3;
        private String ph_tts_mp3;
        private List<String> word_mean;
        //省略 getter()与 setter()方法
    }
}
```

5. 编写网络请求接口

在 com.qianfeng.chapter2_retrofit 包下创建 ApiInterface 接口，该接口用于创建网络请求，@GET 注解中传入的是网络请求的部分 URL 地址，Call 中的泛型为服务器返回数据的实体类，具体代码如下所示。

```java
public interface ApiInterface {
    @GET("ajax.php?a=fy&f=auto&t=auto&w=android")
    Call<Translation> getVocabulary();
}
```

6. 编写网络请求示例

在 com.qianfeng.chapter2_retrofit 包下使用 Android 默认生成的 MainActivity 类，该类用于进行 Retrofit 网络访问，具体代码如下所示。

```java
public class MainActivity extends AppCompatActivity {
    @Override
    protected void onCreate(Bundle savedInstanceState) {
        super.onCreate(savedInstanceState);
        setContentView(R.layout.activity_main);
        Retrofit retrofit = new Retrofit.Builder()
                //设置网络请求 URL
                .baseUrl("http://fy.iciba.com/")
                //设置使用 GSON 解析
                .addConverterFactory(GsonConverterFactory.create())
                .build();
        //创建网络请求接口实例,获取代理对象
        ApiInterface request = retrofit.create(ApiInterface.class);
        //发送异步网络请求
        request.getVocabulary().enqueue(new Callback<Translation>()
        {
            @Override
            public void onResponse(Call<Translation> call, Response<Translation> response) {
                Log.d("qianfeng", "网络请求成功:" + response.body());
            }
            @Override
            public void onFailure(Call<Translation> call, Throwable t) {
                Log.d("qianfeng", "网络请求失败");
            }
        });
    }
}
```

首先实例化 Retrofit,设置网络请求的 URL,并为 Retrofit 设置使用 GSON 解析。通过 Retrofit 实例创建网络请求接口实例 request,然后通过 request 发起异步网络请求。当网络请求成功时,会在 onResponse() 方法中返回 response 数据。当网络请求失败时,会在 onFailure() 方法中返回异常信息。运行 App 后,程序的运行结果如图 2.11 所示。

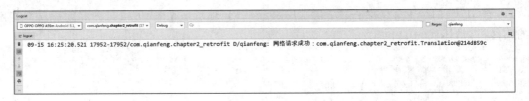

图 2.11 Retrofit 网络请求成功结果

从以上运行结果可以看出,程序成功地访问网络数据并输出到控制台面板。

2.2.2 RxJava 响应式编程框架

RxJava 是一个响应式编程框架,主要用于实现异步操作,如网络请求、事件响应等。为了兼容 Android 系统的线程,在 RxJava 的基础上,还将其扩展成为 RxAndroid。

响应式编程的核心思想就是观察者模式。通过订阅的方式将观察者与被观察者进行绑定,当被观察者状态发现变化时,会通知观察者做出反应。在本项目中,主要使用 RxJava&Retrofit 处理异步网络请求,使用 RxJava&RxLifecycle 管理线程的循环任务,避免内存泄漏。本节使用的示例基于 2.2.1 节,通过 RxJava+Retrofit 结合使用来演示 RxJava 的强大功能。

1. 增加 RxJava 库依赖

```
implementation 'io.reactivex.rxjava2:rxandroid:2.0.1'
implementation 'io.reactivex.rxjava2:rxjava:2.1.7'
//与 Retrofit 结合需要用到的库
implementation 'com.squareup.retrofit2:adapter-rxjava2:2.3.0'
```

2. 修改网络请求接口

在 com.qianfeng.chapter2_retrofit 包下创建 ApiInterface 接口,该接口用于创建网络请求的接口,@GET 注解中传入网络请求的部分 URL 地址,Call 中的泛型为服务器返回数据的实体类,具体代码如下所示。

```
public interface ApiInterface {
    @GET("ajax.php?a=fy&f=auto&t=auto&w=android")
    Observable<
Translation>
 getVocabulary();
}
```

3. 修改网络请求示例

在 com.qianfeng.chapter2_retrofit 包下修改 Android 默认生成的 MainActivity,使用 RxJava+Retrofit 的方式进行网络请求,具体代码如下所示。

```
public class MainActivity extends AppCompatActivity {
    @Override
    protected void onCreate(Bundle savedInstanceState) {
        super.onCreate(savedInstanceState);
        setContentView(R.layout.activity_main);
        Retrofit retrofit = new Retrofit.Builder()
                //设置网络请求 URL
                .baseUrl("http://fy.iciba.com/")
                //设置使用 GSON 解析
                .addConverterFactory(GsonConverterFactory.create())
                //这个用来决定返回值是 Observable 还是 Call
                .addCallAdapterFactory(RxJava2CallAdapterFactory.create())
                .build();
        //创建网络请求接口示例,获取代理对象
        ApiInterface request = retrofit.create(ApiInterface.class);
        //封装请求
```

```
            Observable<Translation> observable = request.getVocabulary();
            //发送异步网络请求
            observable.subscribeOn(Schedulers.io())
                    .observeOn(AndroidSchedulers.mainThread())
                    .subscribe(new Observer<Translation>()
                    {
                        @Override
                        public void onSubscribe(Disposable d) {
                            Log.d("qianfeng","进行初始化工作");
                        }
                        @Override
                        public void onNext(Translation translation) {
                            Log.d("qianfeng","对返回结果进行处理: " + translation);
                        }
                        @Override
                        public void onError(Throwable e) {
                            Log.d("qianfeng","请求失败");
                        }
                        @Override
                        public void onComplete() {
                            Log.d("qianfeng","请求成功");
                        }
                    });
        }
    }
```

加入 RxJava 后的网络请求,返回的不再是一个 Call,而是一个 Observable,然后通过 Observable 来发起网络请求,通过调用 subscribeOn(Schedulers.io())方法在 IO 线程中执行请求,调用 observeOn(AndroidSchedulers.mainThread())方法完成请求后在主线程中运行,最后在 onNext()方法中对返回的结果进行处理。运行 App 后,程序的运行结果如图 2.12 所示。

图 2.12　RxJava+Retrofit 网络请求成功结果

从以上运行结果可以看出,使用 RxJava+Retrofit 的方式,程序成功地访问网络数据并输出到控制台面板中。

2.2.3　Android 开源库介绍

1. Glide 图片加载库

Glide 是 Google 官方推荐的一个 Android 图片加载库。

2. EventBus 事件总线

EventBus 是一个 Android 事件发布/订阅轻量级框架,它可以代替用于线程间通信的 Handler 或用于组件间通信的 Intent,简化了组件间通信,避免了复杂和易错的依赖关系和生命周期问题。

3. Zxing 二维码扫描库

Zxing 是由 Google 推出的一个开源库,可以实现条形码与二维码的编/解码。

4. Bugly 异常上报

腾讯 Bugly 支持 App 应用 iOS 崩溃日志分析、Android ANR 分析和 Unity 应用的异常监控,24 小时 Android、iOS 崩溃日志捕获分析,随时监控应用质量,为移动开发者提供专业的异常上报和运营统计,帮助开发者快速发现并解决异常,同时掌握产品运营动态,及时跟进用户反馈。

5. ButterKnife

ButterKnife 是一个专注于 Android 系统的 View 注入框架。以前总是要写很多 findViewById 来查找并绑定 View 对象,有了 ButterKnife 就可以通过注入的方式,自动注入相应的 View 空间,从而简化查找控件的相关代码。安装插件的方法通常有两种:第一种是 File→Setting→Plugin→查找所需插件→Install;第二种是 File→Settings→Plugins→Install plug from disk→选择下载好的插件安装。安装 ButterKnife 插件方法也是一样,在 Plugins 中搜索 ButterKnife 进行下载安装,重启 IDE 后便可以使用。

6. GsonFormat

众所周知,JSON(JavaScript Object Notation)是一种轻量级的数据交换格式,使用键值对的形式来存储和表示数据。为了实现 JSON 与 Java 对象之间的转换,Google 推出了 GSON,它可以非常轻松地实现 JSON 与 Java 对象之间的转换。在 Android 开发工作中,需要与后端对接相应的接口,通常需要将后端返回的 JSON 转换为对应的实体对象。在 Android Studio 中,可以使用 GsonFormat 插件,快速将 JSON 转换为 Java 对象。

2.3 Android App 框架搭建

2.3.1 安装 Android Studio 与创建项目

首先需要下载 Android Studio 的安装包,可以从 http://www.android-studio.org/下载较新版本。按照默认设置即可完成安装。

Android Studio 创建项目有两种方法:第一种是在 Android Studio 的起始页面中选择 Start a new Android Studio project;第二种是在 Android Studio 主页选择 File → New Project。在创建新项目时,选择 Empty Activity,单击 Next 按钮,如图 2.13 所示。

在弹出的对话框中填写应用的项目名、包名、存储路径、开发语言、最小支持 SDK 版本以及是否使用 android.support,为了学习方便,建议统一使用如图 2.14 所示的配置,填写完毕,单击 Finish 按钮完成项目的创建。

在 Android Studio 中,Project 的含义是工作空间,Module 为一个具体的项目。在实际开发工作中,会将一些基础组件与业务组件抽取出来,这时就需要创建一个 Module 来存放

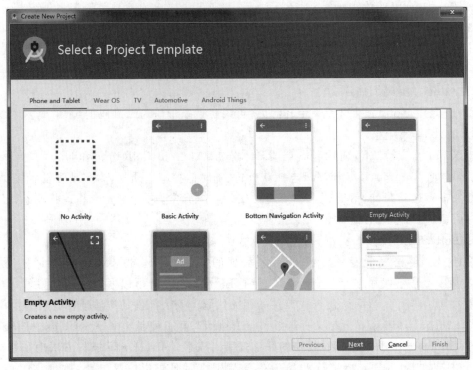

图 2.13　创建新项目

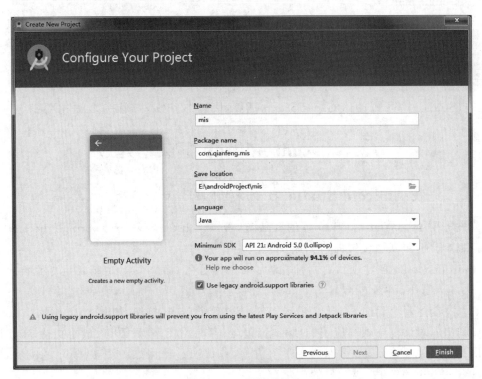

图 2.14　配置项目

这些通用组件,在 Android 项目中一般选择创建 Android Library 的 Module,这样这个 Module 相当于 Java 中 Jar 包的概念,即封装好相应的 API 将其暴露给上层项目调用。创建 Module 的步骤如下:选中项目名并右击,在弹出的快捷菜单中选择 New→Module 命令,打开创建页面,选择 Android Library,单击 Next 按钮,进入 Module 包填写页面,如图 2.15 所示,单击 Finish 按钮即可完成 Module 的创建。

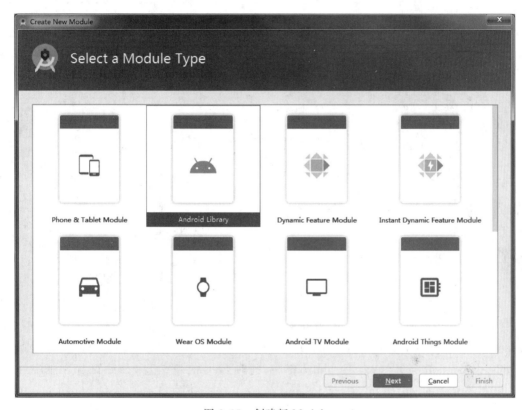

图 2.15 创建新 Module

2.3.2 自定义 Gradle 配置文件

Gradle 是一个强大的构建工具,在 Android 开发中主要用于依赖管理以及项目的构建。随着项目的不断扩大,代码会分成多个 Module,管理不同的 Module 需要在每个 Module 中修改相应的 Gradle 配置文件,这在实际开发中是极其不便的,所以就需要统一 Gradle 配置文件,每个 Module 都引用同一个 Gradle 配置文件,实现项目构建的统一管理。

为了抽取 app/build.gradle 与 framework/build.gradle 相关的 Android 配置信息与依赖配置信息,需要在项目根目录下创建 config.gradle 文件,代码如下:

```
ext {
  //Android 配置
  android = [
```

```
            compileSdkVersion      : 28,
            buildToolsVersion      : "28.0.0",
            applicationId          : "com.qianfeng.mis",
            minSdkVersion          : 21,
            targetSdkVersion       : 28,
            versionCode            : 1,
            versionName            : "1.0"
    ]
    //依赖配置
    dependencies = [
            "bugly"                : 'com.tencent.bugly:crashreport:latest.release'
            "rxjava2"              : 'io.reactivex.rxjava2:rxjava:2.2.2',
            "rxandroid2"           : 'io.reactivex.rxjava2:rxandroid:2.1.0',
            "okio"                 : 'com.squareup.okio:okio:2.1.0',
            "gson"                 : 'com.google.code.gson:gson:2.8.5',
            "okhttp3"              : 'com.squareup.okhttp3:okhttp:3.12.0',
            "tagcloud"             : 'com.moxun:tagcloudlib:1.2.0',
            "circleimageview"      : 'de.hdodenhof:circleimageview:3.0.0',
            "glide"                : 'com.github.bumptech.glide:glide:4.9.0',
            "recyclerview"         : 'androidx.recyclerview:recyclerview:1.0.0',
            "datepicker"           : 'cn.aigestudio.datepicker:DatePicker:2.2.0'
    ]
}
```

项目根目录的 config.gradle 配置文件负责统一管理整个项目的 Gradle,对于整个项目,只要一个地方修改,各个有引用的模块便可以自动生效,同时能保持 Gradle 引用库版本的一致。将 Android 的配置,如编译 SDK 版本 compileSdkVersion、构建工具版本 buildToolsVersion 等写在 ext 的 android 中,将项目的依赖信息,如腾讯异常捕获工具 "bugly": 'com.tencent.bugly:crashreport:latest.release'写在 ext 的 dependencies 中。

编写好 config.gradle 文件后,需要在根目录的 build.gradle 文件顶部添加 apply from:config.gradle 引入自定义 Gradle 配置文件,然后修改 app/build.gradle 与 framework/build.gradle 文件,引入相关配置信息与依赖。

```
android {
    compileSdkVersion rootProject.ext.android["compileSdkVersion"]
    buildToolsVersion rootProject.ext.android["buildToolsVersion"]
    defaultConfig {
        applicationId rootProject.ext.android["applicationId"]
        minSdkVersion rootProject.ext.android["minSdkVersion"]
        targetSdkVersion rootProject.ext.android["targetSdkVersion"]
        versionCode rootProject.ext.android["versionCode"]
        versionName rootProject.ext.android["versionName"]
    }
}
...
dependencies {
    api rootProject.ext.dependencies["bugly"]
```

```
        api rootProject.ext.dependencies["rxjava2"]
        api rootProject.ext.dependencies["rxandroid2"]
        api rootProject.ext.dependencies["okio"]
        api rootProject.ext.dependencies["gson"]
        api rootProject.ext.dependencies["okhttp3"]
        api rootProject.ext.dependencies["tagcloud"]
        api rootProject.ext.dependencies["circleimageview"]
        api rootProject.ext.dependencies["datepicker"]
}
```

通过 rootProject.ext.android["属性名称"]引入对应的 Android 配置信息，通过 rootProject.ext.dependencies["依赖名称"]引入对应的依赖。

第 3 章 登录模块

本章学习目标
- 掌握登录模块的库表设计。
- 了解登录模块的功能。
- 掌握登录模块服务端的功能实现。
- 掌握 Android App 登录页面的开发。

登录模块是整个系统的门户,所有操作都需要先登录系统才得以进行。登录模块的信息验证中不仅涉及用户名和密码的验证,还为登录成功的用户匹配唯一的 token(密钥),方便在后续章节中实现权限的验证功能。本章将带领读者从创建数据表开始正式学习登录模块的开发,以及接口的测试。

3.1 登录表设计

3.1.1 设计表结构

通常一个公司的用户表包含的字段很多,例如,性别、年龄和籍贯等,但员工表必需的字段有用户名和密码。此处为了项目演示方便,暂定四个字段,分别是 fuseraccount(员工工号)、fname(员工姓名)、mobilepassword(登录密码),以及 dapaderment_id(员工部门)。

3.1.2 创建数据表

创建用户表的 SQL 语句如下:

```
1  create table T_SEC_USER(
2      id int not null identity(1,1) primary key,
3      fuseraccount nvarchar(20),              -- 员工工号
4      fname nvarchar(20),                     -- 员工姓名
5      mobilepassword varchar(50),             -- 登录密码
6      dapaderment_id int                      -- 员工部门
7  )
```

3.1.3 用户登录、修改密码功能接口

在 SqlserverGenerator 类中指定需要生成的数据表名-> strategy.setInclude("T_SEC_USER");运行 SqlserverGenerator 类中的 main()方法,此时控制面板中将打印如图 3.1 所

示的提示信息。

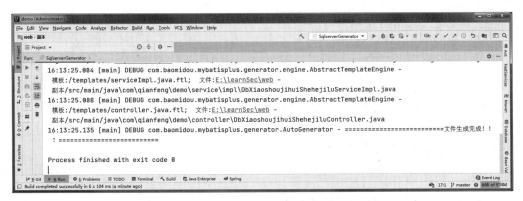

图 3.1　使用 MyBatis-Plus 生成代码

在项目的目录下可以发现,图 3.1 中的文件都已悉数生成。在项目目录下新建 utils 文件夹,创建 RedisOps 工具类,连接 Redis 数据库,并实现存取数据操作,代码如下所示。

```
1   public class RedisOps {
2   public static void set(String key,String value){
3        Jedis jedis = new Jedis ("localhost",6379);
4        jedis.set(key, value);
5        jedis.close();
6   }
7    public static String get(String key){
8        Jedis jedis = new Jedis ("localhost",6379);
9        String value = jedis.get(key);
10       jedis.close();
11       return value;
12   }
13   public static void setObject(String key,Object object){
14       Jedis jedis = new Jedis ("localhost",6379);
15       jedis.set(key.getBytes(), SerializeUtil.serizlize(object));
16       jedis.close();
17   }
18   public static Object getObject(String key){
19       Jedis jedis = new Jedis ("localhost",6379);
20       byte[] bytes = jedis.get(key.getBytes());
21       jedis.close();
22       if(bytes == null) return null;
23       return SerializeUtil.deserialize(bytes);
24   }
25   }
```

在以上代码中,导入 Jedis 包,分别实现了 String 类型和 Object 类型的数据在 Redis 中的存取功能。需要注意的是,在存取 Object 类型时,需要进行字节转换。

1. 编辑 TSecUserMapper.xml 文件

在 XML 文件中添加查询用户信息和修改密码的语句,代码如下。

```xml
1  <!-- 登录 -->
2    <select id="getLogin" resultMap="getLogin" parameterType="java.lang.String">
3      SELECT fuseraccount, mobilepassword, fname FROM T_SEC_USER where fuseraccount = #{fuseraccount}
4    
5    
6    </select>
7  <!-- 修改密码 -->
8    <update id="updatePassword">
9      UPDATE T_SEC_user
10     SET MOBILEPASSWORD = #{mobilepassword}
11     WHERE FUSERACCOUNT = #{fuseraccount}
12   </update>
```

2. 编辑 TSecUserMapper 接口文件

```java
1  @Mapper
2  public interface TSecUserMapper extends BaseMapper<TSecUser> {
3    //登录
4    User getLogin(@Param("fuseraccount") String fuseraccount);
5    //修改密码
6    int updatePassword(@Param("fuseraccount") String fuseraccount,
7  @Param("mobilepassword") String mobilepassword);
8  }
```

3. 编写 TSecUserService 接口

```java
1  public interface TSecUserService extends IService<TSecUser> {
2  //用户登录
3  User getLogin(@Param("fuseraccount") String fuseraccount);
4  //修改密码
5  int updatePassword(@Param("fuseraccount") String fuseraccount,
6  @Param("mobilepassword") String mobilepassword);
7  }
```

4. 编辑 TSecUserServiceImpl 实现类

```java
1  @Service
2  public class TSecUserServiceImpl extends ServiceImpl<TSecUserMapper,
3  TSecUser> implements TSecUserService {
4  //用户登录
5  @Override
6    public User getLogin(String fuseraccount) {
7        return baseMapper.getLogin(fuseraccount);
8  }
9  //修改密码
10   @Override
11   public int updatePassword(String fuseraccount, String mobilepassword)
12 {
13     return baseMapper.updatePassword(fuseraccount,mobilepassword);
14   }
```

```
15      }
16  }
```

5. 编辑 TUserController

```
1   @RestController
2   @RequestMapping("/user")
3   public class TUserController {
4   @Resource
5       private TSecUserService tSecUserService;
6       //登录
7       @PostMapping("getLogin")
8       public Response getLogin(String username, String password) {
9           //对密码进行 md5 加密
10          Jedis jedis = new Jedis("localhost",6379);
11          String pwd = DigestUtils.md5DigestAsHex(password.getBytes());
12          Response<User> response = new Response<>();
13          User user = tSecUserService.getLogin(username);
14          if (user == null) {
15              response.setCode(-1);
16              response.setMessage("用户不存在");
17              return response;
18          }
19          if (!user.getMobilepassword().equals(pwd)) {
20              response.setCode(-1);
21              response.setMessage("密码错误");
22              return response;
23          } else {
24              List<RoleAndPower> list1 =
25                  getRolesAndPowersService.getRolesAndPowers(username);
26              List<String> roles = tSecUserService.getRoles(username);
27              user.setRoles(roles);
28              String token = UUID.randomUUID().toString().replaceAll("-", "");
29
30              jedis.set(("token_" + token).getBytes(),
31                  SerializeUtil.serizlize(list1));
32              jedis.expire(("token_" + token),60 * 30 * 2);
33              System.out.println("token_" + token);
34              System.out.println(RedisOps.getObject("token_" + token));
35              response.setCode(200);
36              response.setHeader("token_" + token);
37              response.setResult(user);
38              return response;
39          }
40      }
41  @PutMapping("updatePassword")
42  @ResponseBody
43  public Response updatePassword(String fuseraccount, String
44  mobilepassword) {
45      TSecUser tSecUser = tSecUserService.queryByCount(fuseraccount);
46      Response<List<String>> response = new Response<>();
47      if (tSecUser == null) {
```

```
48        response.setCode(-1);
49        response.setMessage("账户不存在");
50        return response;
51    } else {
52        //对密码进行 md5 加密
53        String pwd =
54        DigestUtils.md5DigestAsHex(mobilepassword.getBytes());
55        int i = tSecUserService.updatePassword(fuseraccount, pwd);
56        if (i == 0) {
57            response.setCode(-1);
58            response.setMessage("密码修改失败");
59            return response;
60        } else {
61            response.setCode(200);
62            response.setMessage("密码修改成功");
63            return response;
64        }
65    }
66  }
67 }
```

以上代码中通过用户名和密码实现登录功能,若用户输入的用户名和密码正确则随机生成 token 字符串,将其保存在 Redis 缓存中,通过 expire()方法设置 token 字符串在 Redis 中的存储时长,最后将用户信息和 token 返回给客户端,该 token 主要用作一些增、删、改操作时的权限验证,后续的章节中将逐步讲解。

3.1.4 用户登录、修改密码功能接口测试

1. 用户登录接口测试

在 postman 地址栏中输入登录测试接口地址,调用登录接口,如图 3.2 所示。

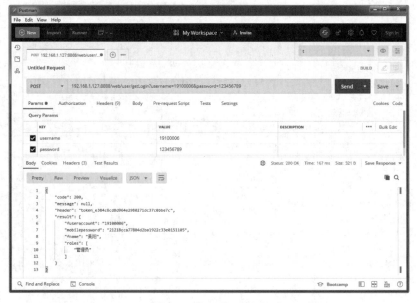

图 3.2 登录接口测试

2. 修改密码接口测试

在 postman 地址栏中输入修改密码测试接口地址，调用登录接口，如图 3.3 所示。

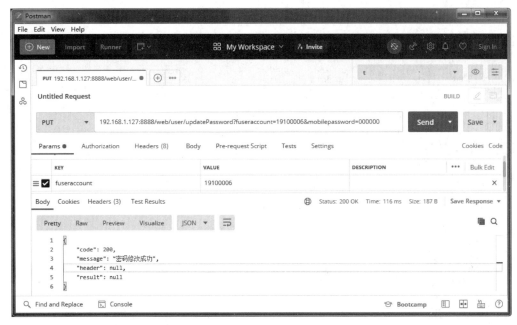

图 3.3　修改密码接口测试

3.2　实现登录功能

3.2.1　用户登录与记住密码

在实际项目开发过程中，登录功能通常是必不可少的，此功能主要包含用户登录、修改用户密码和记住用户密码。接下来通过讲解关键代码，使读者理解与掌握登录功能的实现过程。

1. 编写登录 View

编写代码，实现效果如图 1.4 所示。

```
<?xml version = "1.0" encoding = "utf - 8"?>
< LinearLayout xmlns: android = "http://schemas.android.com/apk/res/android"
    android: layout_width = "wrap_content"
    android: layout_height = "match_parent"
    android: background = "#ffffff"
    android: filterTouchesWhenObscured = "true"
    android: orientation = "vertical">
    < RelativeLayout
        android: id = "@ + id/login_layout"
        android: layout_width = "wrap_content"
        android: layout_height = "658dp"
        android: layout_marginLeft = "20dp"
```

```xml
            android:layout_marginRight = "20dp"
            android:gravity = "center"
            android:orientation = "vertical">
            <ImageView
                android:id = "@+id/logo"
                android:layout_width = "150dp"
                android:layout_height = "150dp"
                android:layout_centerHorizontal = "true"
                android:layout_marginTop = "30dp"
                android:layout_marginBottom = "20dp"
                android:src = "@drawable/linshi" />
            <RelativeLayout
                android:id = "@+id/one"
                android:layout_width = "match_parent"
                android:layout_height = "wrap_content"
                android:layout_below = "@id/logo"
                android:layout_marginTop = "0dp"
                android:orientation = "vertical">
                <EditText
                    android:id = "@+id/account"
                    android:layout_width = "fill_parent"
                    android:layout_height = "43dp"
                    android:layout_marginTop = "5dp"
                    android:hint = "请输入工号"
                    android:maxLength = "20"
                    android:paddingLeft = "45dp"
                    android:paddingRight = "60dp"
                    android:text = ""
                    android:textSize = "20dp" />
                <ImageView
                    android:layout_width = "28dp"
                    android:layout_height = "30dp"
                    android:layout_gravity = "left|center_horizontal"
                    android:layout_marginStart = "8dp"
                    android:layout_marginLeft = "8dp"
                    android:layout_marginTop = "@dimen/px16"
                    android:src = "@mipmap/account"
                    android:visibility = "visible" />
                <RelativeLayout
                    android:layout_width = "match_parent"
                    android:layout_height = "wrap_content"
                    android:layout_marginTop = "50dp"
                    android:orientation = "horizontal">
                    <EditText
                        android:id = "@+id/password"
                        android:layout_width = "fill_parent"
                        android:layout_height = "43dp"
                        android:hint = "请输入密码"
                        android:inputType = "textPassword"
                        android:maxLength = "20"
```

```
                android:paddingLeft = "45dp"
                android:paddingRight = "60dp"
                android:text = ""
                android:textSize = "20dp" />
            <ImageView
                android:layout_width = "28dp"
                android:layout_height = "30dp"
                android:layout_gravity = "left|center_vertical"
                android:layout_marginStart = "8dp"
                android:layout_marginLeft = "8dp"
                android:layout_marginTop = "@dimen/px8"
                android:src = "@mipmap/password" />
        </RelativeLayout>
        <Button
            android:id = "@+id/btn_click"
            android:layout_width = "fill_parent"
            android:layout_height = "40dp"
            android:layout_marginLeft = "5dp"
            android:layout_marginTop = "100dp"
            android:layout_marginRight = "5dp"
            android:background = "#ff336699"
            android:gravity = "center"
            android:text = "登    录"
            android:textColor = "@android:color/white" />
        <CheckBox
            android:id = "@+id/checkBoxLogin"
            android:layout_width = "wrap_content"
            android:layout_height = "wrap_content"
            android:layout_marginLeft = "8dp"
            android:layout_marginTop = "145dp"
            android:layout_marginRight = "5dp"
            android:checked = "true"
            android:text = "记住用户名和密码"
            android:textColor = "#ff0000"
            android:textSize = "@dimen/px30" />
        <TextView
            android:id = "@+id/btn_update"
            android:layout_width = "wrap_content"
            android:layout_height = "wrap_content"
            android:layout_marginLeft = "@dimen/px530"
            android:layout_marginTop = "150dp"
            android:background = "#ffffff"
            android:text = "更改密码"
            android:textColor = "#ff0000"
            android:textSize = "@dimen/px30" />
    </RelativeLayout>
  </RelativeLayout>
</LinearLayout>
```

在以上代码中，在 RelativeLayout 布局（即相对布局）中设置 android：orientation =

"vertical",表示此时的排列方式为垂直方向。android:gravity="center",表示该布局中子控件要居中显示。android:layout_marginLeft="20dp",表示距离左边框的距离为20dp。android:layout_marginRight="20dp",表示距离右边框的距离为20dp。android:layout_marginTop="30dp",表示距离顶部边框的距离为30dp。android:layout_marginBottom="20dp",表示距离底部边框的距离为20dp。在相对布局中,设置android:layout_centerHorizontal="true",表示将控件置于水平方向的中心位置。设置android:paddingLeft="45dp",padding为内边框,指该控件内部内容(如文本/图片距离该控件)的边距,在本例中id为account的EditText控件中,表示hint内容左内边距为45dp。

2. 编写登录接口

```
@POST("user/getLogin")
Observable < Response < UserInfo >> login(@Query("username") String username,
@Query("password") String password);
```

该接口传入用户工号与密码即可实现登录操作。

3. 编写登录 Controller

在 com.qianfeng.mis.ui.login 包下新建 LoginActivity 类,该类用于登录、自动登录与记住密码。具体代码如下所示。

```java
public class LoginActivity extends BaseActivity implements
 View.OnClickListener {
    private Button btnClick;
    private EditText userid;
    private EditText password;
    private TextView tvupdate;
    private String username;
    private String pwd;
    private CheckBox checkbox;
    @Override
    protected int setLayoutResId() {
        return R.layout.activity_login;
    }
    @Override
    public void initView() {
        btnClick = findViewById(R.id.btn_click);
        tvupdate = findViewById(R.id.btn_update);
        userid = findViewById(R.id.account);
        password = findViewById(R.id.password);
        checkbox = findViewById(R.id.checkBoxLogin);
        btnClick.setOnClickListener(LoginActivity.this);
        tvupdate.setOnClickListener(LoginActivity.this);
        checkbox.setOnClickListener(LoginActivity.this);
        String fuseraccount = SharedPreferencesHelperScan.getInstance(this).
            getStringValue("us");
        String pwd = SharedPreferencesHelperScan.getInstance(this).getStringValue("pa");
        userid.setText(fuseraccount);
        password.setText(pwd);
```

```java
    }
    @Override
    public void onClick(View view) {
        switch (view.getId()) {
            case R.id.btn_click:
                username = userid.getText().toString().trim();
                pwd = password.getText().toString().trim();
                if (TextUtils.isEmpty(username) || TextUtils.isEmpty(pwd)) {
                    ToastUitl.showShort("请输入用户名或密码");
                }
                else {
                    if (checkbox.isChecked()) {
                    //记住密码
                        SharedPreferencesHelperScan.getInstance(this).
                        putStringValue("us", username);
SharedPreferencesHelperScan.getInstance(this).putStringValue("pa", pwd);
                    }
                    else {
SharedPreferencesHelperScan.getInstance(this).putStringValue("us", "");
   SharedPreferencesHelperScan.getInstance(this).putStringValue("pa", "");
                    }
                    login(username, pwd);   //登录
                }
                break;
            case R.id.btn_update:
                Intent intent = new Intent(LoginActivity.this,
                UpdatePasswordActivity.class);
                startActivity(intent);
            default:
                break;
        }
    }
    private void login(String username, String pwd) {
        RestClient.getInstance()
                .getStatisticsService()
                .login(username, pwd)
                .subscribeOn(Schedulers.io())
                .compose(bindToLifecycle())
                .observeOn(AndroidSchedulers.mainThread())
                .subscribe(response -> {
                    if (response.getCode() == 200) {
                        //登录成功,保存用户所有信息
SharedPreferencesHelperScan.getInstance(this).setUserBean(response.getResult());
                        //保存 token
                        if (response.getHeader() != null) {
SharedPreferencesHelperScan.getInstance(this).putStringValue("token",
response.getHeader());
                        }
                        //将用户名保存下来
SharedPreferencesHelperScan.getInstance(this).putStringValue("username", username);
```

```
SharedPreferencesHelperScan.getInstance(this).putStringValue("fname", response.getResult()
.getFname());
                        ToastUitl.showShort("登录成功");
                        //跳转到主界面
                        Intent intent = new Intent(LoginActivity.this,
                        WorkActivity.class);
                        intent.putExtra("fname", response.getResult().getFname());
                        intent. putExtra ( " fuseraccount ", response. getResult ().
getFuseraccount());
                        startActivity(intent);
                    } else {
                        ToastUitl.showShort("登录失败" + response.getMessage());
                    }
                }, throwable -> {
                    ToastUitl.showShort(throwable.getMessage());
                });
    }
}
```

在 LoginActivity 类中,首先对各个控件进行初始化与设置监听事件,通过 SharedPreferencesHelperScan 帮助类取出用户保存的工号与密码并设置到对应的 EditText 中。在 onClick(View view)方法中,对用户输入的工号与密码进行判断,如果选择记住密码,则调用 SharedPreferencesHelperScan 帮助类的 putStringValue()方法将工号与密码保存,然后调用 login(String username, String pwd)方法完成登录操作,并且把 UserBean 与 token 保存下来用于后面的操作。

3.2.2 修改用户密码

1. 编写修改用户密码 View

编写代码,实现如图 3.4 所示的效果。

```
<?xml version = "1.0" encoding = "utf - 8"?>
< LinearLayout  xmlns: android = " http://schemas.
android.com/apk/res/android"
    android: layout_width = "wrap_content"
    android: layout_height = "match_parent"
    android: orientation = "vertical"
    android: background = "#ffffff"
    android: filterTouchesWhenObscured = "true">
    < TextView
        android: id = "@ + id/tv_scanResult"
        android: layout_width = "match_parent"
        android: layout_height = "40dp"
        android: layout_marginTop = "0dp"
        android: gravity = "center"
        android: text = "密码修改页面"
        android: textSize = "20dp"
```

图 3.4 修改密码

```xml
            android:background = "#336699"
            android:textColor = "#ffffff"/>
<RelativeLayout
        android:id = "@+id/login_layout"
        android:layout_width = "wrap_content"
        android:layout_height = "658dp"
        android:layout_marginLeft = "20dp"
        android:layout_marginRight = "20dp"
        android:gravity = "center"
        android:orientation = "vertical">
    <RelativeLayout
            android:id = "@+id/one"
            android:layout_width = "match_parent"
            android:layout_height = "match_parent"
            android:layout_marginTop = "150dp"
            android:orientation = "vertical">
        <EditText
                android:id = "@+id/account"
                android:layout_width = "fill_parent"
                android:layout_height = "43dp"
                android:layout_marginTop = "5dp"
                android:hint = "请输入工号"
                android:maxLength = "20"
                android:paddingLeft = "55dp"
                android:paddingRight = "60dp"
                android:text = ""
                android:textSize = "20dp" />
        <ImageView
                android:layout_width = "31dp"
                android:layout_height = "35dp"
                android:layout_gravity = "left|center_horizontal"
                android:layout_marginStart = "8dp"
                android:layout_marginLeft = "8dp"
                android:src = "@mipmap/account"
                android:visibility = "visible" />
        <RelativeLayout
                android:layout_width = "match_parent"
                android:layout_height = "match_parent"
                android:layout_marginTop = "50dp"
                android:orientation = "horizontal">
            <EditText
                    android:id = "@+id/password"
                    android:layout_width = "fill_parent"
                    android:layout_height = "43dp"
                    android:hint = "请输入新密码"
                    android:inputType = "textPassword"
                    android:maxLength = "20"
                    android:paddingLeft = "55dp"
                    android:paddingRight = "60dp"
```

```xml
            android:text = ""
            android:textSize = "20dp" />
        <ImageView
            android:layout_width = "31dp"
            android:layout_height = "35dp"
            android:layout_gravity = "left|center_vertical"
            android:layout_marginStart = "8dp"
            android:layout_marginLeft = "8dp"
            android:src = "@mipmap/password" />
        <RelativeLayout
            android:layout_width = "match_parent"
            android:layout_height = "match_parent"
            android:layout_marginTop = "50dp"
            android:orientation = "vertical">
            <EditText
                android:id = "@+id/repassword"
                android:layout_width = "fill_parent"
                android:layout_height = "43dp"
                android:hint = "请再次输入新密码"
                android:inputType = "textPassword"
                android:maxLength = "20"
                android:paddingLeft = "55dp"
                android:paddingRight = "60dp"
                android:text = ""
                android:textSize = "20dp" />
            <ImageView
                android:layout_width = "31dp"
                android:layout_height = "35dp"
                android:layout_gravity = "left|center_vertical"
                android:layout_marginStart = "8dp"
                android:layout_marginLeft = "8dp"
                android:src = "@mipmap/password" />
        </RelativeLayout>
    </RelativeLayout>
    <Button
        android:id = "@+id/btn_commit"
        android:layout_width = "fill_parent"
        android:layout_height = "40dp"
        android:layout_marginLeft = "5dp"
        android:layout_marginRight = "5dp"
        android:layout_marginTop = "200dp"
        android:background = "#ff336699"
        android:gravity = "center"
        android:text = "提   交"
        android:textColor = "@android:color/white" />
    </RelativeLayout>
  </RelativeLayout>
</LinearLayout>
```

在该页面,所用的布局与控件较为简单,主要通过三个EditText来收集数据,通过

Button 提交相关数据。

2. 编写修改用户密码接口

```
@PUT("user/updatePassword")
Observable < Response < UserInfo >> updatePassword (@ Query ( " fuseraccount ") String
fuseraccount, @Query("mobilepassword") String mobilepassword);
```

该接口有两个参数,分别是工号 fuseraccount 与新密码 mobilepassword,通过调用该接口实现修改用户密码。

3. 编写修改用户密码 Controller

在 com.qianfeng.mis.ui.login 包下新建 UpdatePasswordActivity,该 Activity 用于修改密码。关键代码如下所示。

```java
public class UpdatePasswordActivity extends BaseActivity implements
View.OnClickListener {
    private Button btncommit;
    private EditText userid;
    private EditText password;
    private EditText repassword;
    private String username;
    private String pwd;
    private String repwd;
    @Override
    protected int setLayoutResId() {
        return R.layout.activity_update_password;
    }
    @Override
    public void initView() {
        btncommit = findViewById(R.id.btn_commit);
        userid = findViewById(R.id.account);
        password = findViewById(R.id.password);
        repassword = findViewById(R.id.repassword);
        btncommit.setOnClickListener(UpdatePasswordActivity.this);
    }
    @Override
    public void onClick(View view) {
        username = userid.getText().toString().trim();
        pwd = password.getText().toString().trim();
        repwd = repassword.getText().toString().trim();
        if(TextUtils.isEmpty(username)&&TextUtils.isEmpty(pwd)){
            ToastUitl.showShort("用户名或密码不能为空");
        }else if (pwd.equals("")&&repwd.equals("")) {
            //判断两次密码是否为空
            Toast.makeText(getApplicationContext(), "密码不能为空",
                    Toast.LENGTH_SHORT).show();
        }else if (!pwd.equals(repwd)){
            Toast.makeText(getApplication(),"密码不一致,请重新输入",
```

```
                    Toast.LENGTH_SHORT).show();
            }else {
                updatePassword(username,pwd);
            }
        }
        public void updatePassword(String username, String pwd){
            RestClient.getInstance()
                    .getStatisticsService()
                    .updatePassword(username,pwd)
                    .subscribeOn(Schedulers.io())
                    .compose(bindToLifecycle())
                    .observeOn(AndroidSchedulers.mainThread())
                    .subscribe(response -> {
                        if (response.getCode() == 200) {
                            ToastUitl.showShort("密码修改成功,请重新登录");
                            Intent intent = new Intent(UpdatePasswordActivity.this,
                            LoginActivity.class);
                            startActivity(intent);
                            finish();
                        } else {
                            ToastUitl.showShort(response.getMessage());
                        }
                    }, throwable -> {
                    });
        }
    }
```

在 UpdatePasswordActivity 中,首先对各个控件进行初始化并设置监听事件,在 onClick(View view)方法中,获取用户输入的内容并做判断,然后调用 updatePassword (String username,String pwd)方法进行密码的修改。

3.3 实现首页页面

3.3.1 首页页面

1. 编写首页页面 View

编写代码,实现效果如图 1.5 所示。

```
<?xml version = "1.0" encoding = "utf-8"?>
<LinearLayout
    xmlns: android = "http://schemas.android.com/apk/res/android"
    android: layout_width = "match_parent"
    android: layout_height = "match_parent"
    android: clipChildren = "false"
    android: orientation = "vertical">
    <FrameLayout
        android: id = "@+id/fl_mains"
```

```xml
            android:layout_width = "match_parent"
            android:layout_height = "0dp"
            android:layout_weight = "1">
</FrameLayout>
<View
        android:layout_width = "match_parent"
        android:layout_height = "0.3dp"
        android:background = "#33666666" />
<RadioGroup
        android:id = "@+id/radioGroup"
        android:layout_width = "match_parent"
        android:layout_height = "56dp"
        android:layout_gravity = "bottom|center"
        android:background = "#eee"
        android:clipChildren = "false"
        android:gravity = "center"
        android:orientation = "horizontal">
    <RadioButton
            android:id = "@+id/rb_home"
            android:layout_width = "0dp"
            android:layout_height = "match_parent"
            android:layout_weight = "1"
            android:background = "@null"
            android:button = "@null"
            android:drawablePadding = "6dp"
            android:gravity = "center"
            android:padding = "5dp"
            android:text = "工作台"
            android:textColor = "@color/navigator_color" />
    <RadioButton
            android:id = "@+id/rb_pond"
            android:layout_width = "0dp"
            android:layout_height = "match_parent"
            android:layout_weight = "1"
            android:background = "@null"
            android:button = "@null"
            android:drawablePadding = "6dp"
            android:gravity = "center"
            android:padding = "5dp"
            android:text = "待办"
            android:textColor = "@color/navigator_color" />
    <LinearLayout
            android:gravity = "center_horizontal"
            android:orientation = "vertical"
            android:layout_width = "0dp"
            android:layout_weight = "1"
            android:layout_height = "110dp">
        <ImageView
                android:id = "@+id/rbAdd"
                android:layout_width = "55dp"
```

```xml
                android:layout_height = "55dp"
                android:src = "@mipmap/comui_tab_post" />
            <TextView
                android:textColor = "@color/black"
                android:text = "发布"
                android:padding = "5dp"
                android:layout_width = "wrap_content"
                android:layout_height = "wrap_content" />
        </LinearLayout>
        <RadioButton
            android:id = "@+id/rb_message"
            android:layout_width = "0dp"
            android:layout_height = "match_parent"
            android:layout_weight = "1"
            android:background = "@null"
            android:button = "@null"
            android:drawablePadding = "6dp"
            android:gravity = "center"
            android:padding = "5dp"
            android:text = "动态"
            android:textColor = "@color/navigator_color" />
        <RadioButton
            android:id = "@+id/rb_me"
            android:layout_width = "0dp"
            android:layout_height = "match_parent"
            android:layout_weight = "1"
            android:background = "@null"
            android:button = "@null"
            android:drawablePadding = "6dp"
            android:gravity = "center"
            android:padding = "5dp"
            android:text = "我的"
            android:textColor = "@color/navigator_color" />
    </RadioGroup>
</LinearLayout>
```

以上代码中，使用帧布局 FrameLayout 来加载要被替换的 Fragment，在帧布局中使用 android:layout_weight = "1"，使其占满整个空间，通过底部的 RadioButton 来切换 Fragment。

2. 编写首页页面 Controller

在 com.qianfeng.mis.ui.sale 包下新建 WorkActivity，该 Activity 为主 Activity。具体代码如下所示。

```java
public class WorkActivity extends BaseActivity {
...
    private WorkMainFragment mWorkMainFragment;
    private NewsFragment mNewsFragment1;
    private NewsFragment mNewsFragment2;
    private NewsFragment mNewsFragment3;
    private Fragment mContent;
```

```java
@Override
protected int setLayoutResId() {
    return R.layout.activity_work;
}
@Override
public void initView() {
    initListener();
    mRbHome.setChecked(true);     //默认选中工作台
    Drawable dbHome = getResources().getDrawable(R.drawable.selector_home);
    dbHome.setBounds(0, 0, UIUtils.dip2Px(this, 20), UIUtils.dip2Px(this, 20));
    mRbHome.setCompoundDrawables(null, dbHome, null, null);
    Drawable dbPond = getResources().getDrawable(R.drawable.selector_pond);
    dbPond.setBounds(0, 0, UIUtils.dip2Px(this, 20), UIUtils.dip2Px(this, 20));
    mRbPond.setCompoundDrawables(null, dbPond, null, null);
    Drawable dbMsg = getResources().getDrawable(R.drawable.selector_message);
    dbMsg.setBounds(0, 0, UIUtils.dip2Px(this, 20), UIUtils.dip2Px(this, 20));
    mRbMessage.setCompoundDrawables(null, dbMsg, null, null);
    Drawable dbMe = getResources().getDrawable(R.drawable.selector_person);
    dbMe.setBounds(0, 0, UIUtils.dip2Px(this, 20), UIUtils.dip2Px(this, 20));
    mRbMe.setCompoundDrawables(null, dbMe, null, null);
    initFragment();
}
private void initFragment() {
    FragmentTransaction transaction = getSupportFragmentManager().beginTransaction();
    if (mWorkMainFragment != null && mWorkMainFragment.isAdded()) {
        transaction.remove(mWorkMainFragment);
    }
    if (mNewsFragment1 != null && mNewsFragment1.isAdded()) {
        transaction.remove(mNewsFragment1);
    }
    if (mNewsFragment2 != null && mNewsFragment2.isAdded()) {
        transaction.remove(mNewsFragment2);
    }
    if (mNewsFragment3 != null && mNewsFragment3.isAdded()) {
        transaction.remove(mNewsFragment3);
    }
    transaction.commitAllowingStateLoss();
    mWorkMainFragment = null;
    mNewsFragment1 = null;
    mNewsFragment2 = null;
    mNewsFragment3 = null;
    mRbHome.performClick();
}
private void initListener() {
    mRadioGroup.setOnCheckedChangeListener(new RadioGroup.OnCheckedChangeListener() {
        @Override
        public void onCheckedChanged(RadioGroup group, int checkedId) {
            switch (checkedId) {
                case R.id.rb_home:
                    switchContent(mRbHome);
                    break;
                case R.id.rb_pond:
```

```java
                    switchContent(mRbPond);
                    break;
                case R.id.rb_message:
                    switchContent(mRbMessage);
                    break;
                case R.id.rb_me:
                    switchContent(mRbMe);
                    break;
                default:
                    break;
            }

        }
    });
    mRbAdd.setOnClickListener(new View.OnClickListener() {
        @Override
        public void onClick(View v) {
        }
    });
}
public void switchContent(View view) {
    Fragment fragment;
    if (view == mRbHome) {
        if (mWorkMainFragment == null) {
            mWorkMainFragment = new WorkMainFragment();
        }
        fragment = mWorkMainFragment;
    } else if (view == mRbPond) {
        if (mNewsFragment1 == null) {
            mNewsFragment1 = new NewsFragment();
        }
        fragment = mNewsFragment1;
    } else if (view == mRbMessage) {
        if (mNewsFragment2 == null) {
            mNewsFragment2 = new NewsFragment();
        }
        fragment = mNewsFragment2;
    } else if (view == mRbMe) {
        if (mNewsFragment3 == null) {
            mNewsFragment3 = new NewsFragment();
        }
        fragment = mNewsFragment3;
    } else {
        return;
    }
    FragmentTransaction transaction = getSupportFragmentManager().beginTransaction();
    if (mContent == null) {
        transaction.add(mFlMains.getId(), fragment).commit();
        mContent = fragment;
    }
```

```
            if (mContent != fragment) {
                if (!fragment.isAdded()) {
                    transaction.hide(mContent).add(mFlMains.getId(), fragment).commitAllowingStateLoss();
                } else {
                    transaction.hide(mContent).show(fragment).commitAllowingStateLoss();
                }
                mContent = fragment;
            }
        }
    }
```

在 WorkActivity 类中，在 initView( )方法中，首先调用 initListener( )方法对 RadioGroup 进行事件监听，通过 mRbHome.setChecked(true)方法默认选中工作台 Fragment。在 initFragment( )方法中对 Fragment 进行初始化操作，在 switchContent (View view)方法中显示选中的 Fragment。

3.3.2 工作台页面

1. 编写工作台页面 View

编写代码，实现效果如图 1.5 所示。

```xml
<?xml version="1.0" encoding="utf-8"?>
<android.support.v4.widget.NestedScrollView xmlns:android="http://schemas.android.com/apk/res/android"
    xmlns:app="http://schemas.android.com/apk/res-auto"
    android:id="@+id/refreshLayout"
    android:layout_width="match_parent"
    android:layout_height="match_parent"
    android:background="#fff"
    android:orientation="vertical">
    <LinearLayout
        android:layout_width="match_parent"
        android:layout_height="match_parent"
        android:gravity="center_horizontal"
        android:orientation="vertical">
        <include layout="@layout/title" />
        <com.qianfeng.mis.view.BannerLayout
            xmlns:app="http://schemas.android.com/apk/res-auto"
            android:id="@+id/bannerLayout"
            android:layout_width="match_parent"
            android:layout_height="@dimen/px340"
            app:autoPlayDuration="4000"
            app:indicatorMargin="5dp"
            app:indicatorPosition="rightBottom"
            app:indicatorShape="oval"
            app:indicatorSpace="3dp"
            app:isAutoPlay="true"
```

```xml
            app:scrollDuration = "900"
            app:selectedIndicatorColor = "#222222"
            app:selectedIndicatorHeight = "4dp"
            app:selectedIndicatorWidth = "4dp"
            app:unSelectedIndicatorColor = "#999"
            app:unSelectedIndicatorHeight = "4dp"
            app:unSelectedIndicatorWidth = "4dp">
        </com.qianfeng.mis.view.BannerLayout>
        <RelativeLayout
            android:layout_width = "match_parent"
            android:layout_height = "wrap_content">
            <android.support.v7.widget.RecyclerView
                android:id = "@+id/icon_selected"
                android:layout_width = "match_parent"
                android:layout_height = "wrap_content"
                android:layout_margin = "@dimen/px20"
                android:background = "@drawable/stoke_e1e2e4"
                android:overScrollMode = "never" />
        </RelativeLayout>
        <LinearLayout
            android:layout_width = "match_parent"
            android:layout_height = "wrap_content"
            android:layout_margin = "@dimen/px20"
            android:background = "@drawable/stoke_f9ebc5"
            android:orientation = "vertical">
            <TextView
                style = "@style/textview_333_30"
                android:layout_marginLeft = "@dimen/px30"
                android:layout_marginTop = "@dimen/px30"
                android:text = "产品中心"
                android:textColor = "#F00"
                android:textSize = "@dimen/px34" />
            <android.support.v7.widget.RecyclerView
                android:id = "@+id/rv_chanpin"
                android:layout_width = "match_parent"
                android:layout_height = "wrap_content"
                android:overScrollMode = "never" />
        </LinearLayout>
    </LinearLayout>
</android.support.v4.widget.NestedScrollView>
```

在该页面,由于有的手机屏幕较小,需要一个支持嵌套滑动 NestedScrollView 包裹整个布局。NestedScrollView 与 ScrollView 比较类似,其作用就是作为控件父布局,从而具备(嵌套)滑动功能。通过 include 标签可以将相同的布局引入,从而避免每次编写重复代码。使用自定义的 BannerLayout 实现轮播图效果。各个功能导航按钮与产品中心都是使用 RecyclerView 实现。

2. 编写工作台页面 Controller

在 com.qianfeng.mis.ui.sale 包下新建 WorkMainFragment,该 Fragment 用于工作台

首页的展示。具体代码如下所示。

```java
public class WorkMainFragment extends BaseFragment {
...
    private int[] iconList = {
            R.drawable.caishen_1, R.drawable.caishen_2, R.drawable.caishen_3, R.drawable.caishen_4, R.drawable.caishen_5, R.drawable.caishen_6,
            R.drawable.caishen_7, R.drawable.caishen_8, R.drawable.caishen_9, R.drawable.caishen_10, R.drawable.caishen_11, R.drawable.caishen_12,
    };
    private String[] nameList = {
            "客户资料", "任务/跟进", "销售机会", "报价记录", "合同/订单", "回款记录",
            "客户公共池", "产品信息", "数据审核", "费用报销", "库存出货", "更多"};

    private int[] mIconbenner = {
            R.mipmap.banner_1, R.mipmap.banner_2,
            R.mipmap.banner_3};
    int[] mChanpinlist = {
            R.mipmap.hm_zd240, R.mipmap.hm_zd350a,
            R.mipmap.hm_zd350d, R.mipmap.hm_zd350e600,};
    String[] mChanpinnameList1 = {
            "移动产业", "千锋教育",
            "项目研发", "创业孵化"};
    @Override
    protected int setLayoutResId() {
        return R.layout.fragment_workmain;
    }
    @Override
    public void initView() {
        mTitle.setText("工作台(" + SharedPreferencesHelperScan.getInstance(getActivity()).getStringValue("fname") + ")");
        //轮播图
        initBannerData();
        //导航图标
        setIcon();
        //产品中心
        LinearLayoutManager linearLayoutManager = new LinearLayoutManager(getContext());
        linearLayoutManager.setOrientation(LinearLayoutManager.HORIZONTAL);
        mRvChanpin.setLayoutManager(linearLayoutManager);
        List<IconInfo> list1 = new ArrayList<>();
        for (int i = 0; i < mChanpinlist.length; i++) {
            IconInfo iconInfo = new IconInfo();
            iconInfo.setImage(mChanpinlist[i]);
            iconInfo.setName(mChanpinnameList1[i]);
            list1.add(iconInfo);
        }
        ChanpinMainAdapter chanpinMainAdapter = new ChanpinMainAdapter(list1);
        mRvChanpin.setAdapter(chanpinMainAdapter);
    }
    //初始化轮播图
```

```java
private void initBannerData() {
    if (mIconbenner != null && mIconbenner.length > 0) {
        List<Integer> urls = new ArrayList<>();
        for (int i = 0; i < mIconbenner.length; i++) {
            urls.add(mIconbenner[i]);
            if (mIconbenner.length > 1) {
                mBannerLayout.setAutoPlay(true);
            } else {
                mBannerLayout.setAutoPlay(false);
            }
        }
        if (urls != null && urls.size() > 0) {
            mBannerLayout.setViewRes(urls);
        }
        mBannerLayout.setOnBannerItemClickListener(new BannerLayout.
                OnBannerItemClickListener() {
            @Override
            public void onItemClick(int position) {
            }
        });
    }
}
//设置导航图标
private void setIcon() {
    mIconSelected.setLayoutManager(new GridLayoutManager(getActivity(), 4));
    List<IconInfo> list = new ArrayList<>();
    for (int i = 0; i < iconList.length; i++) {
        IconInfo iconInfo = new IconInfo();
        iconInfo.setImage(iconList[i]);
        iconInfo.setName(nameList[i]);
        list.add(iconInfo);
    }
    IconMainAdapter icon_main_adapter = new IconMainAdapter(list);
    mIconSelected.setAdapter(icon_main_adapter);
    icon_main_adapter.setOnItemClickListener(new BaseQuickAdapter.OnItemClickListener() {
        @Override
        public void onItemClick(BaseQuickAdapter adapter, View view, int position) {
            if (list.get(position).getName().equals("客户资料")) {
                Intent intent = new Intent(getActivity()
                        , CustomerListActivity.class);
                startActivity(intent);
            } else if (list.get(position).getName().equals("任务/跟进")) {
                Intent intent = new Intent(getActivity(),
                        CustomGenjinActivity.class);
                startActivity(intent);
            } else if (list.get(position).getName().equals("销售机会")) {
                Intent intent = new Intent(getActivity(),
                        CustomXiaoShouJiHuiActivity.class);
                startActivity(intent);
```

```java
            } else if (list.get(position).getName().equals("产品信息")) {
                Intent intent = new Intent(getActivity(),
                ProductInformationListActivity.class);
                startActivity(intent);
            } else if (list.get(position).getName().equals("报价记录")) {
                Intent intent = new Intent(getActivity(),
                ProductOfferByIdListActivity.class);
                startActivity(intent);
            } else if (list.get(position).getName().equals("合同/订单")) {
                Intent intent = new Intent(getActivity(),
                ContractOrderListActivity.class);
                startActivity(intent);
            } else if (list.get(position).getName().equals("客户公共池")) {
                Intent intent = new Intent(getActivity(),
                PublicCustomerActivity.class);
                startActivity(intent);
            } else if (list.get(position).getName().equals("回款记录")) {
                Intent intent = new Intent(getActivity(),
                HuiKuanJiHuaActivity.class);
                startActivity(intent);
            } else if (list.get(position).getName().equals("数据审核")) {
                Intent intent = new Intent(getActivity(),
                DataAuditListActivity.class);
                startActivity(intent);
            } else if (list.get(position).getName().equals("费用报销")) {
                Intent intent = new Intent(getActivity(),
                ReimbursementListActivity.class);
                startActivity(intent);
            } else if (list.get(position).getName().equals("库存出货")) {
                Intent intent = new Intent(getActivity(),
                StockActivity.class);
                startActivity(intent);
            }
        }
    });
}
```

在 WorkMainFragment 类中，首先对各个控件和相关数据进行初始化，在 initView() 方法中调用 initBannerData() 方法初始化轮播图，调用 setIcon() 方法初始化导航图标，分别给各个图标设置单击事件，然后设置产品中心的 adapter。

第 4 章　基于 RBAC 模型权限设计

本章学习目标
- 了解 RBAC 模型。
- 了解 RBAC1 基于角色的分层模型。
- 了解 RBAC2 约束模型。
- 掌握权限控制五张表的创建与使用。

任何一个管理系统中都少不了权限控制,当然权限控制的方法有很多种,在做软件开发前可以结合项目的实际情况进行选择。本系统涉及的权限管理仅限于销售模块,因此,这里简单介绍基于 RBAC 模型的权限设计,其中需要重点掌握权限控制功能中涉及的表的创建,厘清各个表之间的关联关系,最终能够通过表关联得到用户的角色、权限等信息。

4.1　RBAC 模型介绍

4.1.1　RBAC 模型概述

RBAC(Role-Based Access Control)即基于角色的访问控制。权限在系统中相当于某项功能,它可以由一个或多个操作组成。比如,将用户的管理看成是一个权限,那么增加用户、编辑用户、删除用户这三个操作组成了一个用户管理的权限集。在 RBAC 中,角色 Role 是权限的集合,比如,某个角色拥有用户管理、订单管理、合同管理等权限;用户 User 可以同时拥有一个或多个角色,并通过不同的角色获得不同的权限。用户的权限只能够通过角色获得,不能直接赋予用户权限。这样一来大大减少了赋权的工作量,也降低了系统中权限管理的复杂度。

RBAC 支持公认的安全原则:最小特权原则、责任分离原则和数据抽象原则。

最小特权原则得到支持,是因为在 RBAC 模型中可以通过限制分配给角色权限的多少和大小来实现最小特权原则,分配给与某用户对应的角色的权限只要不超过该用户完成其任务的需要就可以。

责任分离原则的实现,是因为在 RBAC 模型中可以通过在完成敏感任务过程中分配两个责任上互相约束的两个角色来实现责任分离原则,例如在清查账目时,只需要设置财务管理员和会计两个角色参加就可以了。

数据抽象是借助于抽象许可权这样的概念实现的,如在账目管理活动中,可以使用信用、借方等抽象许可权,而不是使用操作系统提供的读、写、执行等具体的许可权。但 RBAC 并不强迫实现这些原则,安全管理员可以允许配置 RBAC 模型使它不支持这些原则。因此，RBAC 支持数据抽象的程度与 RBAC 模型的实现细节有关。

4.1.2 RBAC1 基于角色的分层模型

在介绍 RBAC1 之前先介绍 RBAC0。RBAC0 是 RBAC 最原始、最简单的版本，在 RBAC0 模型中，将权限赋予角色，再把角色赋予用户。用户和角色、角色和权限都是多对多的关系。用户拥有的权限就是他所有的角色所持有权限之和。RBAC1 在 RBAC0 的基础上引入角色间的继承关系，即角色与角色之间拥有了上下级的关系。角色间的继承关系可分为一般继承关系和受限继承关系。一般继承关系允许角色间的多继承。而受限继承关系则进一步要求角色继承关系是一个树结构，实现角色间的单继承。这种模型适用于角色之间层次明确、包含明确的系统。

4.1.3 RBAC2 约束模型

RBAC2 在 RBAC0 模型的基础上添加了责任分离关系。RBAC2 的约束规定了权限被赋予角色时，或角色被赋予用户时，以及当用户在某一时刻激活一个角色时所应遵循的强制性规则。责任分离包括静态责任分离和动态责任分离。约束与用户-角色-权限关系一起决定了 RBAC2 模型中用户的访问许可，此约束有多种。

4.2 设计数据库表

4.2.1 分析公司人员组成结构

每个公司都由大大小小的部门组成，每个部门都由一个个的员工组成，每个员工都有自己的角色信息，每个角色都有自己的操作权限，因此，在功能实现之初，首先数据库中需要具备员工表(TSecUser)、角色表(db_role_user)、权限表(db_permissions_user)、用户角色关联表(db_user_role_info)、角色权限关联表(db_role_permissions_info)、部门表(db_department)。

4.2.2 设计权限管理表结构

员工表在登录功能时已经建好，此处不再赘述；角色表主要由主键(role_id)、角色名称(role_name)、角色描述(description)三个字段组成；权限表主要由主键(power_id)、权限名称(power_name)、权限描述(description)三个字段组成；用户角色关联表主要由主键(id)、用户 id(user_id)、角色 id(role_id)三个字段组成；角色权限关联表主要由主键(id)、关联角色表中的 id(role_id)、关联权限表中的 id(power_id)三个字段组成；部门表主要由部门 id(id)、部门名称(name)、部门级别(level)、父部门 id(parentId)四个字段组成。

4.2.3 创建数据表

1. 创建角色表 db_role_user

```
create table db_role_user(
    role_id int not null identity(1,1) primary key,
```

```
    role_name nvarchar(20),                    -- 角色名称
    description nvarchar(20)                   -- 角色描述
)
```

2. 创建权限表 db_permissions_user

```
create table db_permissions_user(
    power_id int not null identity(1,1) primary key,
    power_name nvarchar(100),                  -- 权限名称
    description nvarchar(100)                  -- 权限描述
)
```

3. 创建用户角色关联表 db_user_role_info

```
create table db_user_role_info(
    id int not null identity(1,1) primary key,
    user_id nvarchar(20),                      -- 用户 id
    role_id int                                -- 角色 id
)
```

4. 创建角色权限关联表 db_role_permissions_info

```
create table db_role_permissions_info(
    id int not null identity(1,1) primary key,
    role_id int,                               -- 关联角色表中的 id
    power_id int                               -- 关联权限表中的 id
)
```

5. 创建部门表 db_department

```
create table db_department(
    id int not null primary key,               -- 部门 id
    name nvarchar(50),                         -- 部门名称
    level int,                                 -- 部门级别
    parentId int                               -- 父部门 id
)
```

4.2.4 员工部门、职位层级关系

公司销售部门的组织结构如图 4.1 所示。本节重点讲解销售部门的权限控制功能，其他部门这里不做重点讲述，其余各个部门的权限控制功能的实现方法与此类似。

图 4.1 中编号 102、103 代表父级组织，编号 201、202、208、209、210 分别代表编号 102、103 下的子组织部门，编号 301~309 则代表编号 201、202 下的子组织部门。例如，编号 301 的国内销售一部一组的父组织为编号 201 的国内销售一部，而编号 201 的国内销售一部的父组织为编号 102 的国内销售部。需要注意的是，在编号 201 的目录下有一个国内销售一部销售总监的目录结构，该结构与编号 301、302、303、304 平级，意味着该销售总监是国内销

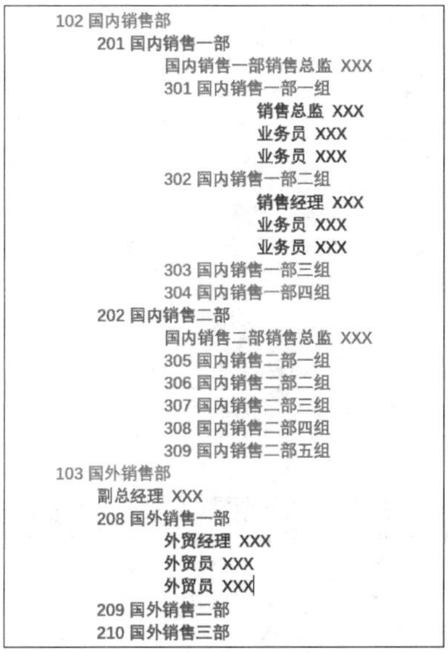

```
102 国内销售部
    201 国内销售一部
        国内销售一部销售总监 XXX
        301 国内销售一部一组
            销售总监 XXX
            业务员 XXX
            业务员 XXX
        302 国内销售一部二组
            销售经理 XXX
            业务员 XXX
            业务员 XXX
        303 国内销售一部三组
        304 国内销售一部四组
    202 国内销售二部
        国内销售二部销售总监 XXX
        305 国内销售二部一组
        306 国内销售二部二组
        307 国内销售二部三组
        308 国内销售二部四组
        309 国内销售二部五组
103 国外销售部
    副总经理 XXX
    208 国外销售一部
        外贸经理 XXX
        外贸员 XXX
        外贸员 XXX
    209 国外销售二部
    210 国外销售三部
```

图 4.1 公司销售部门的组织结构

售一部的管理人员,拥有国内销售一部的最高级权限;在国内销售一部一组、二组下分别有销售经理、销售总监和业务员的职位,国内销售一部一组的销售总监的权限与国内销售一部二组的权限类似,它们都拥有自己所在小组的最高权限;同理,副总经理拥有国外销售部的最高权限,外贸经理拥有自己所在部门的最高权限。在员工表 TSecUser 中的 dapaterment _id 字段存储的即是该员工所在部门的父组织 id。

4.3 使用 SQL 查询权限范围

有了上述数据表之后,通过各表间的关联关系可以很容易地查询出员工的角色、部门、权限等信息。例如,通过 SELECT dapaterment_id FROM T_SEC_USER where fuseraccount='19050023' 可以查出该员工所在部门的 id 编号为 301,如图 4.2 所示。

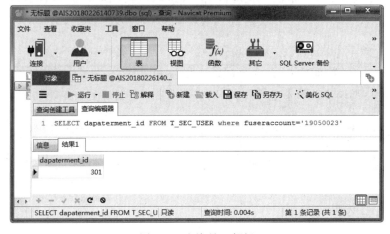

图 4.2 查询员工部门

在销售部门中销售经理和外贸经理分别是国内销售部子部门和国外销售部子部门的领导,在图4.3中通过员工表、角色表和员工角色关联表连接起来,再通过所在的部门和所要的角色为条件查找即可查询出员工号为"19050023"的员工的直接领导,代码如下所示。

```
SELECT a.fuseraccount,a.fname,c.role_name FROM T_SEC_USER a
LEFT JOIN db_user_role_info b on a.fuseraccount = b.user_id LEFT JOIN db_role_user c
on b.role_id = c.role_id
WHERE dapaterment_id =
(SELECT dapaterment_id FROM T_SEC_USER where fuseraccount = '19050023')
AND c.role_name in('销售总监','销售经理','外贸经理')
```

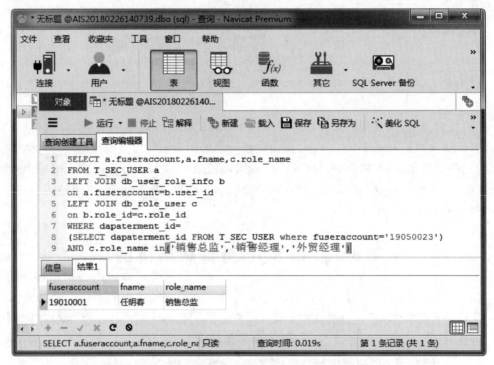

图4.3 查询直属领导

通过以上代码可以查询工号为"19050023"的员工直属领导的工号和姓名,以此类推,可以在代码中编写递归查询方法,直到查询的结果为null时,结束查询,这样便可以查到该员工的所有领导了,如图4.4所示。

```
SELECT fuseraccount,fname
FROM T_SEC_USER WHERE dapaterment_id = (select parentId from db_department WHERE id = (
SELECT dapaterment_id FROM T_SEC_USER where fuseraccount = '19050023'))
```

结合图4.3和图4.4可知,工号为"19050023"的员工的直接领导是任明春,而任明春的直接领导是王兵。

图 4.4 查询员工领导的领导

第5章　产品信息管理模块

本章学习目标
- 了解产品信息管理库表设计。
- 了解产品信息管理模块的功能。
- 掌握产品信息管理服务端的功能实现。
- 掌握 Android App 移动端页面的开发。

产品信息管理模块是整个系统的核心，后续章节中大大小小的功能基本都是围绕产品实现的，产品信息管理模块需要有严格的权限控制系统，不允许登录系统的人员随意改动产品信息，或者添加、删除产品信息。为了使销售人员在查看产品信息时能够更直观地区分不同型号的产品，此系统实现了图片上传的功能，每一件产品都有一张或一组图片与之关联对应。

5.1　产品信息库表设计

5.1.1　设计产品表结构

产品信息表主要用来存储销售人员销售的产品详情，每个产品都有自己的编号、产品名称、销售价格等关键信息。除此之外，每个产品都会匹配一张图片，展示该产品的外观。因此，在数据库中需要新建两张表：一张用来存储产品的详细信息；另一张用来存放产品的照片信息。

根据业务需求，产品信息表中的字段及其含义如下：duiying(对应基准产品)、name(产品名称)、model(产品型号)、specification(产品规格)、category(产品类别)、number(产品编号)、status(产品状态)、origin(产品产地)、brand(产品品牌)、costPrice(成本价格)、unit(产品单位)、weight(产品重量)、retailPrice(零售价格)、managerPrice(经理优惠价)、directorPrice(总监优惠价)、generalManagerPrice(总经理优惠价)、sendProduct(是否需要发货)、maxInventory(库存上限)、productDescription(产品说明)、productNote(产品备注)。产品图片表中的字段信息主要有 pictureName(图片名称)、PictureUrl(图片地址)、committime(上传时间)和 productId(产品信息表 id)。

5.1.2　创建数据表

1. 创建产品信息表

```
create table db_product_information(
id int not null identity(1,1) primary key,
```

```
    duiying nvarchar(50),
        -- 对应基准产品
    name nvarchar(50),
        -- 产品名称
    model varchar(50),
        -- 产品型号
    specification  nvarchar(50),
        -- 产品规格
    category  nvarchar(50),
        -- 产品类别
    number nvarchar(50),
        -- 产品编号
    status nvarchar(20),
        -- 产品状态
    origin nvarchar(50),
        -- 产品产地
    brand nvarchar(20),
        -- 产品品牌
    costPrice decimal(12,2),
        -- 成本价格
    unit nvarchar(10),
        -- 产品单位
    weight nvarchar(20),
        -- 产品重量
    retailPrice decimal(12,2),
        -- 零售价格
    managerPrice decimal(12,2),
        -- 经理优惠价
    directorPrice decimal(12,2),
        -- 总监优惠价
    generalManagerPrice decimal(12,2),
        -- 总经理优惠价
    sendProduct nvarchar(10),
        -- 是否需要发货
    maxInventory nvarchar(10),
        -- 库存上限
    productDescription  nvarchar(200),
        -- 产品说明
    productNote nvarchar(200)
        -- 产品备注
)
```

2．创建产品图片表

```
create table db_productInformation_picture(
id int not null identity(1,1)
 primary key,
pictureName varchar(200),
    -- 图片名称
PictureUrl varchar(200),
```

```
    -- 图片地址
committime datetime2,
    -- 上传时间
productId int
    -- 产品信息表 id
)
```

5.2 产品信息服务端接口

5.2.1 产品信息增、删、改、查接口

修改 SqlserverGenerator 类中指定生成的 Bean 的数据库表名,运行 main()方法,自动生成相关代码文件。

1. 编辑 mapper.xml 文件

在通过 MyBatis-Plus 插件自动生成的 DbProductInformationmapper 文件中编辑新增产品信息,删除、查询并修改产品信息的 SQL 语句,代码如下所示。

```xml
<!-- 新增产品信息 -->
<insert id="addProductInformation"
parameterType="com.hongming.demo.entity.DbProductInformation">
    <selectKey resultType="java.lang.Integer" keyProperty="id" order="AFTER">
        SELECT @@IDENTITY
    </selectKey>
    <![CDATA[
    insert into db_product_information(
        duiying,name,model,specification,category,number,status,
        origin,brand,costPrice,unit,weight,retailPrice,
managerPrice,directorPrice,generalManagerPrice,sendProduct,
maxInventory,productDescription,productNote)
values(         #{duiying},#{name},#{model},#{specification},#{category},
#{number},#{status},
#{origin},#{brand},#{costPrice},#{unit},#{weight},#{retailPrice},

#{managerPrice},#{directorPrice},#{generalManagerPrice},#{sendProduct},#{
maxInventory},#{productDescription},         #{productNote})                    ]]>
</insert>
<!-- 删除产品信息 -->
<delete id="deleteProductInformation" parameterType="Integer">
    DELETE FROM db_product_information WHERE id = #{id}
</delete>
<!-- 修改产品信息 -->
<update id="updateProductInformation">
    update db_product_information  set
duiying = #{duiying},name = #{name},model = #{model},specification = #{specification},category = #{category},number = #{number},status = #{status},
```

```xml
origin = #{origin},brand = #{brand},costPrice = #{costPrice,jdbcType = DECIMAL},unit = #{unit},weight = #{weight},retailPrice = #{retailPrice,jdbcType = DECIMAL},
managerPrice = #{managerPrice,jdbcType = DECIMAL},directorPrice = #{directorPrice,jdbcType = DECIMAL},generalManagerPrice = #{generalManagerPrice,jdbcType = DECIMAL},sendProduct = #{sendProduct},maxInventory = #{maxInventory},productDescription = #{productDescription},productNote = #{productNote}    where
id = #{id}</update>
<!-- 分页查询产品信息 -->
<select id = "queryProductInformation" resultMap = "BaseResultMap"
parameterType = "com.hongming.demo.entity.DbProductInformation">
    select top 20 id,
duiying,name,model,specification,category,number,status,
origin,brand,costPrice,unit,weight,retailPrice,
managerPrice,directorPrice,generalManagerPrice,sendProduct,
maxInventory,productDescription,productNote    from (select ROW_NUMBER()
OVER(order by id DESC) AS rownumber, * FROM db_product_information) AS T
where T.rownumber BETWEEN (#{page} - 1) * 20 + 1 and #{page} * 20 + 1    order by
id DESC </select>
<!-- 根据产品名称关键字模糊查询所有产品信息 -->
<select id = "queryAllProductinformationByName" resultMap = "BaseResultMap"
parameterType = "com.hongming.demo.entity.DbProductInformation">
SELECT top 8 id,duiying,name,model,specification,category,number,status,
origin,brand,costPrice,unit,weight,retailPrice,
managerPrice,directorPrice,generalManagerPrice,sendProduct,
maxInventory,productDescription,productNote    FROM
db_product_information    WHERE name like CONCAT('%',#{name},'%')
</select>
<!-- 根据产品 id 查询产品信息 -->
<select id = "queryPriceById" resultMap = "BaseResultMap"
parameterType = "com.hongming.demo.entity.DbProductInformation">
    SELECT id,duiying,name,model,specification,category,number,status,
        origin,brand,costPrice,unit,weight,retailPrice,
managerPrice,directorPrice,generalManagerPrice,sendProduct,
maxInventory,productDescription,productNote
FROM db_product_information    WHERE id = #{id}
</select>
```

在以上代码中,新增一条数据时,会返回一个 int 类型的 id 值,该值作为关联图片表的重要数据,每当增加产品信息需要附带一张产品的照片时,可以将该 id 作为一个字段,存储在图片数据表中,这样以后想要查询该产品图片时,只需通过这个产品的 id 查询即可。在 DbProductinformationPicturemapper.xml 文件中添加增加图片、删除图片、查询图片的 SQL 语句,代码如下所示。

```xml
<!-- 根据产品信息表的 id 增加图片 -->
<insert id = "addProductionPicture">
    insert into
db_productInformation_picture(pictureName,PictureUrl,committime,productId
)    values(#{pictureName},#{PictureUrl},#{committime},#{productId})
```

```xml
</insert>
<!-- 根据产品信息表的id删除图片 -->
<delete id="deleteProductionPicture" parameterType="Integer">
    DELETE FROM db_productInformation_picture WHERE id = #{id}
</delete>
<!-- 根据产品信息表的id查询图片 -->
<select id="queryProductionPicture" resultMap="BaseResultMap"
parameterType="com.hongming.demo.entity.DbProductinformationPicture">
    select id,pictureName,PictureUrl,convert(nvarchar(100),committime,20)
AS committime,productId    FROM db_productInformation_picture    WHERE
productId = #{productId}    order by id DESC
</select>
```

2. 编辑Mapper接口

在通过MyBatis-Plus插件自动生成的DbProductInformationMapper接口中新增产品信息、删除产品信息、修改产品信息、分页查询所有产品信息、根据关键字查询产品信息和根据产品id查询产品信息的接口的SQL语句，代码如下所示。

```java
@Mapper
public interface DbProductInformationMapper extends BaseMapper<DbProductInformation> {
    //新增产品信息
    int addProductInformation(DbProductInformation dbProductInformation);
    //删除产品信息
    int deleteProductInformation(@Param("id") Integer id);
    //修改产品信息
    int updateProductInformation(DbProductInformation dbProductInformation);
    //分页查询所有产品信息
    List<DbProductInformation> queryProductInformation(@Param("page") int page);
    //根据关键字查询产品信息
    List<DbProductInformation> queryAllProductinformationByName(@Param("name") String name);
    //根据产品id查询产品信息
    DbProductInformation queryPriceById(@Param("id") Integer id);
}
```

在DbProductinformationPictureMapper接口中添加新增产品图片、删除产品图片和查询产品图片的接口的SQL语句，代码如下所示。

```java
@Mapper
public interface DbProductinformationPictureMapper extends BaseMapper<DbProductinformationPicture> {
    //根据产品信息表的id新增产品图片
    int addProductionPicture(
        @Param("pictureName") String pictureName,
```

```
        @Param("PictureUrl") String PictureUrl,
        @Param("committime") String committime,
        @Param("productId") Integer xiaoshoujihuiId);
    //根据 id 删除产品图片
    int deleteProductionPicture(@Param("id") Integer id);
    //根据产品信息表的 id,查询所有该产品附带的所有图片
    List<DbProductinformationPicture>
queryProductionPicture(@Param("productId") Integer productId);
    //根据图片 id 查询图片的存放路径
    DbProductinformationPicture queryPictureName(@Param("id") Integer id);
}
```

3. 编辑 Service 接口

在通过 MyBatis-Plus 插件自动生成的 DbProductInformationService 接口中新增产品信息、删除产品信息、修改产品信息、分页查询所有产品信息、根据关键字查询产品信息和根据产品 id 查询产品信息的接口的 SQL 语句,代码如下所示。

```
public interface DbProductInformationService extends IService<DbProductInformation> {
    //新增产品信息
    int addProductInformation(DbProductInformation dbProductInformation);
    //删除产品信息
    int deleteProductInformation(@Param("id") Integer id);
    //修改产品信息
    int updateProductInformation(DbProductInformation dbProductInformation);
    //分页查询所有产品信息
    List<DbProductInformation> queryProductInformation(@Param("page") int page);
    //根据关键字查询产品信息
    List<DbProductInformation> queryAllProductinformationByName(@Param("name") String name);
    //根据产品 id 查询产品信息
    DbProductInformation queryPriceById(@Param("id") Integer id);
}
```

在 DbProductinformationPictureService 接口中添加新增产品图片、删除产品图片和查询产品图片的接口的 SQL 语句,代码如下所示。

```
public interface DbProductinformationPictureService extends IService
<DbProductinformationPicture> {
    //根据产品信息表的 id 新增产品图片
    int addProductionPicture(
        @Param("pictureName") String pictureName,
        @Param("PictureUrl") String PictureUrl,
        @Param("committime") String committime,
        @Param("productId") Integer xiaoshoujihuiId);
    //根据下属图片的 id 删除产品图片
    int deleteProductionPicture(@Param("id") Integer id);
    //根据产品信息表的 id 查询所有下属图片
```

```
    List<DbProductinformationPicture> queryProductionPicture(@Param("productId")
Integer productId);
    //根据图片id查询图片的存放路径
    DbProductinformationPicture queryPictureName(@Param("id") Integer id);
}
```

4. 编辑 ServiceImpl 实现类

在通过 MyBatis-Plus 插件自动生成的 DbProductInformationServiceImpl 实现类中新增产品信息、删除产品信息、修改产品信息、分页查询所有产品信息、根据关键字查询产品信息和根据产品 id 查询产品信息的接口的 SQL 语句，代码如下所示。

```java
@Service
public class DbProductInformationServiceImpl extends
ServiceImpl<DbProductInformationMapper, DbProductInformation> implements
DbProductInformationService {
    @Override
    public int addProductInformation(DbProductInformation
dbProductInformation) {
        return baseMapper.addProductInformation(dbProductInformation);
    }
    @Override
    public int deleteProductInformation(Integer id) {
        return baseMapper.deleteProductInformation(id);
    }
    @Override
    public int updateProductInformation(DbProductInformation
dbProductInformation) {
        return baseMapper.updateProductInformation(dbProductInformation);
    }
    @Override
    public List<DbProductInformation> queryProductInformation(int page) {
        return baseMapper.queryProductInformation(page);
    }
    @Override
    public List<DbProductInformation>
queryAllProductinformationByName(String name) {
        return baseMapper.queryAllProductinformationByName(name);
    }
    @Override
    public DbProductInformation queryPriceById(Integer id) {
        return baseMapper.queryPriceById(id);
    }
}
```

在 DbProductinformationPictureServiceImpl 实现类中添加新增产品图片、删除产品图片和查看产品图片的接口的 SQL 语句，代码如下所示。

```java
@Service
public class DbProductinformationPictureServiceImpl extends
```

```
ServiceImpl<DbProductinformationPictureMapper,
DbProductinformationPicture> implements
DbProductinformationPictureService {
    @Override
    public int addProductionPicture(String pictureName, String
    PictureUrl, String committime, Integer xiaoshoujihuiId) {
    return
    baseMapper.addProductionPicture(pictureName,PictureUrl,committime,
    xiaoshoujihuiId);
}
    @Override
    public int deleteProductionPicture(Integer id) {
        return baseMapper.deleteProductionPicture(id);
    }
    @Override
    public List<DbProductinformationPicture>
    queryProductionPicture(Integer productId) {
        return baseMapper.queryProductionPicture(productId);
    }
    @Override
    public DbProductinformationPicture queryPictureName(Integer id) {
        return baseMapper.queryPictureName(id);
    }
}
```

编辑 DbProductInformationController，实现产品的添加、产品信息的修改、产品的删除和产品信息的查看等功能，代码如下所示。

```
@Controller
@RequestMapping("ProductInformation")
public class DbProductInformationController {
    @Autowired
    private DbProductInformationService dbProductInformationService;
    @Autowired
    private DbProductinformationPictureService dbProductinformationPictureService;
    @Autowired
    private DbProductinformationPicture dbProductinformationPicture;
    @Autowired
    private DbProductInformation dbProductInformation;
    public static int ADDCUSTOM = 0;            //添加权限
    public static int DELETECUSTOM = 0;         //删除权限
    public static int UPDATECUSTOM = 0;         //修改权限
    //新增产品信息,有照片
    @PostMapping("addProductInformation")
    @ResponseBody
    @Authorized
    public Response addProductInformation(DbProductInformation
    dbProductInformation, MultipartFile[] files, HttpServletRequest request)
    {
```

```java
Response<DbProductInformation> response = new Response<>();
String token = request.getHeader("token");
List<RoleAndPower> list = (List<RoleAndPower>) RedisOps.getObject(token);
System.out.println(RedisOps.getObject(token));
for (RoleAndPower n: list) {
    if (n.getRole().equals("管理员")) {
        ADDCUSTOM++;
        System.out.println(ADDCUSTOM);
        break;
    }
}
if (ADDCUSTOM != 0) {
    ADDCUSTOM = 0;
    int i = dbProductInformationService.addProductInformation(dbProductInformation);
    int b = 0;
    int productId = dbProductInformation.getId();                    //产品信息表 id
    String LUJIN = "D:\\images\\productInformation\\";
    String URL = "productInformation";
    if (files != null && files.length >= 1) {
        for (MultipartFile file: files) {
            String NAME = UUID.randomUUID().toString() +
                    file.getOriginalFilename();
            String filePath = LUJIN + NAME;
            String url = "http://192.127.180.88:8888/web/images/" +
                    URL + "/" + NAME;
            System.out.println("上传的图片名称:" + NAME);
            System.out.println("上传的图片路径:" + url);
            Date date = new Date();
            SimpleDateFormat sdf = new SimpleDateFormat("yyyy-MM-dd HH:mm:ss");
            String committime = sdf.format(date);
            try {
                file.transferTo(new File(filePath));
                b = dbProductinformationPictureService.addProductionPicture(NAME, url, committime, productId);
            } catch (IOException e) {
                e.printStackTrace();
                response.setCode(-1);
                response.setMessage("照片提交失败,请重新提交!");
            }
        }
    }
    if (i > 0) {
        response.setCode(200);
        response.setMessage("产品信息添加成功!");
    } else {
```

```java
                response.setCode(-1);
                response.setMessage("产品信息添加失败,请重新提交!");
            }
        } else {
            response.setCode(-1);
            response.setMessage("您没有添加权限,请联系管理员!");
        }
        return response;
    }
    //根据id删除产品信息
    @PostMapping("deleteProductInformation")
    @ResponseBody
    @Authorized
    public Response deleteProductInformation(Integer id, HttpServletRequest request) {
        Response<Integer> response = new Response<>();
        String token = request.getHeader("token");
        List<RoleAndPower> list = (List<RoleAndPower>) RedisOps.getObject(token);
        System.out.println(RedisOps.getObject(token));
        for (RoleAndPower n: list) {
            if (n.getRole().equals("管理员")) {
                DELETECUSTOM++;
                System.out.println(DELETECUSTOM);
                break;
            }
        }
        if (DELETECUSTOM != 0) {
            DELETECUSTOM = 0;
            int i = dbProductInformationService.deleteProductInformation(id);
            if (i > 0) {
                response.setCode(200);
                response.setMessage("该条记录删除成功!");
            } else {
                response.setCode(-1);
                response.setMessage("该条记录删除失败!");
            }
        } else {
            response.setCode(-1);
            response.setMessage("您没有删除权限,请联系管理员!");
        }
        return response;
    }
    //根据id修改该条产品信息
    @PostMapping("updateProductInformation")
    @ResponseBody
    @Authorized
    public Response updateProductInformation(DbProductInformation dbProductInformation, HttpServletRequest request) {
```

```java
            Response<Integer> response = new Response<>();
            String token = request.getHeader("token");
            List<RoleAndPower> list = (List<RoleAndPower>) RedisOps.getObject(token);
            System.out.println(RedisOps.getObject(token));
            for (RoleAndPower n: list) {
                if (n.getRole().equals("管理员")) {
                    UPDATECUSTOM++;
                    System.out.println(UPDATECUSTOM);
                    break;
                }
            }
            if (UPDATECUSTOM != 0) {
                UPDATECUSTOM = 0;
                int i = dbProductInformationService.
updateProductInformation(dbProductInformation);
                System.out.println(i);
                if (i > 0) {
                    response.setCode(200);
                    response.setMessage("产品信息修改成功!");
                } else {
                    response.setCode(-1);
                    response.setMessage("产品信息修改失败!");
                }
            } else {
                response.setCode(-1);
                response.setMessage("您没有修改权限,请联系管理员!");
            }
            return response;
        }
        //查询所有产品信息
        @PostMapping("queryProductInformation")
        @ResponseBody
        public Response queryProductInformation(int page) {
            Response<List<DbProductInformation>> response = new Response<>();
            List<DbProductInformation> list =
dbProductInformationService.queryProductInformation(page);
            for (DbProductInformation l: list) {
                if (dbProductinformationPictureService.
queryProductionPicture(l.getId()) != null &&
dbProductinformationPictureService.queryProductionPicture(l.getId()).
size() >= 1) {
                    String url = dbProductinformationPictureService.
queryProductionPicture(l.getId()).get(0).getPictureUrl();
                    l.setUrl(url);
                }
            }
            if (list.size() == 0) {
```

```java
            response.setCode(-1);
            response.setMessage("没有相关产品");
            return response;
        } else {
            response.setCode(200);
            response.setResult(list);
            return response;
        }
    }
    //根据产品信息表的id查询下属图片
    @PostMapping("queryProductionPicture")
    @ResponseBody
    public Response queryProductionPicture(Integer productId) {
        Response<List<DbProductinformationPicture>> response = new Response<>();
        List<DbProductinformationPicture> list =
                dbProductinformationPictureService.queryProductionPicture(productId);
        if (list.size() == 0) {
            response.setCode(-1);
            response.setMessage("未查询到下属附件!");
            return response;
        } else {
            response.setCode(200);
            response.setResult(list);
            return response;
        }
    }
    //根据id删除产品信息的下属图片
    @PostMapping("deleteProductionPicture")
    @ResponseBody
    @Authorized
    public Response deleteProductionPicture(Integer id, HttpServletRequest request) {
        Response<Integer> response = new Response<>();
        String token = request.getHeader("token");
        List<RoleAndPower> list = (List<RoleAndPower>) RedisOps.getObject(token);
        System.out.println(RedisOps.getObject(token));
        for (RoleAndPower n: list) {
            if (n.getRole().equals("管理员")) {
                DELETECUSTOM++;
                System.out.println(DELETECUSTOM);
                break;
            }
        }
        if (DELETECUSTOM != 0) {
            DELETECUSTOM = 0;
            dbProductinformationPicture =
                    dbProductinformationPictureService.queryPictureName(id);
            String name = dbProductinformationPicture.getPictureName();
```

```java
            String url = "D:\\images\\productInformation\\" + name;
            int i = dbProductinformationPictureService.deleteProductionPicture(id);
            File file = new File(url);
            if (file.exists()) {
                file.delete();
            }
            if (i > 0) {
                response.setCode(200);
                response.setMessage("删除成功!");
            } else {
                response.setCode(-1);
                response.setMessage("删除失败!");
            }
        } else {
            response.setCode(-1);
            response.setMessage("您没有删除权限,请联系管理员!");
        }
        return response;
    }
    //查询所有产品信息
    @PostMapping("queryAllProductinformationByName")
    @ResponseBody
    public Response queryAllProductinformationByName(String name) {
        Response<List<DbProductInformation>> response = new Response<>();
        List<DbProductInformation> list =
            dbProductInformationService.queryAllProductinformationByName(name);
        if (list.size() == 0) {
            response.setCode(-1);
            response.setMessage("没有相关产品");
            return response;
        } else {
            response.setCode(200);
            response.setResult(list);
            return response;
        }
    }
    //根据产品id查询产品信息  dbProductInformationService
    @PostMapping("queryPriceById")
    @ResponseBody
    public Response queryPriceById(Integer id) {
        Response<DbProductInformation> response = new Response<>();
        dbProductInformation = dbProductInformationService.queryPriceById(id);
        if (dbProductInformation != null) {
            response.setCode(200);
            response.setResult(dbProductInformation);
            return response;
```

```
        } else {
            response.setCode(-1);
            response.setMessage("该产品信息不存在!");
            return response;
        }
    }
}
```

以上代码中定义了三个静态常量：ADDCUSTOM、DELETECUSTOM 和 UPDATECUSTOM，这三个常量的初始值都是 0，当调用添加、删除、修改产品的接口时，首先通过 HttpServletRequset 获取请求头中携带的 token，并对 token 值做解析，即从 Redis 中获取该 token 键对应的值，从而获取到当前用户的角色。如果该角色拥有新增权限，那么程序在执行新增接口的代码时，会将常量 ADDCUSTOM 值加 1，然后在 insert 操作时会通过 ADDCUSTOM 的值来判断是否可以执行，如果 ADDCUSTOM 为 0 则代表当前用户没有添加产品信息的权限，如果值为 1 则可以进行产品信息的添加。同理，产品信息的修改和产品的删除都是通过此方式来判断当前操作人是否具有操作权限。

此外，需要注意的是，产品表和产品图片表之间是通过产品的 id 关联起来的，图片表中的 productId 就是对应产品在产品表中的 id。

5.2.2 产品信息增、删、改、查接口测试

1. 新增产品接口测试

新增产品信息需要拥有新增的权限，该系统只允许管理员新增产品，因此在测试新增产品接口时，需要登录系统，得到返回的 token 值，然后携带 token 值测试新增接口。当调用新增接口时，系统先通过 token 值判断用户是否为管理员，如果不是，则不能新增。在地址栏中输入"192.168.1.127:8888/web/ProductInformation/addProductInformation? duiying=HM-580A 自动调模成型机/台&name=移盒机械手&model=HM-LS2019-11-24-01&specification=HM-LS2019-11-24-01&category=盖盒机系列&number=CP20200310001&status=正常&origin=中国&brand=鸿铭&costPrice=12000&unit=套&weight=500kg&retailPrice=200000&managerPrice=190000&directorPrice=180000&generalManagerPrice=150000&sendProduct=需要&maxInventory=10000 套&productDescription=&productNote="，选择 Body→form-data 命令，在 KEY 中输入图片传递的形参，然后在 VALUE 中选择要上传的图片信息，按 Enter 键，如果出现如图 5.1 所示场景则代表产品新增成功。

2. 查看产品信息接口测试

打开 postman，在地址栏中输入"192.168.1.127:8888/web/ProductInformation/queryProductInformation? page=1"，此时，查看到第一页的产品详情，如图 5.2 所示。

3. 修改产品信息接口测试

修改产品信息需要拥有修改权限，在输入调用接口时需要先登录，通过登录者的 token 值查看角色信息，如果该用户为管理员，即可修改。在地址栏中输入"192.168.1.127:8888/web/ProductInformation/updateProductInformation? id=40&duiying=千锋教育

图 5.1 新增产品接口测试

图 5.2 查看产品信息

&name=好程序员 &model=Java&specification=JDK1.8&category=大数据 &number=CP20200310001&status=正常 &origin=中国 &brand=千锋 &costPrice=12000&unit=套 &weight = 500kg&retailPrice = 200000&managerPrice = 190000&directorPrice = 180000&generalManagerPrice = 150000&sendProduct = 需 要 &maxInventory =

&productDescription=&productNote",如图 5.3 所示。

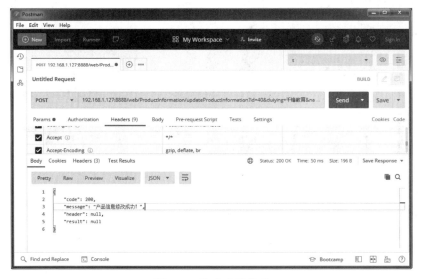

图 5.3　修改产品信息

4. 根据产品信息 id 查询下属图片接口测试

在地址栏中输入"192.168.1.1278888/web/ProductInformation/queryProductionPicture?productId=40"调用接口,查看产品 id 为 40 的图片信息,如图 5.4 所示。

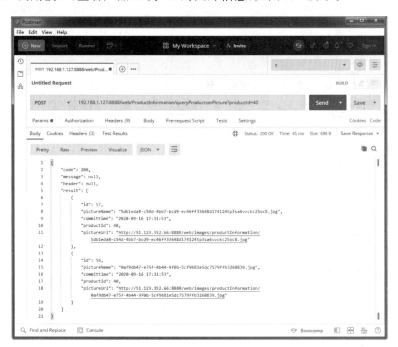

图 5.4　根据产品 id 查看产品图片信息

5. 根据产品 id 查看产品信息接口测试

在地址栏中输入"192.168.1.127：8888/web/ProductInformation/queryPriceById?

id=40"调用接口,查看产品 id 为 40 的产品信息,如图 5.5 所示。

图 5.5　根据产品 id 查看产品信息

6. 根据图片 id 删除图片接口测试

删除产品图片的操作只能由管理员执行,因此在调用该接口时,同样需要先登录获取 token 值,通过 token 值获取角色信息,如果是管理员则可以进行删除操作。在地址栏中输入"192.168.1.127：8888/web/ProductInformation/deleteProductionPicture？id=57",如图 5.6 所示。

图 5.6　根据图片 id 删除图片

7. 删除产品信息接口测试

删除产品的操作与删除图片类似,在地址栏中输入"192.168.1.127：8888/web/ProductInformation/deleteProductInformation？id=36",如图 5.7 所示。

8. 根据产品名字关键字模糊查询接口测试

给定关键字"好程序员",调用模糊查询接口,在地址栏中输入"192.168.1.127：8888/

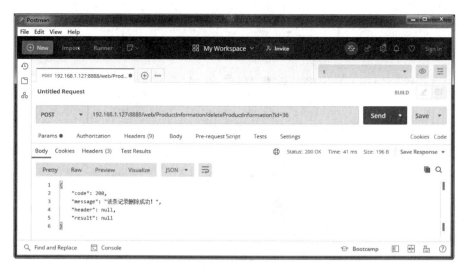

图 5.7 根据产品 id 删除产品

web/ProductInformation/queryAllProductinformationByName？name＝好程序员"，查询结果如图 5.8 所示。

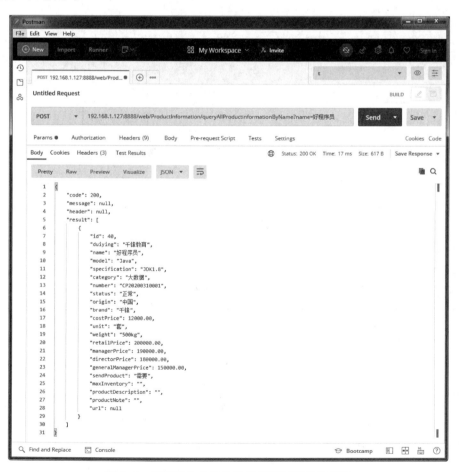

图 5.8 根据产品名字关键字模糊查询产品信息

5.3 实现产品信息管理功能

5.3.1 TakePictureManager 相机与相册上传图片类

为了解决 Android 6.0 权限授权与适配 Android 7.0 文件访问权限的问题,在此引入 TakePictureManager 类,该类只需调用相关方法即可实现相机与相册上传图片的功能。

1. 集成方法

(1) 在 res 目录下创建 file_provider_paths.xml 文件。

```xml
<?xml version = "1.0" encoding = "utf-8"?>
<resources>
    <paths>
        <external-path path = "" name = "myFile"/>
    </paths>
</resources>
```

(2) 在 AndroidManifest.xml 下的 Application 节点下加入如下代码:

```xml
<provider
    android:name = "android.support.v4.content.FileProvider"
    android:authorities = "com.qianfeng.mis.fileprovider"
    android:exported = "false"
    android:grantUriPermissions = "true">
    <meta-data
        android:name = "android.support.FILE_PROVIDER_PATHS"
        android:resource = "@xml/file_provider_paths" />
</provider>
```

(3) 将 TakePictureManager 文件复制到项目,并在清单文件中添加相关权限,代码参考 AndroidManifest.xml。

2. 使用方法

```java
TakePictureManager takePictureManager takePictureManager = new TakePictureManager(this);
            //开启裁剪,比例为1:3,宽、高分别为350、350  (默认不裁剪)
            takePictureManager.setTailor(1, 3, 350, 350);
            //拍照方式
            takePictureManager.startTakeWayByCarema();
            //监听回调
            takePictureManager.setTakePictureCallBackListener(new TakePictureManager.takePictureCallBackListener() {
                //成功拿到图片,isTailor 为是否裁剪,outFile 为拿到的文件,filePath 为拿到的Url
                @Override
                public void successful(boolean isTailor, File outFile, Uri filePath) {
                }
                //失败回调
```

```java
        @Override
        public void failed(int errorCode, List<String> deniedPermissions) {}});
//把本地的 onActivityResult()方法回调绑定到对象
@Override
protected void onActivityResult(int requestCode, int resultCode, Intent data) {
    super.onActivityResult(requestCode, resultCode, data);
    takePictureManager.attachToActivityForResult(requestCode, resultCode, data);
}
//权限回调绑定到对象
@Override
public void onRequestPermissionsResult(int requestCode, @NonNull String[] permissions,
@NonNull int[] grantResults) {
    super.onRequestPermissionsResult(requestCode, permissions, grantResults);
    takePictureManager.onRequestPermissionsResult(requestCode, permissions, grantResults);
}
```

3. 使用的详细步骤

(1) 新建一个 TakePictureManager 对象,构造方法只需传入当前实例 this 即可。

(2) 重写 onActivityResult()方法,调用对象的 attachToActivityForResult()方法,即可实现把拍照或相册回调发数据绑定到对象方法。

(3) 重写 onRequestPermissionsResult()方法,调用对象的 onRequestPermissionsResult()方法,即可实现把权限回调绑定到对象方法。

(4) 只需调用对象方法,即可轻松调用相机或相册。具体的方法参数与描述如表 5.1 所示,具体接口参数与描述如表 5.2 所示。

表 5.1 TakePictureManager()方法参数与描述

方法名	参数	描述
setTailor(int aspectX, int aspectY, int outputX, int outputY)	要裁剪的宽比例、要裁剪的高比例、要裁剪图片的宽、要裁剪图片的高	一旦调用,表示要裁剪,默认不裁剪
startTakeWayByAlbum()	无参数	调用相机
startTakeWayByCarema()	无参数	调用相机
setTakePictureCallBackListener(takePictureCallBackListener listener)	takePictureCallBackListener 回调接口	调用相机或相册后的回调

表 5.2 TakePictureManager 接口参数与描述

接口	方法	描述
takePictureCallBackListener	successful(boolean isTailor, File outFile, Uri filePath)	成功回调。isTailor:是否已裁剪;outFile:输出的照片文件;filePath:输出的照片 Uri
	failed(int errorCode, List deniedPermissions)	失败回调。errorCode:0 表示相片已移除或不存在;1 表示权限被拒绝。deniedPermissions 当权限被拒绝时,会通过列表传回

5.3.2 产品信息列表展示

1. 编写产品信息列表 View

编写代码,实现效果如图 1.38 所示。

```xml
<?xml version="1.0" encoding="utf-8"?>
<RelativeLayout xmlns:android="http://schemas.android.com/apk/res/android"
    android:layout_width="match_parent"
    android:layout_height="match_parent"
    android:orientation="vertical">
    <include
        android:id="@+id/layout_title"
        layout="@layout/title" /
    <com.lcodecore.tkrefreshlayout.TwinklingRefreshLayout
        android:id="@+id/refreshLayout"
        android:layout_width="match_parent"
        android:layout_height="match_parent"
        android:layout_below="@+id/layout_title"
        android:background="#fff">
        <android.support.v7.widget.RecyclerView
            android:id="@+id/rv_list"
            android:layout_width="match_parent"
            android:layout_height="match_parent"
            android:background="@color/colorAccent"
            android:overScrollMode="never" />
    </com.lcodecore.tkrefreshlayout.TwinklingRefreshLayout>
    <ImageView
        android:id="@+id/iv_add"
        android:layout_width="@dimen/px100"
        android:layout_height="@dimen/px100"
        android:layout_alignParentRight="true"
        android:layout_alignParentBottom="true"
        android:layout_marginTop="@dimen/px30"
        android:layout_marginRight="@dimen/px30"
        android:layout_marginBottom="@dimen/px150"
        android:src="@mipmap/icon_add" />
</RelativeLayout>
```

产品信息列表的布局较为简单,需要注意的是 TwinklingRefreshLayout 控件、RecyclerView 控件与 ImageView 控件的使用。

2. 编写产品信息列表接口

```
@POST("ProductInformation/queryProductInformation")
Observable<Response<List<DbProductInformation>>> queryProductInformation(@Query("page") int page);
```

在该接口,产品信息列表只需传递 page 分页参数即可请求后端的列表数据。

3. 编写产品信息列表 Controller

在 com.qianfeng.mis.ui.sale.productinfo.activity 包下新建 ProductInformationListActivity 类,该类用于产品信息的展示。通过请求产品信息列表接口,获取产品信息数据进行处理与展示,具体代码如下所示。

```java
public class ProductInformationListActivity extends BaseActivity {
    @BindView(R.id.rv_list)
    RecyclerView mRvList;
    @BindView(R.id.refreshLayout)
    TwinklingRefreshLayout mRefreshLayout;
    @BindView(R.id.iv_add)
    ImageView iv_add;
    private ProductInformationAdapter adapter;
    private int page = 1;
    private List<DbProductInformation> listData = new ArrayList<>()
    @Override
    protected int setLayoutResId() {
        return R.layout.activity_product_information_list;
    }
    @Override
    public void initView() {
        setTitle("产品信息");
        setTitleLeftImg(R.mipmap.back_white);
        setTitleRightImg(R.mipmap.icon_search);
        LinearLayoutManager manager = new LinearLayoutManager
        (ProductInformationListActivity.this);
        mRvList.setLayoutManager(manager);
        adapter = new ProductInformationAdapter(listData);
        mRvList.setAdapter(adapter);
        //查看产品信息
        adapter.setOnItemClickListener(new BaseQuickAdapter.OnItemClickListener() {
            @Override
            public void onItemClick(BaseQuickAdapter adapter, View view, int position) {
                Intent intent = new Intent(ProductInformationListActivity.this,
                ProductInformationDesActivity.class);
                intent.putExtra("data", (Serializable) listData.get(position));
                startActivity(intent);
            }
        });
        //下拉刷新,上滑加载更多操作监听
        mRefreshLayout.setOnRefreshListener(new RefreshListenerAdapter() {
            @Override
            public void onRefresh(final TwinklingRefreshLayout refreshLayout) {
                page = 1;
                queryProductInformation();
            }
            @Override
            public void onLoadMore(final TwinklingRefreshLayout refreshLayout) {
                page++;
```

```java
                queryProductInformation();
            }
        });
        //初始化产品信息列表
        queryProductInformation()
}
    //获取产品信息列表数据
    private void queryProductInformation() {
        RestClient.getInstance()
                .getStatisticsService()
                .queryProductInformation(page)
                .subscribeOn(Schedulers.io())
                .compose(bindToLifecycle())
                .observeOn(AndroidSchedulers.mainThread())
                .subscribe(response -> {
                    if (page == 1) {
                        mRefreshLayout.finishRefreshing();
                    } else {
                        mRefreshLayout.finishLoadmore();
                    }
                    if (response.getCode() == 200) {
                        if (page == 1) {
                            listData.clear();
                            if (response.getResult().size()<= 0) {
                                ToastUitl.showShort("无产品信息");
                            }
                        }
                        if (response.getResult().size() < 20) {
                            mRefreshLayout.setEnableLoadmore(false);
                        }
                        listData.addAll(response.getResult());
                        adapter.setNewData(listData);
                    } else {
                        ToastUitl.showShort(response.getMessage());
                    }
                }, throwable -> {
                    if (page == 1) {
                        mRefreshLayout.finishRefreshing();
                    } else {
                        mRefreshLayout.finishLoadmore();
                    }
                });
    }
    @OnClick({R.id.iv_add})
    public void onViewClicked(View view) {
        switch (view.getId()) {
            //新增产品信息
            case R.id.iv_add:
                Intent intent = new Intent(ProductInformationListActivity.this,
                    AddProductInformationActivity.class);
```

```
                startActivity(intent);
                break;
        }
    @Override
    protected void onRightImageViewClick(View view) {
        //查询产品信息
        startActivity(new Intent(this, SearchProductInformationActivity.class));
    }
    @Override
    protected void onResume() {
        super.onResume();
        queryProductInformation();
    }
}
```

本类作为列表展示类，逻辑相对简单，首先是初始化相关的控件，声明 ProductInformationAdapter 与初始化分页参数 page。

在 initView()方法中，将 adapter 设置给 RecyclerView。对下拉刷新与上拉加载设置监听，当下拉刷新时，设置 page 为 1，当上拉加载时，让 page 自增，然后再调用 queryProductInformation() 方法做网络请求。接下来通过 queryProductInformation()方法初始化产品信息列表。

在 queryProductInformation()方法中，逻辑较为简单，主要是处理服务端返回的数据。在该类 onViewClicked(View view)方法跳转到"新增产品信息"页面，onRightImageViewClick (View view)方法跳转到"查询产品信息"页面。

由于用户可以在此页面跳转到"新增产品信息"页面，单击查看产品信息后可以删除产品信息，所以在 onResume()方法中重新进行网络请求，确保数据是最新的。

5.3.3 新增、修改产品信息

1. 编写新增产品信息 View

编写代码，实现效果如图 1.39 所示，由于"新增产品信息"页面与"修改产品信息"页面相似，在此不再赘述。

```
<?xml version = "1.0" encoding = "utf-8"?>
<RelativeLayout xmlns: android = "http://schemas.android.com/apk/res/android"
    android: layout_width = "match_parent"
    android: layout_height = "match_parent"
    android: orientation = "vertical">
    <include
        android: id = "@ + id/ll_title"
        layout = "@layout/title" />
    <android.support.v4.widget.NestedScrollView
        android: layout_width = "match_parent"
        android: layout_height = "match_parent"
        android: layout_below = "@ + id/ll_title"
        android: background = "#fff"
        android: orientation = "vertical"
```

```xml
            android:overScrollMode = "never"
            android:padding = "@dimen/px10">
            <LinearLayout
                android:layout_width = "match_parent"
                android:layout_height = "match_parent"
                android:orientation = "vertical">
                <LinearLayout style = "@style/ll_edit_min">
                    <TextView
                        android:id = "@+id/tv_duiying"
                        style = "@style/text_edit_min"
                        android:text = "对应基准产品:"/>
                    <TextView
                        android:id = "@+id/et_duiying"
                        style = "@style/edittext_333_28"
                        android:layout_weight = "1"
                        android:hint = ""
                        android:minHeight = "@dimen/px80" />
                    <ImageView
                        android:id = "@+id/et_1_sousuo"
                        android:layout_width = "@dimen/px80"
                        android:layout_height = "@dimen/px80"
                        android:ellipsize = "end"
                        android:singleLine = "true"
                        android:src = "@drawable/sousuo" />
                </LinearLayout>
                ...
                <!-- 由于本书篇幅有限,省略相似布局代码 -->
                <LinearLayout
                    android:id = "@+id/ll_fujian"
                    style = "@style/ll_edit_min">
                    <TextView
                        android:id = "@+id/tv_xiashufujian"
                        style = "@style/text_edit_min"
                        android:text = "下属附件:" />
                    <ImageView
                        android:id = "@+id/et_photos"
                        android:layout_width = "@dimen/px60"
                        android:layout_height = "@dimen/px60"
                        android:src = "@drawable/photo" />
                    <TextView
                        android:id = "@+id/et_wenjian"
                        style = "@style/edittext_333_28"
                        android:layout_weight = "1"
                        android:text = "照片/文件"
                        android:visibility = "gone" />
                </LinearLayout>
                <android.support.v7.widget.RecyclerView
                    android:id = "@+id/rv_list_img"
                    android:layout_width = "match_parent"
                    android:layout_height = "wrap_content"
```

```xml
<RelativeLayout
    android:layout_width = "match_parent"
    android:layout_height = "wrap_content">
    <TextView
        android:id = "@+id/tv_quxiao"
        style = "@style/textview_fff_30"
        android:layout_width = "@dimen/px250"
        android:layout_height = "@dimen/px69"
        android:layout_marginLeft = "@dimen/px100"
        android:layout_marginTop = "@dimen/px40"
        android:layout_marginBottom = "@dimen/px40"
        android:background = "#9292b1"
        android:gravity = "center"
        android:text = "取消" />
    <TextView
        android:id = "@+id/tv_sure"
        style = "@style/textview_fff_30"
        android:layout_width = "@dimen/px250"
        android:layout_height = "@dimen/px69"
        android:layout_marginLeft = "@dimen/px400"
        android:layout_marginTop = "@dimen/px40"
        android:layout_marginBottom = "@dimen/px40"
        android:background = "#4ab5af"
        android:gravity = "center"
        android:text = "提交" />
    </RelativeLayout>
    </LinearLayout>
</android.support.v4.widget.NestedScrollView>
</RelativeLayout>
```

在该布局中，由于与 LinearLayout 布局属性类似，可以使用 style 属性将通用属性抽取到 styles.xml 文件中，然后使用<LinearLayout style="@style/ll_edit_min">完成相似的布局。

2. 编写新增与修改产品信息接口

```
//新增产品信息(含有图片附件)
@Multipart
@POST("ProductInformation/addProductInformation")
Observable<Response<String>> addProductInformation(
@Query("duiying") String duiying,
    @Query("name") String name,
    @Query("model") String model,
    @Query("specification") String specification,
    @Query("category") String category,
    @Query("number") String number,
    @Query("status") String status,
    @Query("origin") String origin,
    @Query("brand") String brand,
```

```
                    @Query("costPrice") BigDecimal costPrice,
                    @Query("unit") String unit,
                    @Query("weight") String weight,
                    @Query("retailPrice") BigDecimal retailPrice,
                    @Query("managerPrice") BigDecimal managerPrice,
                    @Query("directorPrice") BigDecimal directorPrice,
                    @Query("generalManagerPrice") BigDecimal generalManagerPrice,
                    @Query("sendProduct") String sendProduct,
                    @Query("maxInventory") String maxInventory,
                    @Query("productDescription") String productDescription,
                    @Query("productNote") String productNote,
                    @Part List<MultipartBody.Part> imagePicFiles);
//新增产品信息(不含图片附件)
@POST("ProductInformation/addProductInformation")
Observable<Response<String>> addProductInformation(
@Query("duiying") String duiying,@Query("name") String name,
                    @Query("model") String model,
    @Query("specification") String specification,
    @Query("category") String category,
    @Query("number") String number,
    @Query("status") String status,
    @Query("origin") String origin,
    @Query("brand") String brand,
    @Query("costPrice") BigDecimal costPrice,
    @Query("unit") String unit,
    @Query("weight") String weight,
    @Query("retailPrice") BigDecimal retailPrice,
    @Query("managerPrice") BigDecimal managerPrice,
    @Query("directorPrice") BigDecimal directorPrice,
  @Query(
"generalManagerPrice")
BigDecimal generalManagerPrice,
@Query("sendProduct") String sendProduct,
@Query("maxInventory") String maxInventory,
@Query("productDescription") String productDescription,
@Query("productNote") String productNote);
```

在新增产品信息中主要有两个接口,不同之处在于第一个接口的最后一个参数可以上传图片,而第二个接口仅仅可以上传表单字段。

```
//修改产品信息
@POST("ProductInformation/updateProductInformation")
Observable<Response<String>>
 updataProductInformation(@Query("id") String id,
 @Query("duiying") String duiying ......);
```

在修改产品信息中只有一个接口,该接口与新增产品信息(不含图片附件类似)一样,仅仅是更新表单字段。

3. 编写新增产品信息 Controller

在 com.qianfeng.mis.ui.sale.productinfo.activity 包下新建 AddProductInformationActivity 类,该类用于新增产品信息。完整代码请扫描右侧二维码下载。

这个类里的代码虽然非常多,但是逻辑却不复杂。由于初始化控件代码是使用 ButterKnife 自动生成的,在此进行省略,然后初始化产品相关属性的列表与存储图片附件的列表。在 initView() 方法中初始化 Select_Image_Adapter,将其设置为 RecyclerView 的适配器,并给 RecyclerView 设置删除的单击事件。在 onViewClicked(View view) 方法中主要有单选框、上传图片与提交表单,在单选框 onRoadPicker(List < String > list,int type)中传入选择的数据以及对应的类型即可完成单选框的填写功能,上传图片功能通过图片上传方式选择弹框(即对话框),用户可以选择相机与相册的方式上传图片,通过调用 TakePictureManager 中的 startTakeWayByCarema() 或 startTakeWayByAlbum() 方法实现图片的选取功能,特别注意需要重写 onActivityResult() 方法与 onRequestPermissionsResult() 方法。最后当用户单击"提交"按钮时会调用 addProductInfomation() 方法进行数据的提交。

代码
5.3.3-3

新增产品信息与修改产品信息的逻辑类似,主要区别是在 EditProductInformationActivity 中,首先通过 getIntent().getSerializableExtra("data") 获取到用户单击的 item 数据,并对其初始化,在 onViewClicked(View view) 方法中对单选框进行事件监听与提交取消的监听,当用户修改完成,单击"提交"按钮时调用 updataProductInformation() 方法即可完成产品信息的修改。源代码参考 com.qianfeng.mis.ui.sale.productinfo.activity 包下的 EditProductInformationActivity 类。

5.3.4 查看产品信息

1. 编写查看产品信息 View

编写代码,实现效果如图 1.40 所示。

```
<?xml version = "1.0" encoding = "utf - 8"?>
<LinearLayout xmlns: android = "http://schemas.android.com/apk/res/android"
    android: layout_width = "match_parent"
    android: layout_height = "match_parent"
    android: clipChildren = "false"
    android: orientation = "vertical">
    <include layout = "@layout/title" />
    <android.support.v4.widget.NestedScrollView
        android: layout_width = "match_parent"
        android: layout_height = "0dp"
        android: layout_weight = "1"
        android: layout_below = "@ + id/ll_title"
        android: background = "#fff"
        android: orientation = "vertical"
        android: overScrollMode = "never"
        android: padding = "@dimen/px10">
        <LinearLayout
            android: layout_width = "match_parent"
```

```xml
            android:layout_height = "match_parent"
            android:orientation = "vertical">
            <LinearLayout style = "@style/ll_edit_min">
                <TextView
                    android:id = "@+id/tv_duiying"
                    style = "@style/text_edit_min"
                    android:text = "对应基准产品："
                    />
                <TextView
                    android:id = "@+id/et_duiying"
                    style = "@style/edittext_333_28"
                    android:layout_weight = "1"
                    android:hint = ""
                    android:minHeight = "@dimen/px80" />
                <ImageView
                    android:id = "@+id/et_1_sousuo"
                    android:layout_width = "@dimen/px80"
                    android:layout_height = "@dimen/px80"
                    android:ellipsize = "end"
                    android:singleLine = "true"
                    android:visibility = "gone"
                    android:src = "@drawable/sousuo" />
            </LinearLayout>
            ...
</android.support.v4.widget.NestedScrollView>
<View
    android:layout_width = "match_parent"
    android:layout_height = "0.3dp"
    android:background = "#33666666" />
<RadioGroup
    android:id = "@+id/radioGroup"
    android:layout_width = "match_parent"
    android:layout_height = "56dp"
    android:layout_gravity = "bottom|center"
    android:background = "#eee"
    android:clipChildren = "false"
    android:gravity = "center"
    android:orientation = "horizontal">
    <RadioButton
        android:id = "@+id/rb_one"
        android:layout_width = "0dp"
        android:layout_height = "match_parent"
        android:layout_weight = "1"
        android:background = "@null"
        android:button = "@null"
        android:drawablePadding = "6dp"
        android:gravity = "center"
        android:padding = "5dp"
        android:text = "操作"
        android:textColor = "@color/navigator_color" />
```

```xml
<LinearLayout
    android:gravity = "center_horizontal"
    android:orientation = "vertical"
    android:layout_width = "0dp"
    android:layout_weight = "1"
    android:layout_height = "90dp">
    <ImageView
        android:id = "@+id/rbAdd"
        android:layout_width = "55dp"
        android:layout_height = "55dp"
        android:src = "@mipmap/comui_tab_post" />
</LinearLayout>
<RadioButton
    android:id = "@+id/rb_two"
    android:layout_width = "0dp"
    android:layout_height = "match_parent"
    android:layout_weight = "1"
    android:background = "@null"
    android:button = "@null"
    android:drawablePadding = "6dp"
    android:gravity = "center"
    android:padding = "5dp"
    android:text = "附件"
    android:textColor = "@color/navigator_color" />
    </RadioGroup>
</LinearLayout>
```

在这个布局文件中,使用 TextView 显示数据,在底部的导航栏中采用 RadioButton 作为相关操作与附件的按钮。

2. 编写查看产品信息接口

```
//根据产品 id 删除产品信息
@POST("ProductInformation/deleteProductInformation")
Observable<Response<String>> deleteProductInformation(@Query("id") Integer id);
//根据产品 id 查询下属图片
@POST("ProductInformation/queryProductionPicture")
Observable<Response<List<DbProductinformationPicture>>>
queryProductionPicture(@Query("productId") int productId);
//根据图片 id 删除图片
@POST("ProductInformation/deleteProductionPicture")
Observable<Response<String>> deleteProductionPicture(@Query("id") int id);
```

在以上代码中,主要有三个接口,分别是根据产品 id 删除产品信息、根据产品 id 查询下属的图片附件以及根据图片 id 删除图片。

3. 编写查看产品信息 Controller

在 com.qianfeng.mis.ui.sale.productinfo.activity 包下新建 ProductInformationDesActivity,该 Activity 用于查看产品信息。具体代码请扫描右侧二维码下载。

代码 5.3.4-3

在 ProductInformationDesActivity 中,通过 getIntent().getSerializableExtra("data") 获得产品信息并初始化,在 initListener() 方法中,对底部导航栏进行初始化与监听操作。showPopCaoZuo() 与 showPopImg() 方法分别是弹出操作与查看附件图片弹窗。在操作中可以进行编辑与删除,编辑则跳转到 EditProductInformationActivity。调用 deleteProductInformation() 方法即可删除该产品信息。在 showPopImg() 方法中,通过产品 id 获取相应的下属附件图片,通过 RecyclerView 进行展示,当用户单击"删除"按钮删除图片时,则会调用 deleteProductionPicture(int id, int position) 方法删除指定的图片。

5.3.5 查询产品信息

1. 编写查询产品信息 View

编写代码,实现效果如图1.43所示。

```xml
<?xml version="1.0" encoding="utf-8"?>
<LinearLayout xmlns:android="http://schemas.android.com/apk/res/android"
    android:layout_width="match_parent"
    android:layout_height="match_parent"
    android:background="#ffffff"
    android:orientation="vertical">
    <include layout="@layout/title" />
    <LinearLayout
        android:id="@+id/ll_custom"
        android:layout_width="match_parent"
        android:layout_height="wrap_content"
        android:layout_margin="@dimen/px40"
        android:background="@drawable/stoke_e1e2e4_bg"
        android:orientation="horizontal"
        android:gravity="center_vertical"
        android:paddingRight="@dimen/px30">
        <ImageView
            android:layout_width="@dimen/px30"
            android:layout_height="@dimen/px30"
            android:layout_marginLeft="@dimen/px30"
            android:src="@drawable/sousuo" />
        <EditText
            android:id="@+id/et_shuru"
            style="@style/edittext_333_28"
            android:hint="请输入"
            android:textColorHint="#222"
            android:background="@null"
            android:padding="@dimen/px20" />
    </LinearLayout>
    <View
        style="@style/view_line_xi" />
    <android.support.v7.widget.RecyclerView
        android:id="@+id/rv_list"
        android:layout_width="match_parent"
        android:layout_height="match_parent" />
</LinearLayout>
```

在该布局中,主要是通过 EditText 获取用户输入的产品名称,查询相应产品显示到 RecyclerView 中。

2. 编写查询产品信息接口

```
@POST("ProductInformation/queryAllProductinformationByName")
    Observable<Response<List<DbProductInformation>>> queryAllProductinformationByName
(@Query("name") String name);
```

通过用户输入的产品名称查询产品信息接口,即可返回对应的产品信息数据。

3. 编写查询产品信息 Controller

在 com.qianfeng.mis.ui.sale.productinfo.activity 包下新建 SearchProductInformationActivity,该 Activity 用于查询产品信息。具体代码如下所示。

```java
public class SearchProductInformationActivity extends BaseActivity {
    @BindView(R.id.et_shuru)
    EditText etShuru;
    @BindView(R.id.rv_list)
    RecyclerView rvList;
    private ProductInformationAdapter adapter;
    List<DbProductInformation> listData = new ArrayList<>();
    @Override
    protected int setLayoutResId() {
        return R.layout.activity_search_custom;
    }
    @Override
    public void initView() {
        setTitle("查询产品信息");
        setTitleLeftImg(R.mipmap.back_white);
        LinearLayoutManager manager = new LinearLayoutManager(this);
        rvList.setLayoutManager(manager);
        adapter = new ProductInformationAdapter(listData);
        rvList.setAdapter(adapter);
        //网络请求
        queryAllProductinformationByName();
        adapter.setOnItemClickListener(new BaseQuickAdapter.OnItemClickListener() {
            @Override
            public void onItemClick(BaseQuickAdapter adapter, View view, int position) {
                Intent intent = new Intent(SearchProductInformationActivity.this,
                    ProductInformationDesActivity.class);
                intent.putExtra("data", (Serializable) listData.get(position));
                startActivity(intent);
            }
        });
        etShuru.addTextChangedListener(new TextWatcher() {
            public void onTextChanged(CharSequence s, int start, int before, int count) {
            }
            public void beforeTextChanged(CharSequence s, int start, int count, int after) {
```

```java
        }
        public void afterTextChanged(Editable s) {
            queryAllProductinformationByName();
        }
    });
}
//获取列表数据
private void queryAllProductinformationByName() {
    RestClient.getInstance()
            .getStatisticsService()
            .queryAllProductinformationByName(etShuru.getText().toString().trim())
            .subscribeOn(Schedulers.io())
            .compose(bindToLifecycle())
            .observeOn(AndroidSchedulers.mainThread())
            .subscribe(response -> {
                if (response.getCode() == 200) {
                    if (response.getResult() != null && response.getResult().size() > 0) {
                        listData.clear();
                        listData.addAll(response.getResult());
                        adapter.replaceData(listData);
                    } else {
                        ToastUitl.showShort("无相关产品");
                    }
                }else {
                    ToastUitl.showShort(response.getMessage());
                }
            }, throwable -> {
            });
}
@Override
protected void onResume() {
    super.onResume();
    queryAllProductinformationByName();
}
}
```

在 SearchProductInformationActivity 中，调用 addTextChangedListener( )方法，为 etShuru 添加监听器，在用户输入关键字后会调用 afterTextChanged(Editable s)，进而调用 queryAllProductinformationByName( ) 进行网络请求操作，最后将数据显示到 RecyclerView 中。

第 6 章　客户资料管理模块

本章学习目标
- 掌握客户资料管理模块相关表的创建。
- 掌握查看权限及下属员工的方法。
- 掌握私有客户与公共客户之间的互换方式。

客户资料管理模块无非就是实现客户的增、删、改、查功能,然而想要实现这些功能也并不是执行几条 SQL 语句那么简单。在客户资料管理中,通常要考虑到许多因素,例如,权限管控、客户分类、客户去重、工商信息验证、客户附属资料管理等。本章将带领读者实现客户资料管理的相关功能。

6.1　客户资料库表设计

6.1.1　设计客户表、联系人表结构

客户表需要存储客户的详细信息,包括客户的公司名称、该客户所有者的员工编号、客户的行业信息、人员规模、客户详细地址、联系方式、网址、统一社会信用代码、创建日期、客户类型等。其中客户类型可以分为私有客户和公共客户,私有客户代表该客户信息是公司某个员工创建的客户,属于该员工个人所有,而共有客户则代表大家都可以取用,该类客户一般会自动展现在客户公共池中,代表不属于任何员工的客户,当员工想要把该客户转为自己名下的私有客户时,只需在客户公共池中取用即可,同样,员工也可以将自己的私有客户放入客户公共池中,供别人使用。

联系人表中主要存储对应客户公司的人员信息,包括该联系人负责的业务、联系方式等。

6.1.2　创建客户、联系人数据表

1. 创建客户表

```
create table db_custom(
    id int not null identity(1,1) primary key,
    company_name nvarchar(30),              -- 公司名称
    employee_count nvarchar(30),            -- 员工工号
    employee_name nvarchar(30) ,            -- 员工姓名
```

```
    abbreviation nvarchar(10),              -- 助记简称
    industry nvarchar(10),                  -- 行业信息
    people_scale nvarchar(20),              -- 人员规模
    country nvarchar(10),                   -- 国家
    province nvarchar(10),                  -- 省份
    city nvarchar(10),                      -- 城市
    company_address nvarchar(50),           -- 单位地址
    hot_spot nvarchar(10),                  -- 热点分类
    custom_type nvarchar(10),               -- 种类
    stage nvarchar(20),                     -- 阶段
    phone nvarchar(50),                     -- 手机
    email nvarchar(30),                     -- 邮箱
    work_phone nvarchar(30),                -- 工作电话
    website nvarchar(100) ,                 -- 网址
    source nvarchar(20),                    -- 来源
    company_profile nvarchar(200),          -- 公司简介
    remarks nvarchar(30),                   -- 备注
    spare nvarchar(10),                     -- 备用(是/否)
    code nvarchar(30),                      -- 统一社会信用代码
    committime datetime2,                   -- 创建日期
    updatetime datetime2,                   -- 修改日期
    status varchar(10)                      -- 状态
)
```

2. 创建联系人表

```
create table db_contact(
    id int not null identity(1,1) primary key,  -- 主键
    custom nvarchar(30),                    -- 对应客户(这个字段对应的是客户表中的公
                                            -- 司名称)
    name nvarchar(20),                      -- 联系人
    sex nvarchar(10) ,                      -- 性别 选择项：男、女
    job_position nvarchar(20),              -- 分类 选择项：公司老板、部门总监、部门经
                                            -- 理、普通员工、职务不明
    operation nvarchar(20),                 -- 负责业务
    certificate_type nvarchar(10),          -- 证件类型 选择项：工作证、身份证、其他证件
    certificate varchar(50),                -- 证件号码
    appellation nvarchar(30),               -- 称谓
    contacts_type nvarchar(20),             -- 类型 选择项：联系人、主联系人
    department nvarchar(20),                -- 部门
    duty nvarchar(30),                      -- 职务
    phone varchar(50),                      -- 手机号
    dingding varchar(30),                   -- 钉钉号
    workphone varchar(50),                  -- 工作电话
    faxes nvarchar(30),                     -- 传真
    wangwang nvarchar(30),                  -- QQ号
    email nvarchar(30) ,                    -- 邮箱
    msn nvarchar(30),                       -- MSN
    wechat varchar(30),                     -- 微信号
```

```
familyphone varchar(50),              -- 家庭电话
postcode varchar(20),                 -- 邮编
skype varchar(30),                    -- Skype
address nvarchar(50),                 -- 住址
birthday nvarchar(20),                -- 生日
hobby nvarchar(30),                   -- 爱好
remark nvarchar(50),                  -- 备注
creation_time datetime                -- 创建员工的日期
)
```

6.2 客户资料服务端接口

6.2.1 客户资料管理操作权限验证

客户信息查看需要具备相应的查看权限,公司的销售部门分为国内销售和国外销售两个部门,国内销售部子部门权限最高的是销售总监,其次是销售经理,权限最低的是业务员,因此,销售总监可以查看自己所在组织的所有人员和自己创建的客户信息,销售经理可以查看自己下属员工和本人创建的所有客户信息,业务员只能查看自己创建的客户信息;国外销售部权限最高的是副总经理,其次是外贸经理,权限最低的是外贸员;总经理和管理员拥有最高权限,可以查看所有客户信息。

当客户端发来请求时,通过 token 做登录超时判断,并获取用户权限相关信息。在项目工程下创建 annotations 文件夹并自定义注解+拦截器实现权限控制。代码如下所示。

```
1  @Target(ElementType.METHOD)
2  @Retention(RetentionPolicy.RUNTIME)
3  @Documented
4  public @interface Authorized {
   }
```

从以上代码中可以看到,@Target 注解用来定义使用范围、属性值 METHOD,代表在之前执行;@Retention 注解的作用是描述注解保留的时间范围;@Documented 注解描述在使用 javadoc 工具为类生成帮助文档时是否要保留其注解信息。在项目工程下新建 aop 文件夹,配置 AOP 切面,代码如下所示。

```
@Aspect
@Order(0)
@Component
@Slf4j
public class RiZhiJiLu {
    //请求头认证字段
    private static final String HEAD_AUTHORIZATION = "token";
    //范围切点方法
    @Pointcut("@annotation(com.hongming.demo.annotations.Authorized)
```

```java
")
    public void methodPointCut() {
    }
    //某个方法执行前进行请求合法性认证,注入 Authorized 注解
    @Around("methodPointCut()")
    public Object doBefore(ProceedingJoinPoint joinPoint) throws Throwable {
        Object result = null;
        log.info("认证开始...");
        String classType = joinPoint.getTarget().getClass().getName();
        Class<?> clazz = Class.forName(classType);
        String clazzName = clazz.getName();
        String methodName = joinPoint.getSignature().getName();
        log.info("ClassName: " + clazzName);
        log.info("MethodName: " + methodName);
        //获取当前 HTTP 请求
        ServletRequestAttributes attributes = (ServletRequestAttributes)
            RequestContextHolder.getRequestAttributes();
        HttpServletRequest request = attributes.getRequest();
        String token = request.getHeader(HEAD_AUTHORIZATION);
        Object object = RedisOps.getObject(token);
        //自行编写此处的 token 验证业务逻辑
        if(object == null){
            Response response = new Response<>();
            response.setCode(400);
            response.setMessage("登录已超时,请重新登录!");
            return response;
        }
        log.debug("请求认证通过!");
        result = joinPoint.proceed();
        return result;
    }
}
```

以上代码中,通过客户端携带的 token 信息进行解析,使用@Aspect 注解声明一个切面,对所要切入的方法进行拦截,客户端发送的请求 token 会与 Redis 中登录时存储的信息做比对,如果 Redis 中不存在该 token 信息,则表明登录已经超时,需要重新登录。

6.2.2 编辑客户资料管理模块文件

(1) 编辑 DbDepartmentMapper.xml 文件,添加实现部门管理操作相关 SQL 语句,代码如下所示。

```
1    <!-- 查询员工所属组织 -->
2    <select id="queryDepartmentId"  resultType="java.lang.Integer">
3        SELECT dapaterment_id FROM T_SEC_USER WHERE
4        FUSERACCOUNT = #{employee_count}
5    </select>
6    <!-- 查询员工所属组织下的子部门 -->
```

```
7    <select id = "queryDepartmentIdAgain"  resultType = "java.lang.Integer">
8        SELECT id FROM db_department WHERE parentId in
9        <foreach collection = "list" open = "(" item = "list1" separator = "," close = ")">
10           #{list1}
11       </foreach>
12   </select>
13   <!-- 查询下属员工工号 -->
14   <select id = "queryGongHao"  resultType = "java.lang.String">
15       SELECT FUSERACCOUNT FROM T_SEC_USER WHERE dapaterment_id in
16       <foreach collection = "list" open = "(" item = "item1" separator = "," close = ")">
17           #{item1}
18       </foreach>
19   </select>
```

以上代码主要用于处理员工之间的关系、查出员工角色权限等信息,这样才能方便后续功能的逻辑处理,实现客户管理。

(2) 编辑 DbContactMapper.xml 文件,添加实现联系人管理操作相关 SQL 语句,代码如下所示。

```
<!-- 新增联系人 -->
<insert id = "addContact">
        insert into db_contact(
        custom,name,sex,job_position,operation,certificate_type,
        certificate,appellation,contacts_type,department,duty,phone,
        dingding,workphone,faxes,wangwang,email,msn,wechat,
        familyphone, postcode, skype, address, birthday, hobby, remark, creation_time, employeecount)
        values(
    #{custom},#{name},#{sex},#{job_position},#{operation},#{certificate_type},
        #{certificate},#{appellation},#{contacts_type},#{department},#{duty},
    #{phone},
        #{dingding},#{workphone},#{faxes},#{wangwang},#{email},#{msn},#{wechat},
        #{familyphone},#{postcode},#{skype},#{address},#{birthday},#{hobby},
    #{remark},#{creation_time},#{employeecount}
        )
</insert>
<!-- 根据联系人 id 删除联系人资料 -->
<delete id = "deleteContactById" parameterType = "Integer">
        DELETE FROM db_contact WHERE id = #{id}
</delete>
<!-- 根据联系人 id 修改客户资料 -->
<update id = "updateContactById">
        update db_contact set
custom = #{custom},name = #{name},sex = #{sex},job_position = #{job_position},operation = #{operation},certificate_type = #{certificate_type},
```

```xml
        certificate = #{certificate}, appellation = #{appellation}, contacts_type = #{contacts_type}, department = #{department}, duty = #{duty}, phone = #{phone},

        dingding = #{dingding}, workphone = #{workphone}, faxes = #{faxes}, wangwang = #{wangwang}, email = #{email}, msn = #{msn}, wechat = #{wechat},

        familyphone = #{familyphone}, postcode = #{postcode}, skype = #{skype}, address = #{address}, birthday = #{birthday}, hobby = #{hobby}, remark = #{remark}
            where id = #{id}
    </update>
    <!-- 查询所有联系人 -->
    <select id = "queryContactAll" resultMap = "BaseResultMap"
        parameterType = "com.hongming.demo.entity.DbContact">
        select  id, custom, name, sex, job_position, operation, certificate_type,
            certificate, appellation, contacts_type, department, duty, phone,
            dingding, workphone, faxes, wangwang, email, msn, wechat,
familyphone, postcode, skype, address, birthday, hobby, remark, creation_time, employeecount
            from  (select ROW_NUMBER() OVER(order by id ASC) AS rownumber, * FROM db_contact) AS T
            where  rownumber BETWEEN (#{page} - 1) * 20 + 1 and #{page} * 20 + 1
            order by T.id  DESC
    </select>
    <!-- 根据客户名称查询联系人 -->
    <select id = "queryContactByName" resultMap = "BaseResultMap"
        parameterType = "com.hongming.demo.entity.DbContact">
        select id, custom, name, sex, job_position, operation, certificate_type,
            certificate, appellation, contacts_type, department, duty, phone,
            dingding, workphone, faxes, wangwang, email, msn, wechat, familyphone, postcode,
skype, address, birthday, hobby, remark, creation_time, employeecount
            from db_contact where custom = #{custom} order by id
    </select>
    <!-- 根据登录员工号查询联系人 -->
    <select id = "queryContactByCount" resultMap = "BaseResultMap"
        parameterType = "com.hongming.demo.entity.DbContact">
        select  id, custom, name, sex, job_position, operation, certificate_type,
            certificate, appellation, contacts_type, department, duty, phone,
            dingding, workphone, faxes, wangwang, email, msn, wechat,
                familyphone, postcode, skype, address, birthday, hobby, remark, creation_time,
employeecount
            from db_contact where employeecount = #{employeecount} order by id
    </select>
    <!-- 根据联系人姓名查询该员工创建的联系人资料 -->
    <select id = "queryByContactName" resultMap = "BaseResultMap"
        parameterType = "com.hongming.demo.entity.DbContact">
        select   id, custom, name, sex, job_position, operation, certificate_type,
            certificate, appellation, contacts_type, department, duty, phone,
```

```xml
            dingding, workphone, faxes, wangwang, email, msn, wechat,
            familyphone, postcode, skype, address, birthday, hobby, remark, creation_time,
            employeecount
            from db_contact
            where name = #{name} and employeecount = #{employeecount}
    </select>
    <!-- 根据创建人和联系人姓名查询联系人资料 -->
    <select id = "queryByEmployeeNameAll" resultMap = "BaseResultMap"
    parameterType = "com.hongming.demo.entity.DbContact">
        select  id, custom, name, sex, job_position, operation, certificate_type,
            certificate, appellation, contacts_type, department, duty, phone,
            dingding, workphone, faxes, wangwang, email, msn, wechat,
            familyphone, postcode, skype, address, birthday, hobby, remark, creation_time,
            employeecount
            from db_contact
            where name = #{name} and employeecount = #{employeecount}
    </select>
    <!-- 根据联系人姓名查询全部联系人资料 -->
    <select id = "queryByContactNameAll" resultMap = "BaseResultMap"
    parameterType = "com.hongming.demo.entity.DbContact">
        select  id, custom, name, sex, job_position, operation, certificate_type,
            certificate, appellation, contacts_type, department, duty, phone,
            dingding, workphone, faxes, wangwang, email, msn, wechat,
            familyphone, postcode, skype, address, birthday, hobby, remark, creation_
            time, employeecount
            from db_contact
            where name = #{name}
    </select>
    <!-- 查询下属员工创建的联系人资料 -->
    <select id = "queryContactByPower" resultMap = "BaseResultMap"
    parameterType = "com.hongming.demo.entity.DbContact">
        select top 20 id, custom, name, sex, job_position, operation, certificate_type,
            certificate, appellation, contacts_type, department, duty, phone,
            dingding, workphone, faxes, wangwang, email, msn, wechat,
            familyphone, postcode, skype, address, birthday, hobby, remark, creation_
            time, employeecount
            from (select ROW_NUMBER() OVER(order by id DESC) AS rownumber, * FROM db_
            contact) AS T
            where   T.rownumber BETWEEN (#{page}-1)*20+1 and #{page}*20+1  AND
            T.employeecount in
            <foreach collection = "item2" open = "(" item = "item2" separator = "," close = ")">
                #{item2}
            </foreach>
    </select>
```

以上代码中主要实现联系人的增、删、改、查操作，需要注意的是，当联系人数量过多时，前端页面的加载会非常缓慢，因此，此处做分页查询，通过 SQL 语句，控制每页只加载 20 条数据信息，当前端下滑页面时，page 值加 1，即加载第二页的数据信息，以此类推。

(3) 编辑 DbCustomMapper.xml 文件,添加实现客户管理操作相关 SQL 语句,代码如下所示。

```xml
<!-- 新增客户 -->
<insert id="addCustom">
    insert into db_custom(
                company_name,employee_count,employee_name,abbreviation,
                industry,people_scale,country,province,city,company_address,
                hot_spot,custom_type,stage,phone,email,work_phone,website,
                source,company_profile,remarks,spare,code,committime,updatetime,status,
                sort)
    values(#{company_name},#{employee_count},#{employee_name},#{abbreviation},
    #{industry},#{people_scale},#{country},#{province},#{city},#{company_address},
    #{hot_spot},#{custom_type},#{stage},#{phone},#{email},#{work_phone},#{website},#{source},#{company_profile},#{remarks},#{spare},#{code},#{committime},#{updatetime},#{status},#{sort})
</insert>
<!-- 根据客户表 id 修改客户资料 -->
<update id="updateCustomById">
    update db_custom set company_name=#{company_name},employee_count=#{employee_count},employee_name=#{employee_name},abbreviation=#{abbreviation},
    industry=#{industry},people_scale=#{people_scale},country=#{country},province=#{province},city=#{city},company_address=#{company_address},
                hot_spot=#{hot_spot},custom_type=#{custom_type},stage=#{stage},phone=#{phone},email=#{email},work_phone=#{work_phone},website=#{website},
                source=#{source},company_profile=#{company_profile},remarks=#{remarks},spare=#{spare},code=#{code}
        where id=#{id}
</update>
<!-- 根据客户表 id,将 status 改为 2,代表该客户放入客户公共池 -->
<update id="updatePublicCustomById">
    update db_custom set employee_count='',employee_name='',status='2'
    where id=#{id}
</update>
<!-- 根据客户表 id 修改客户资料的所有者,将 status 改为 1,代表将公共池中的客户分配给员工 -->
<update id="updatePublicCustomToPerson">
    update db_custom set employee_count=#{employee_count},employee_name=#{employee_name},status='1' where id=#{id}
</update>
<!-- 根据客户表的 id 修改最新操作时间 -->
<update id="updateCaoZuoTime">
    update db_custom set updatetime=#{updatetime}
    where id=#{id}
</update>
<!-- 根据客户名称修改最新操作时间 -->
<update id="updateCaoZuoTimeByName">
```

```xml
        update db_custom set updatetime = #{updatetime}
          where company_name = #{company_name}
    </update>
    <!-- 根据创建人工号分页查询客户 -->
    <select id="queryCountCustom" resultMap="BaseResultMap"
       parameterType="com.hongming.demo.entity.DbCustom">
        select top 20 id,company_name,employee_count,employee_name,
        abbreviation,industry,people_scale,country,province,city,company_address,hot_spot,custom_type,stage,phone,email,work_phone,website,source,company_profile,remarks,spare,code,
        convert(nvarchar(100),committime,20) AS committime,
        convert(nvarchar(100)
        ,updatetime,20) AS updatetime,status from (select ROW_NUMBER()
        OVER(order by id DESC) AS rownumber, * FROM db_custom) AS T
        where T.rownumber BETWEEN (#{page}-1)*20+1 and #{page}*20+1 AND T.employee_count = #{employee_count} and T.status = '1'
    </select>
    <!-- 根据公司名称查询客户资料是否已存在,如果存在则返回该条数据 -->
    <select id="queryCustomName" resultMap="BaseResultMap"
       parameterType="com.hongming.demo.entity.DbCustom">
        SELECT id,company_name,employee_count,employee_name,abbreviation,
            industry,people_scale,country,province,city,company_address,
            hot_spot,custom_type,stage,phone,email,work_phone,website,
            source,company_profile,remarks,spare,code,
            convert(nvarchar(100),committime,20)
            AS committime,convert(nvarchar(100),updatetime,20)
            AS updatetime,status FROM db_custom
        WHERE company_name = #{company_name}
    </select>
    <!-- 管理员或总经理分页查询所有客户 -->
    <select id="queryCustomAll" resultMap="BaseResultMap"
       parameterType="com.hongming.demo.entity.DbCustom">
        SELECT top 20 id,company_name,employee_count,employee_name,abbreviation,
        industry,people_scale,country,province,city,company_address,
        hot_spot,custom_type,stage,phone,email,work_phone,website,
        source,company_profile,remarks,spare,code,convert(nvarchar(100),committime,20)
        AS committime,convert(nvarchar(100),updatetime,20)
        AS updatetime,status FROM (select ROW_NUMBER() OVER(order by id DESC)
        AS rownumber, * FROM db_custom) AS T
        where rownumber BETWEEN (#{page}-1)*20+1 and #{page}*20+1 and T.status = '1'
    </select>
    <!-- 分页查询所有客户公共池中的数据 -->
    <select id="queryAllPublicCustom" resultMap="BaseResultMap"
       parameterType="com.hongming.demo.entity.DbCustom">
        select top 20 id,company_name,employee_count,employee_name,
        abbreviation,industry,people_scale,country,province,city,company_address,
        hot_spot,custom_type,stage,phone,email,work_phone,website,source,company_profile,
        remarks,spare,code,convert(nvarchar(100),committime,20)
AS committime,convert(nvarchar(100),updatetime,20)
AS updatetime,status from (select ROW_NUMBER() OVER(order by id DESC)
```

```xml
            AS rownumber, * FROM db_custom where status = '2') AS T
                where T.rownumber BETWEEN (#{page}-1)*20+1 and #{page}*20+1   AND T.status = '2'
        </select>
        <!-- 根据客户id查询客户资料 -->
        <select id="queryById" resultMap="BaseResultMap"
            parameterType="com.hongming.demo.entity.DbCustom">
            SELECT id,company_name,employee_count,employee_name,abbreviation,
                industry,people_scale,country,province,city,company_address,
                hot_spot,custom_type,stage,phone,email,work_phone,website,
            source,company_profile,remarks,spare,code,convert(nvarchar(100),committime,20)
AS committime,convert(nvarchar(100),updatetime,20)
AS updatetime,status FROM db_custom WHERE id = #{id} and status = '1'
        </select>
        <!-- 查询90天内未更新的客户id集合 -->
        <select id="queryIdList"   resultMap="BaseResultMap"
            parameterType="com.hongming.demo.entity.DbCustom">
            select id,company_name,employee_count,employee_name,abbreviation,
                industry,people_scale,country,province,city,company_address,
                hot_spot,custom_type,stage,phone,email,work_phone,website,
                source,company_profile,remarks,spare,code,convert(nvarchar(100)
                ,committime,20) AS committime,convert(nvarchar(100)
                ,updatetime,20) AS updatetime,status from db_custom
                where DateDiff(dd,updatetime,getDate())&gt;=90 and status = '1'
        </select>
        <!-- 领导查看下属员工创建的客户资料 -->
        <select id="queryCustomByEmployee" resultMap="BaseResultMap">
            select top 20 id,company_name,employee_count,employee_name,
          abbreviation,industry,people_scale,country,province,city,company_address,
          hot_spot,custom_type,stage,phone,email,work_phone,website,source,company_profile,
          remarks,spare,code,convert(nvarchar(100),committime,20)
AS committime,convert(nvarchar(100),updatetime,20)
AS updatetime,status
                from (select ROW_NUMBER() OVER(order by id DESC)
AS rownumber, * FROM db_custom) AS T
                where T.rownumber BETWEEN (#{page}-1)*20+1 and #{page}*20+1   and T.status =
'1' AND T.employee_count in
            <foreach collection="item2" open="(" item="item2" separator="," close=")">
                #{item2}
            </foreach>
        </select>
        <!-- 模糊查询下属客户id集合 -->
        <select id="queryLikeSomeBody" resultType="Integer">
         select id FROM (select b.employee_count,a.name,a.phone,a.workphone,a.faxes,a.email,
b.id,b.company_name from db_contact a full join db_custom  b on  a.custom = b.company_name
         where b.employee_count = #{key} or a.name like '%'+#{key}+'%'
or a.phone = #{key} or a.workphone = #{key} or a.faxes = #{key} or a.email = #{key} OR
b.company_name like '%'+#{key}+'%')as t
```

```xml
        WHERE employee_count in
            <foreach collection="item2" open="(" item="item2" separator="," close=")">
                #{item2}
            </foreach>
    </select>
    <!--模糊查询所有客户id-->
    <select id="queryAllLikeSomeBody" resultType="Integer">
        select id FROM (select b.employee_count,a.name,a.phone,a.workphone,a.faxes,a.email,
b.id,b.company_name from db_contact a full join db_custom  b on  a.custom = b.company_name
        where b.employee_count = #{key} or a.name like '%'+#{key}+'%'
 or a.phone = #{key} or a.workphone = #{key} or a.faxes = #{key} or a.email = #{key} OR
b.company_name like '%'+#{key}+'%')as t
    </select>
    <!--模糊查询客户公共池中客户id-->
    <select id="queryPublicCustom" resultType="Integer">
        select id FROM (select b.status,b.employee_count,a.name,a.phone,a.workphone,
a.faxes,a.email,b.id,b.company_name from db_contact a full join db_custom  b on  a.custom =
b.company_name
        where b.employee_count = #{key} or a.name like '%'+#{key}+'%'
 or a.phone = #{key} or a.workphone = #{key} or a.faxes = #{key} or a.email = #{key} OR
b.company_name like '%'+#{key}+'%')as t where status = '2'
    </select>
    <!--业务员模糊查询自己创建的所有客户id-->
    <select id="queryLikeSomeBodyByOne" resultType="Integer">
        select id FROM (select b.employee_count,a.name,a.phone,a.workphone,a.faxes,a.email,
b.id,b.company_name from db_contact a full join db_custom  b on  a.custom = b.company_name
        where b.employee_count = #{key} or a.name like '%'+#{key}+'%'
 or a.phone = #{key} or a.workphone = #{key} or a.faxes = #{key} or a.email = #{key} OR
b.company_name like '%'+#{key}+'%')as t
        where employee_count = #{employee_count}
    </select>
    <!--根据多个id查询客户资料-->
    <select id="queryCustomLike" resultMap="BaseResultMap"
    parameterType="com.hongming.demo.entity.DbCustom">
    SELECT id,company_name,employee_count,employee_name,abbreviation,
    industry,people_scale,country,province,city,company_address,
    hot_spot,custom_type,stage,phone,email,work_phone,website,
    source,company_profile,remarks,spare,code,convert(nvarchar(100),committime,20)
    AS committime,convert(nvarchar(100),updatetime,20)
    AS updatetime,status
    FROM db_custom
    WHERE id in
        <foreach collection="item3" open="(" item="item3" separator="," close=")">
            #{item3}
        </foreach>
    </select>
    <!--根据客户id删除客户资料-->
    <delete id="deleteCustomById" parameterType="Integer">
        DELETE FROM db_custom WHERE id = #{id}
    </delete>
</mapper>
```

以上代码中添加了通过员工工号和页码分页查询客户资料、分页查询所有客户资料、分页查询客户公共池中的客户资料、根据客户 id 查询单条客户资料、根据客户 id 集合查询多条客户资料、查询 90 天内未更新或追踪联系的客户资料、领导查询下属创建的客户资料和模糊查询客户资料等 SQL 语句。其中模糊查询时关联了联系人数据表，这样对联系人表和客户表中的关键字段都能进行模糊查询，使其具备关联关系。

6.2.3 编辑客户资料管理模块 Mapper 接口

（1）编辑 DbDepartmentMapper 接口，使其继承 MyBatis-Plus 的 BaseMapper 接口，在该接口文件中添加如下代码。

```
@Mapper
public interface DbDepartmentMapper extends BaseMapper<DbDepartment> {
    Integer queryDepartmentId(String employee_count);
    List<Integer> queryDepartmentIdAgain(List<Integer> list1);
    List<String> queryGongHao(List<Integer> item1);
}
```

（2）编辑 DbContactMapper 接口，使其继承 MyBatis-Plus 的 BaseMapper 接口，在该接口文件中添加如下代码。

```
@Mapper
public interface DbContactMapper extends BaseMapper<DbContact> {
    //新增联系人
    int addContact(@Param("custom")String custom,
                   @Param("name")String name,
                   @Param("sex")String sex,
                   @Param("job_position")String job_position,
                   @Param("operation")String operation,
                   @Param("certificate_type")String certificate_type,
                   @Param("certificate")String certificate,
                   @Param("appellation")String appellation,
                   @Param("contacts_type")String contacts_type,
                   @Param("department")String department,
                   @Param("duty")String duty,
                   @Param("phone")String phone,
                   @Param("dingding")String dingding,
                   @Param("workphone")String workphone,
                   @Param("faxes")String faxes,
                   @Param("wangwang")String wangwang,
                   @Param("email")String email,
                   @Param("msn")String msn,
                   @Param("wechat")String wechat,
                   @Param("familyphone")String familyphone,
                   @Param("postcode")String postcode,
                   @Param("skype")String skype,
                   @Param("address")String address,
                   @Param("birthday")String birthday,
```

```
                @Param("hobby")String hobby,
                @Param("remark")String remark,
                @Param("creation_time")String creation_time,
                @Param("employeecount")String employeecount);
//根据联系人 id 删除联系人资料
int deleteContactById(@Param("id")Integer id);
//根据联系人 id 修改客户资料
int updateContactById(@Param("id")Integer id,
                @Param("custom")String custom,
                @Param("name")String name,
                @Param("sex")String sex,
                @Param("job_position")String job_position,
                @Param("operation")String operation,
                @Param("certificate_type")String certificate_type,
                @Param("certificate")String certificate,
                @Param("appellation")String appellation,
                @Param("contacts_type")String contacts_type,
                @Param("department")String department,
                @Param("duty")String duty,
                @Param("phone")String phone,
                @Param("dingding")String dingding,
                @Param("workphone")String workphone,
                @Param("faxes")String faxes,
                @Param("wangwang")String wangwang,
                @Param("email")String email,
                @Param("msn")String msn,
                @Param("wechat")String wechat,
                @Param("familyphone")String familyphone,
                @Param("postcode")String postcode,
                @Param("skype")String skype,
                @Param("address")String address,
                @Param("birthday")String birthday,
                @Param("hobby")String hobby,
                @Param("remark")String remark);
//查询所有联系人资料
List<DbContact> queryContactAll(@Param("page") Integer page);
//根据客户名称查询联系人资料
List<DbContact> queryContactByName(@Param("custom") String custom);
//根据员工号查询联系人资料
List<DbContact> queryContactByCount(@Param("employeecount") String employeecount);
//根据姓名查询联系人资料
    List < DbContact > queryByContactName ( @ Param ( " name") String name, @ Param ("employeecount")String employeecount);
//根据联系人姓名查询全部联系人资料
List<DbContact> queryByContactNameAll(@Param("name") String name);
//根据联系人姓名、查询者工号查询全部联系人资料
    List < DbContact > queryByEmployeeNameAll ( @ Param ( " name") String name, @ Param ("employeecount") String employeecount);
//查询下属员工创建的联系人资料
```

```
    List < DbContact > queryContactByPower(@Param("item2") List < String > item2,@Param
("page") Integer page);
}
```

（3）编辑 DbCustomMapper 接口，继承 MyBatis-Plus 的 BaseMapper 接口，在该接口文件中添加如下代码。

```
@Mapper
public interface DbCustomMapper extends BaseMapper < DbCustom > {
    //新增客户资料
    int addCustom(@Param("company_name")String company_name,
                  @Param("employee_count")String employee_count,
                  @Param("employee_name")String employee_name,
                  @Param("abbreviation")String abbreviation,
                  @Param("industry")String industry,
                  @Param("people_scale")String people_scale,
                  @Param("country")String country,
                  @Param("province")String province,
                  @Param("city")String city,
                  @Param("company_address")String company_address,
                  @Param("hot_spot")String hot_spot,
                  @Param("custom_type")String custom_type,
                  @Param("stage")String stage,
                  @Param("phone")String phone,
                  @Param("email")String email,
                  @Param("work_phone")String work_phone,
                  @Param("website")String website,
                  @Param("source")String source,
                  @Param("company_profile")String company_profile,
                  @Param("remarks")String remarks,
                  @Param("spare")String spare,
                  @Param("code")String code,
                  @Param("committime")String committime,
                  @Param("updatetime")String updatetime,
                  @Param("status")String status,
                  @Param("sort")String sort);
    //根据 id 修改客户资料
    int updateCustomById(@Param("id")Integer id,
                         @Param("company_name")String company_name,
                         @Param("employee_count")String employee_count,
                         @Param("employee_name")String employee_name,
                         @Param("abbreviation")String abbreviation,
                         @Param("industry")String industry,
                         @Param("people_scale")String people_scale,
                         @Param("country")String country,
                         @Param("province")String province,
                         @Param("city")String city,
                         @Param("company_address")String company_address,
                         @Param("hot_spot")String hot_spot,
```

```java
            @Param("custom_type")String custom_type,
            @Param("stage")String stage,
            @Param("phone")String phone,
            @Param("email")String email,
            @Param("work_phone")String work_phone,
            @Param("website")String website,
            @Param("source")String source,
            @Param("company_profile")String company_profile,
            @Param("remarks")String remarks,
            @Param("spare")String spare,
            @Param("code")String code);
    //修改,移入公共池
    int updatePublicCustomById(@Param("id") Integer id);
    //根据客户表 id 修改客户资料,将 status 改为 1,代表将公共池中的客户分配给员工
    int updatePublicCustomToPerson(@Param("id") Integer id, @Param("employee_count")
 String employee_count, @Param("employee_name") String employee_name);
    //通过客户 id 更新最近操作时间
    int updateCaoZuoTime(@Param("id")
 Integer id, @Param("updatetime") String updatetime);
    //通过客户名称更新最近操作时间
    int updateCaoZuoTimeByName(@Param("company_name") String company_name, @Param("
updatetime") String updatetime);
    //根据创建人工号分页查询客户
    List< DbCustom > queryCountCustom(@Param("employee_count")
 String employee_count, @Param("page") Integer page);
    //查询名称重复客户
    DbCustom queryCustomName(@Param("company_name") String company_name);
    //管理员或总经理分页查询所有客户
    List< DbCustom > queryCustomAll(@Param("page") Integer page);
    //分页查询所有客户公共池中的数据
    List< DbCustom > queryAllPublicCustom(@Param("page") Integer page);
    //根据客户 id 查询客户资料
    DbCustom queryById(@Param("id") Integer id);
    //查询 90 天未更新的客户 id 集合
    List< DbCustom > queryIdList();
    //领导查看下属员工创建的客户资料
    List< DbCustom > queryCustomByEmployee(@Param("item2")
    List< String > item2, @Param("page") Integer page);
    //模糊查询下属客户 id 的集合
    List< Integer > queryLikeSomeBody(@Param("key") String key, @Param("item2") List<
String > item2);
    //管理员模糊查询所有客户 id 的集合
    List< Integer > queryAllLikeSomeBody(@Param("key") String key);
    //业务员模糊查询自己创建的所有客户 id 的集合
    List< Integer > queryLikeSomeBodyByOne(@Param("key") String key, @Param("employee_
count") String employee_count);
    //根据 id 查询客户资料
    List< DbCustom > queryCustomLike(@Param("item3") List< Integer > item3);
    //根据 id 删除客户资料
    int deleteCustomById(@Param("id") Integer id);
}
```

接下来编写 Service 层,当然还是需要继承 MyBatis-Plus 的 IService 来减少代码量,由

于本书篇幅有限，在后续的章节中 Service 层的内容将一笔带过，不再粘贴代码。编辑 DbCustomService 接口，代码如下所示。

```java
public interface DbCustomService extends IService<DbCustom>{
    //新增客户资料
    int addCustom(@Param("company_name")String company_name,
                  @Param("employee_count")String employee_count,
                  @Param("employee_name")String employee_name,
                  @Param("abbreviation")String abbreviation,
                  @Param("industry")String industry,
                  @Param("people_scale")String people_scale,
                  @Param("country")String country,
                  @Param("province")String province,
                  @Param("city")String city,
                  @Param("company_address")String company_address,
                  @Param("hot_spot")String hot_spot,
                  @Param("custom_type")String custom_type,
                  @Param("stage")String stage,
                  @Param("phone")String phone,
                  @Param("email")String email,
                  @Param("work_phone")String work_phone,
                  @Param("website")String website,
                  @Param("source")String source,
                  @Param("company_profile")String company_profile,
                  @Param("remarks")String remarks,
                  @Param("spare")String spare,
                  @Param("code")String code,
                  @Param("committime")String committime,
                  @Param("updatetime")String updatetime,
                  @Param("status")String status,
                  @Param("sort")String sort);
    //根据 id 修改客户资料
    int updateCustomById(@Param("id")Integer id,
                         @Param("company_name")String company_name,
                         @Param("employee_count")String employee_count,
                         @Param("employee_name")String employee_name,
                         @Param("abbreviation")String abbreviation,
                         @Param("industry")String industry,
                         @Param("people_scale")String people_scale,
                         @Param("country")String country,
                         @Param("province")String province,
                         @Param("city")String city,
                         @Param("company_address")String company_address,
                         @Param("hot_spot")String hot_spot,
                         @Param("custom_type")String custom_type,
                         @Param("stage")String stage,
                         @Param("phone")String phone,
```

```java
            @Param("email")String email,
            @Param("work_phone")String work_phone,
            @Param("website")String website,
            @Param("source")String source,
            @Param("company_profile")String company_profile,
            @Param("remarks")String remarks,
            @Param("spare")String spare,
            @Param("code")String code);
    //修改,移入公共池
    int updatePublicCustomById(@Param("id") Integer id);
    //根据客户表id修改客户资料,将status改为1,代表将公共池中的客户分配给员工
    int updatePublicCustomToPerson(@Param("id") Integer id, @Param("employee_count") String employee_count, @Param("employee_name") String employee_name);
    //通过客户id更新最近操作时间
    int updateCaoZuoTime(@Param("id") Integer id, @Param("updatetime") String updatetime);
    //通过客户名称更新最近操作时间
    int updateCaoZuoTimeByName(@Param("company_name") String company_name, @Param("updatetime") String updatetime);
    //根据创建人工号分页查询客户
    List<DbCustom> queryCountCustom(@Param("employee_count") String employee_count, @Param("page") Integer page);
    //查询名称重复客户
    DbCustom queryCustomName(@Param("company_name") String company_name);
    //管理员或总经理分页查询所有客户
    List<DbCustom> queryCustomAll(@Param("page") Integer page);
    //分页查询所有客户公共池中的数据
    List<DbCustom> queryAllPublicCustom(@Param("page") Integer page);
    //根据客户id查询客户资料
    DbCustom queryById(@Param("id") Integer id);
    //查询90天未更新的客户id集合
    List<DbCustom> queryIdList();
    //领导查看下属员工创建的客户资料
    List<DbCustom> queryCustomByEmployee(@Param("item2")
    List<String> item2, @Param("page") Integer page);
    //模糊查询下属客户id集合
    List<Integer> queryLikeSomeBody(@Param("key")
    String key, @Param("item2") List<String> item2);
    //管理员模糊查询所有客户id的集合
    List<Integer> queryAllLikeSomeBody(@Param("key") String key);
    //业务员模糊查询自己创建的所有客户id的集合
    List<Integer> queryLikeSomeBodyByOne(@Param("key")
    String key, @Param("employee_count") String employee_count);
    //根据id查询客户资料
    List<DbCustom> queryCustomLike(@Param("item3")
    List<Integer> item3);
    //根据id删除客户资料
    int deleteCustomById(@Param("id") Integer id);
}
```

6.2.4 编辑客户资料管理模块 Service

1. 部门管理 Service

（1）编辑 DbDepartmentService 接口，继承 MyBatis-Plus 的 IService 接口，代码如下所示。

```java
public interface DbDepartmentService extends IService<DbDepartment> {
    Integer queryDepartmentId(String employee_count);
    List<Integer> queryDepartmentIdAgain(List<Integer> list1);
    List<String> queryGongHao(List<Integer> item1);
}
```

（2）编辑 DbDepartmentServiceImpl 类，继承 MyBatis-Plus 的 ServiceImpl 类，实现 DbDepartmentService 接口，代码如下所示。

```java
@Service
public class DbDepartmentServiceImpl extends ServiceImpl<DbDepartmentMapper, DbDepartment>
        implements DbDepartmentService {
    @Override
    public Integer queryDepartmentId(String employee_count) {
        return baseMapper.queryDepartmentId(employee_count);
    }
    @Override
    public List<Integer> queryDepartmentIdAgain(List<Integer> list1) {
        return baseMapper.queryDepartmentIdAgain(list1);
    }
    @Override
    public List<String> queryGongHao(List<Integer> item1) {
        return baseMapper.queryGongHao(item1);
    }
}
```

2. 联系人管理 Service

（1）编辑 DbContactService 接口，继承 MyBatis-Plus 的 IService 接口，代码如下所示。

```java
public interface DbContactService extends IService<DbContact> {
    //新增联系人
    int addContact(@Param("custom")String custom,
                   @Param("name")String name,
                   @Param("sex")String sex,
                   @Param("job_position")String job_position,
                   @Param("operation")String operation,
                   @Param("certificate_type")String certificate_type,
                   @Param("certificate")String certificate,
                   @Param("appellation")String appellation,
                   @Param("contacts_type")String contacts_type,
                   @Param("department")String department,
```

```java
                @Param("duty")String duty,
                @Param("phone")String phone,
                @Param("dingding")String dingding,
                @Param("workphone")String workphone,
                @Param("faxes")String faxes,
                @Param("wangwang")String wangwang,
                @Param("email")String email,
                @Param("msn")String msn,
                @Param("wechat")String wechat,
                @Param("familyphone")String familyphone,
                @Param("postcode")String postcode,
                @Param("skype")String skype,
                @Param("address")String address,
                @Param("birthday")String birthday,
                @Param("hobby")String hobby,
                @Param("remark")String remark,
                @Param("creation_time")String creation_time,
                @Param("employeecount")String employeecount);
//根据联系人id删除联系人资料
int deleteContactById(@Param("id")Integer id);
//根据联系人id修改客户资料
int updateContactById(@Param("id")Integer id,
                @Param("custom")String custom,
                @Param("name")String name,
                @Param("sex")String sex,
                @Param("job_position")String job_position,
                @Param("operation")String operation,
                @Param("certificate_type")String certificate_type,
                @Param("certificate")String certificate,
                @Param("appellation")String appellation,
                @Param("contacts_type")String contacts_type,
                @Param("department")String department,
                @Param("duty")String duty,
                @Param("phone")String phone,
                @Param("dingding")String dingding,
                @Param("workphone")String workphone,
                @Param("faxes")String faxes,
                @Param("wangwang")String wangwang,
                @Param("email")String email,
                @Param("msn")String msn,
                @Param("wechat")String wechat,
                @Param("familyphone")String familyphone,
                @Param("postcode")String postcode,
                @Param("skype")String skype,
                @Param("address")String address,
                @Param("birthday")String birthday,
                @Param("hobby")String hobby,
                @Param("remark")String remark);
//查询所有联系人资料
List<DbContact> queryContactAll(@Param("page") Integer page);
```

```java
//根据客户名称查询联系人资料
List<DbContact> queryContactByName(@Param("custom") String custom);
//根据员工号查询联系人资料
List<DbContact> queryContactByCount(@Param("employeecount") String employeecount);
//根据姓名查询联系人资料
List<DbContact> queryByContactName(@Param("name") String name,@Param("employeecount")String employeecount);
//根据联系人姓名查询全部联系人资料
List<DbContact> queryByContactNameAll(@Param("name") String name);
//根据联系人姓名、查询者工号查询全部联系人资料
List<DbContact> queryByEmployeeNameAll(@Param("name") String name,@Param("employeecount")    String employeecount);
//查询下属员工创建的联系人资料
List<DbContact> queryContactByPower(@Param("item2")  List<String> item2,@Param("page") Integer page);
}
```

（2）编辑 DbContactServiceImpl 类，继承 MyBatis-Plus 的 ServiceImpl 类，实现 DbContactService 接口，代码如下所示。

```java
@Service
public class DbContactServiceImpl extends ServiceImpl<DbContactMapper, DbContact> implements DbContactService {
    @Override
    public int addContact(String custom, String name, String sex, String job_position, String operation, String certificate_type, String certificate, String appellation, String contacts_type, String department, String duty, String phone, String dingding, String workphone, String faxes, String wangwang, String email, String msn, String wechat, String familyphone, String postcode, String skype, String address, String birthday, String hobby, String remark, String creation_time,String employeecount) {
        return baseMapper.addContact(custom,name,sex,job_position,operation,certificate_type,
                certificate,appellation,contacts_type,department,duty,phone,
                dingding,workphone,faxes,wangwang,email,msn,wechat,
familyphone,postcode,skype,address,birthday,hobby,remark,creation_time,employeecount);
    }
    @Override
    public int deleteContactById(Integer id) {
        return baseMapper.deleteContactById(id);
    }
    @Override
    public int updateContactById(Integer id, String custom, String name, String sex, String job_position, String operation, String certificate_type, String certificate, String appellation, String contacts_type, String department, String duty, String phone, String dingding, String workphone, String faxes, String wangwang, String email, String msn, String wechat, String familyphone, String postcode, String skype, String address, String birthday, String hobby, String remark) {
        return
```

```java
            baseMapper.updateContactById(id,custom,name,sex,job_position,operation,certificate_type,
                        certificate,appellation,contacts_type,department,duty,phone,
                        dingding,workphone,faxes,wangwang,email,msn,wechat,
                        familyphone,postcode,skype,address,birthday,hobby,remark);
    }
    @Override
    public List<DbContact> queryContactAll(@Param("page") Integer page){
        return baseMapper.queryContactAll(page);
    }
    @Override
    public List<DbContact> queryContactByName(String custom){
        return baseMapper.queryContactByName(custom);
    }
    @Override
    public List<DbContact> queryContactByCount(String employeecount){
        return baseMapper.queryContactByCount(employeecount);
    }
    //根据姓名查询联系人资料
    @Override
    public List<DbContact> queryByContactName(String name,String employeecount){
        return baseMapper.queryByContactName(name,employeecount);
    }
    @Override
    public List<DbContact> queryByContactNameAll(String name){
        return baseMapper.queryByContactNameAll(name);
    }
    @Override
    public List<DbContact> queryByEmployeeNameAll(String name,String employeecount){
        return baseMapper.queryByEmployeeNameAll(name,employeecount);
    }
    @Override
    public List<DbContact> queryContactByPower(List<String> item2,Integer page){
        return baseMapper.queryContactByPower(item2,page);
    }
}
```

3. 客户管理 Service

(1) 编辑 DbCustomService 接口,继承 MyBatis-Plus 的 IService 接口,代码如下所示。

```java
public interface DbCustomService extends IService<DbCustom>{
    //新增客户资料
    int addCustom(@Param("company_name")String company_name,
                @Param("employee_count")String employee_count,
                @Param("employee_name")String employee_name,
                @Param("abbreviation")String abbreviation,
                @Param("industry")String industry,
                @Param("people_scale")String people_scale,
                @Param("country")String country,
```

```java
                    @Param("province")String province,
                    @Param("city")String city,
                    @Param("company_address")String company_address,
                    @Param("hot_spot")String hot_spot,
                    @Param("custom_type")String custom_type,
                    @Param("stage")String stage,
                    @Param("phone")String phone,
                    @Param("email")String email,
                    @Param("work_phone")String work_phone,
                    @Param("website")String website,
                    @Param("source")String source,
                    @Param("company_profile")String company_profile,
                    @Param("remarks")String remarks,
                    @Param("spare")String spare,
                    @Param("code")String code,
                    @Param("committime")String committime,
                    @Param("updatetime")String updatetime,
                    @Param("status")String status,
                    @Param("sort")String sort);
//根据id修改客户资料
int updateCustomById(@Param("id")Integer id,
                    @Param("company_name")String company_name,
                    @Param("employee_count")String employee_count,
                    @Param("employee_name")String employee_name,
                    @Param("abbreviation")String abbreviation,
                    @Param("industry")String industry,
                    @Param("people_scale")String people_scale,
                    @Param("country")String country,
                    @Param("province")String province,
                    @Param("city")String city,
                    @Param("company_address")String company_address,
                    @Param("hot_spot")String hot_spot,
                    @Param("custom_type")String custom_type,
                    @Param("stage")String stage,
                    @Param("phone")String phone,
                    @Param("email")String email,
                    @Param("work_phone")String work_phone,
                    @Param("website")String website,
                    @Param("source")String source,
                    @Param("company_profile")String company_profile,
                    @Param("remarks")String remarks,
                    @Param("spare")String spare,
                    @Param("code")String code);
//根据工号查询客户资料
List<DbCustom> queryCountCustom(@Param("employee_count")
String employee_count,@Param("page") Integer page);
//根据id删除客户资料
int deleteCustomById(@Param("id") Integer id);
//根据名称查询客户
DbCustom queryCustomName(@Param("company_name") String company_name);
```

```java
    //查询所有客户
    List <DbCustom> queryCustomAll(@Param("page") Integer page);
    //模糊查询
    List <DbCustom> queryAllCustom(@Param("company_name")String company_name);
    //修改,移入公共池
    int updatePublicCustomById(@Param("id") Integer id);
    //分页查询所有客户公共池中的数据
    List <DbCustom> queryAllPublicCustom(@Param("page") Integer page);
    //根据客户表 id 修改客户资料的所有者,将 status 改为 1,代表将公共池中的客户分配给员工
    int updatePublicCustomToPerson(@Param("id")Integer id,@Param("employee_count")
    String employee_count,@Param("employee_name") String employee_name);
    //模糊查询所有公共池中的客户
    List <DbCustom> queryAllPublicCustomByName(@Param("company_name")String company_name);
    //更新最近操作时间
    int updateCaoZuoTime(@Param("id")Integer id,@Param("updatetime")String updatetime);
    //更新最近操作时间
    int updateCaoZuoTimeByName(@Param("company_name") String company_name, @Param("updatetime")String updatetime);
    //根据客户 id 查询所有客户
    DbCustom queryById(@Param("id")Integer id);
    //查询 90 天未更新的客户 id
    List <DbCustom> queryIdList();
    //查询下属员工创建的客户资料
    List <DbCustom> queryCustomByEmployee(@Param("item2") List <String> item2,@Param("page") Integer page);
    //模糊查询客户
    List <Integer> queryLikeSomeBody(@Param("key") String key,@Param("item2")List <String> item2);
    //管理员模糊查询所有客户 id
    List <Integer> queryAllLikeSomeBody(@Param("key")String key);
    //业务员模糊查询自己创建的所有客户 id
    List <Integer> queryLikeSomeBodyByOne(@Param("key")
    String key,@Param("employee_count")String employee_count);
    //模糊查询客户公共池中客户 id
    List <Integer> queryPublicCustom(@Param("key")String key);
    //根据 id 查询客户资料结果
    List <DbCustom> queryCustomLike(@Param("item3") List <Integer> item3);
}
```

（2）编辑 DbCustomServiceImpl 类,继承 MyBatis-Plus 的 ServiceImpl 类,实现 DbCustomService 接口,代码如下所示。

```java
@Service
public class DbCustomServiceImpl extends ServiceImpl <DbCustomMapper, DbCustom> implements DbCustomService {
    @Override
```

```java
    public int addCustom(String company_name, String employee_count, String employee_name,
String abbreviation, String industry, String people_scale, String country, String province,
String city, String company_address, String hot_spot, String custom_type, String stage, String
phone, String email, String work_phone, String website, String source, String company_profile,
String remarks, String spare, String code, String committime, String updatetime, String
status,String sort) {          return
baseMapper.addCustom(company_name, employee_count, employee_name, abbreviation, industry,
people_scale, country, province, city, company_address, hot_spot, custom_type, stage, phone,
email, work_phone, website, source, company_profile, remarks, spare, code, committime,
updatetime, status,sort);
    }
    @Override
     public int updateCustomById(Integer id, String company_name, String employee_count,
String employee_name, String abbreviation, String industry, String people_scale, String
country, String province, String city, String company_address, String hot_spot, String custom_
type, String stage, String phone, String email, String work_phone, String website, String
source, String company_profile, String remarks, String spare, String code)
{       return baseMapper.updateCustomById(id, company_name, employee_count, employee_name,
abbreviation, industry, people_scale, country, province, city, company_address, hot_spot,
custom_type, stage, phone, email, work_phone, website, source, company_profile, remarks,
spare, code);
    }
    @Override
    public List<DbCustom>
queryCountCustom(String employee_count, Integer page) {
        return baseMapper.queryCountCustom(employee_count, page);
    }
    @Override
    public int deleteCustomById(Integer id) {
        return baseMapper.deleteCustomById(id);
    }
    @Override
    public DbCustom queryCustomName(String company_name) {
        return baseMapper.queryCustomName(company_name);
    }
    @Override
    public List<DbCustom> queryCustomAll(Integer page) {
        return baseMapper.queryCustomAll(page);
    }
    @Override
    public int updatePublicCustomById(Integer id) {
        return baseMapper.updatePublicCustomById(id);
    }
    @Override
    public List<DbCustom> queryAllPublicCustom(Integer page) {
        return baseMapper.queryAllPublicCustom(page);
    }
    @Override
    public int updatePublicCustomToPerson(Integer id, String employee_count, String employee_
name) {
        return baseMapper.updatePublicCustomToPerson(id, employee_count, employee_name);
    }
    @Override
    public int updateCaoZuoTime(Integer id, String updatetime) {
```

```java
        return baseMapper.updateCaoZuoTime(id, updatetime);
    }
    @Override
    public int updateCaoZuoTimeByName(String company_name, String updatetime) {
        return baseMapper.updateCaoZuoTimeByName(company_name, updatetime);
    }
    @Override
    public DbCustom queryById(Integer id) {
        return baseMapper.queryById(id);
    }
    @Override
    public List<DbCustom> queryIdList() {
        return baseMapper.queryIdList();
    }
    @Override
    public List<DbCustom> queryCustomByEmployee(List<String> item2, Integer page) {
        return baseMapper.queryCustomByEmployee(item2, page);
    }
    @Override
    public List<Integer> queryLikeSomeBody(String key, List<String> item2) {
        return baseMapper.queryLikeSomeBody(key, item2);
    }
    @Override
    public List<Integer> queryAllLikeSomeBody(String key) {
        return baseMapper.queryAllLikeSomeBody(key);
    }
    @Override
    public List<Integer> queryLikeSomeBodyByOne(String key, String employee_count) {
        return baseMapper.queryLikeSomeBodyByOne(key, employee_count);
    }
    @Override
    public List<DbCustom> queryCustomLike(List<Integer> item3) {
        return baseMapper.queryCustomLike(item3);
    }
}
```

6.2.5 编辑客户资料管理模块 Controller

编写控制层代码时,需要导入涉及的相关 Service,由于客户资料管理模块对权限有着严格的控制,因此,在实现客户、联系人资料删除和修改时需要先验证当前操作用户是否具备权限。接下来先编写一个方法,通过员工号查询该员工的角色信息,代码如下所示。

```java
public List<String> getXiaShuYuanGong(String employee_count){
    //查询员工所在的部门 id
    Integer l = dbDepartmentService.queryDepartmentId(employee_count);
    //将部门 id 添加到集合 list1 中
    List<Integer> list1 = new ArrayList<>();
    list1.add(l);
```

```
        //递归,员工部门父 id 集合
        List < Integer > item1 = getDepartmentId(list1);
        //查询员工工号集合
        List < String > item2 = dbDepartmentService.queryGongHao(item1); return item2;
}
public List < Integer > getDepartmentId(List < Integer > li) {
    List < Integer > list = dbDepartmentService.queryDepartmentIdAgain(li);
    if (list != null && list.size() > 0) {
        return getDepartmentId(list);
    } else
        return li;
}
```

以上代码中,通过将登录人的工号 employee_count 作为参数,调用 queryDepartmentId() 方法,查询出该员工所在的部门 id;考虑到有些员工可能身兼数职,所在的部门也可能不止一个,因此,声明一个集合用来存放员工所在的部门 id。在得到当前操作员工的部门信息后,将部门 id 的集合作为参数,调用 getDepartmentId() 方法,递归查询该员工所在部门的下属部门的 id,同样将这些下属部门的 id 用集合 item1 存放。最后,将 item1 作为参数,调用 queryGongHao() 方法,查询员工表中部门 id 包含在 item1 中的员工工号,存放在 item2 中,此时 item2 中存放的即为当前操作员工所管辖的所有员工工号。

在查看客户资料时,不同职位的人可以查看到的资料不同,比如,部门主管权限较大,可以查看到整个部门中所有员工创建的客户资料,而普通员工只能查看自己创建的客户资料。因此,在一些需要权限才能操作的功能中,首先要根据移动端调用接口时在请求头中传过来的 token 查询当前操作者的角色信息,然后判断该角色是否具有操作权限。例如,在查看客户资料时,在前端的展示形式有两种,分别是"权限内"和"本人的"两个 view。当前端向服务器发送查看请求时,首先通过 token 获取到该用户为部门的销售经理,然后当用户调用查看"权限内"接口时,就会执行上述代码中的方法,查询到该员工所管辖的所有下属员工的工号。由于在创建客户时会在数据库中保存创建人的工号,因此,通过这些工号就可以查询到所有下属员工创建的所有客户资料,即"权限内"展示的内容,而调用查看"本人的"接口时直接通过创建人工号查询客户表即可。

代码
6.2.5

编辑 DbCustomController,完整代码请扫描左侧二维码下载。

以上代码中,不仅包含了客户增、删、改、查的接口,还实现了客户公共池模块的功能。实际上公共客户和私有客户就是通过客户表中的 status 字段做区分的,如果把公共客户取用为私有客户则将 status 值改为 1 即可;如果将私有客户丢入公共池,则将该客户创建人的信息抹去,再将 status 的值改为 2 即可。

6.3 实现客户资料管理功能

6.3.1 客户资料列表功能实现

1. 编写客户资料列表 View

编写代码,实现效果如图 1.6 所示。

```xml
<?xml version = "1.0" encoding = "utf-8"?>
<RelativeLayout
    xmlns: android = "http://schemas.android.com/apk/res/android"
    android: layout_width = "match_parent"
    android: layout_height = "match_parent"
    android: orientation = "vertical">
    <include
        android: id = "@+id/layout_title"
        layout = "@layout/title"/>
    <TextView
        android: id = "@+id/tv_quanxian"
        style = "@style/textview_333_30"
        android: layout_below = "@+id/layout_title"
        android: layout_width = "match_parent"
        android: padding = "@dimen/px30"
        android: text = "本人的" />
    <TextView
        android: id = "@+id/tv_benren"
        style = "@style/textview_333_30"
        android: layout_width = "wrap_content"
        android: layout_below = "@+id/layout_title"
        android: layout_marginStart = "1dp"
        android: layout_marginLeft = "1dp"
        android: layout_marginTop = "0dp"
        android: layout_toEndOf = "@+id/tv_quanxiannei"
        android: layout_toRightOf = "@+id/tv_quanxiannei"
        android: background = "@color/button_text_color"
        android: padding = "@dimen/px30"
        android: text = "本人的" />
    <TextView
        android: id = "@+id/tv_quanxiannei"
        style = "@style/textview_333_30"
        android: layout_width = "wrap_content"
        android: layout_below = "@+id/layout_title"
        android: background = "@color/Yellow"
        android: padding = "@dimen/px30"
        android: text = "权限内" />
    <View
        android: id = "@+id/view_line"
        style = "@style/view_line_xi"
        android: layout_below = "@+id/tv_quanxian" />
    <com.lcodecore.tkrefreshlayout.TwinklingRefreshLayout
        android: id = "@+id/refreshLayout"
        android: layout_width = "match_parent"
        android: layout_height = "match_parent"
        android: layout_below = "@+id/tv_quanxiannei"
        android: background = "#fff">
        <android.support.v7.widget.RecyclerView
            android: id = "@+id/rv_list"
            android: layout_width = "match_parent"
```

```xml
            android: layout_height = "match_parent"
            android: overScrollMode = "never" />
    </com.lcodecore.tkrefreshlayout.TwinklingRefreshLayout >
    < ImageView
        android: id = "@ + id/iv_add"
        android: layout_width = "@dimen/px100"
        android: layout_height = "@dimen/px100"
        android: layout_alignParentBottom = "true"
        android: layout_margin = "@dimen/px30"
        android: layout_marginBottom = "77dp"
        android: src = "@mipmap/icon_add" />
    < ImageView
        android: id = "@ + id/iv_query"
        android: layout_width = "@dimen/px100"
        android: layout_height = "@dimen/px100"
        android: layout_alignParentBottom = "true"
        android: layout_marginLeft = "@dimen/px30"
        android: layout_marginTop = "@dimen/px30"
        android: layout_marginBottom = "82dp"
        android: src = "@mipmap/query1" />
</RelativeLayout >
```

在该布局中，主要由 TextView 与 RecyclerView 组成，通过切换 TextView，实现本人与权限内客户资料列表的查看。

2. 编写客户资料列表功能接口

```java
//根据员工工号查询客户资料
@POST("custom/queryCountCustom")
Observable< Response< List< KeHu >>> queryCountCustom(@Query("employee_count") String employee_count, @Query("page") int page);
//根据员工权限查询客户资料
@POST("custom/queryCustomByPower")
Observable< Response< List< KeHu >>> queryCustomByPower(@Query("employee_count") String employee_count, @Query("page") int page);
//根据客户id删除客户资料
@POST("custom/deleteCustomById")
Observable< Response< String >> deleteCustomById(@Query("id") Integer id);
```

在以上代码中，主要有三个接口，分别是根据员工工号查询客户资料、根据员工权限查询客户资料与根据客户id删除客户资料。

3. 编写客户资料列表功能 Controller

在 com.qianfeng.mis.ui.sale.custom.activity 包下新建 CustomerListActivity，该 Activity 用来展示客户资料。具体代码可扫描左侧二维码下载。

在 CustomerListActivity 中，首先对各个控件及 adapter 进行初始化，在 adapter 中对删除与查看设置监听事件，删除则调用 deleteCustomById(listData.get(position).getId()，position)方法，传入对应位置的客户资料 id 与 position，调用网络请求删除成功后，使用 adapter.remove(position)移除对应位置的客户资料。

代码
6.3.1-3

查看客户资料只需传入对应位置的实体即可。接下来是对下拉刷新与上滑加载进行监听，当 type＝1 时调用 queryCountCustom() 方法查询本人创建的客户资料，当 type＝2 时调用 queryCustomByPower() 方法查询权限内的客户资料，在加载更多时使用 page＋＋的方式加载数据。

由于用户单击客户资料看到的是权限内的客户资料列表，所以在 initView() 方法中，调用 queryCustomByPower() 初始化权限内的客户资料列表。在 onViewClicked(View view) 方法中，主要对一些操作进行事件监听与操作。

6.3.2 查看客户资料功能实现

1. 编写查看客户资料 View

编写代码，实现效果如图 1.9 所示。

```xml
<?xml version = "1.0" encoding = "utf-8"?>
<LinearLayout xmlns:android = "http://schemas.android.com/apk/res/android"
    xmlns:app = "http://schemas.android.com/apk/res-auto"
    android:layout_width = "match_parent"
    android:layout_height = "match_parent"
    android:clipChildren = "false"
    android:orientation = "vertical">
    <include layout = "@layout/title" />
    <android.support.v4.widget.NestedScrollView
        android:layout_width = "match_parent"
        android:layout_height = "0dp"
        android:layout_weight = "1"
        android:fillViewport = "true">
        <LinearLayout
            android:layout_width = "match_parent"
            android:layout_height = "match_parent"
            android:orientation = "vertical">
            <RelativeLayout
                android:layout_width = "match_parent"
                android:layout_height = "wrap_content"
                android:padding = "@dimen/px20">
                <ImageView
                    android:id = "@+id/iv_back"
                    android:layout_width = "@dimen/px40"
                    android:layout_height = "@dimen/px40"
                    android:layout_alignBottom = "@+id/tv_company_name"
                    android:layout_alignParentRight = "true"
                    android:src = "@mipmap/icon_right_black" />
                <TextView
                    android:id = "@+id/tv_company_name"
                    style = "@style/textview_333_30"
                    android:layout_width = "match_parent"
                    android:layout_marginRight = "@dimen/px20"
                    android:layout_toLeftOf = "@+id/iv_back"
                    android:text = "11111111"
```

```xml
                android:textStyle = "bold" />
            ...
        </RelativeLayout>
        <View
            android:id = "@+id/view"
            style = "@style/view_line_xi"
            android:layout_marginTop = "@dimen/px30" />
        <ImageView
            android:layout_width = "match_parent"
            android:layout_height = "300dp"
            android:scaleType = "fitXY"
            android:src = "@mipmap/bg_new" />
        <android.support.design.widget.TabLayout
            android:id = "@+id/tabs"
            android:layout_width = "match_parent"
            android:layout_height = "40dp"
            app:tabBackground = "@null"
            app:tabIndicatorColor = "#00CC33"
            app:tabIndicatorHeight = "2dp"
            app:tabRippleColor = "@null"
            app:tabSelectedTextColor = "#00CC33"
            app:tabTextColor = "#222" />
        <FrameLayout
            android:id = "@+id/ask_frame"
            android:layout_width = "match_parent"
            android:layout_height = "wrap_content" />
    </LinearLayout>
</android.support.v4.widget.NestedScrollView>
<View
    android:layout_width = "match_parent"
    android:layout_height = "0.3dp"
    android:background = "#33666666" />
<RadioGroup
    android:id = "@+id/radioGroup"
    android:layout_width = "match_parent"
    android:layout_height = "56dp"
    android:layout_gravity = "bottom|center"
    android:background = "#eee"
    android:clipChildren = "false"
    android:gravity = "center"
    android:orientation = "horizontal">
    <RadioButton
        android:id = "@+id/rb_home"
        android:layout_width = "0dp"
        android:layout_height = "match_parent"
        android:layout_weight = "1"
        android:background = "@null"
        android:button = "@null"
        android:drawablePadding = "6dp"
        android:gravity = "center"
```

```xml
    android:padding = "5dp"
    android:text = "操作"
    android:textColor = "@color/navigator_color" />
<RadioButton
    android:id = "@+id/rb_pond"
    android:layout_width = "0dp"
    android:layout_height = "match_parent"
    android:layout_weight = "1"
    android:background = "@null"
    android:button = "@null"
    android:drawablePadding = "6dp"
    android:gravity = "center"
    android:padding = "5dp"
    android:text = "联系人"
    android:textColor = "@color/navigator_color" />
<LinearLayout
    android:layout_width = "0dp"
    android:layout_height = "90dp"
    android:layout_weight = "1"
    android:gravity = "center_horizontal"
    android:orientation = "vertical">
    <ImageView
        android:id = "@+id/rbAdd"
        android:layout_width = "55dp"
        android:layout_height = "55dp"
        android:src = "@mipmap/comui_tab_post" />
</LinearLayout>
<RadioButton
    android:id = "@+id/rb_message"
    android:layout_width = "0dp"
    android:layout_height = "match_parent"
    android:layout_weight = "1"
    android:background = "@null"
    android:button = "@null"
    android:drawablePadding = "6dp"
    android:gravity = "center"
    android:padding = "5dp"
    android:text = "附件"
    android:textColor = "@color/navigator_color" />
<RadioButton
    android:id = "@+id/rb_me"
    android:layout_width = "0dp"
    android:layout_height = "match_parent"
    android:layout_weight = "1"
    android:background = "@null"
    android:button = "@null"
    android:drawablePadding = "6dp"
```

```
                android:gravity = "center"
                android:padding = "5dp"
                android:text = "位置"
                android:textColor = "@color/navigator_color" />
        </RadioGroup>
</LinearLayout>
```

在该布局中,主要是通过 TabLayout + FrameLayout 实现 Fragment 的切换,其中 TabLayout 的属性 app:tabIndicatorColor 表示指示器颜色,app:tabIndicatorHeight 表示指示器高度,app:tabRippleColor = "@null" 表示取消水波纹效果,app:tabSelectedTextColor 表示选中指示器颜色,app:tabTextColor 表示指示器文字颜色。

2. 编写查看客户资料接口

```
//从客户公共池中领用客户
@POST("custom/updatePublicCustomToPerson")
Observable<Response<String>> updatePublicCustomToPerson(
@Query("id") Integer id,
@Query("employee_count") String employee_count,
@Query("employee_name") String employee_name);
//将客户放入公共池
@POST("custom/updatePublicCustomById")
Observable<Response<String>> updatePublicCustomById(@Query("id") Integer id);
```

以上代码中,主要有两个接口,分别是从客户公共池中领用客户与将客户放入公共池。当用户从客户资料列表进入时,调用将客户放入公共池接口,当用户从客户公共池列表进入时,调用从客户公共池中领用客户接口。

3. 编写查看客户资料 Controller

在 com.qianfeng.mis.ui.sale.custom.activity 包下新建一个名为 CustomerDescActivity 的 Activity,该 Activity 用于查看客户资料,代码可扫描左侧二维码下载。

代码 6.3.2-3

CustomerDescActivity 类主要用于客户资料列表与客户公共池查看客户资料。在 initView()方法中首先将 intent 中的客户资料数据取出并设置到相应的控件中进行显示。然后调用 initFragment()对 Fragment 进行初始化,关联到 TabLayout 中。调用 initNavigation()方法对底部导航栏进行初始化与事件监听,单击底部导航栏的"操作"按钮后会调用 showOperatePopupWindow()方法,在此方法中,当 type=1 时,由公共池跳转进此 Activity,将该控件文字修改为"领取",当用户单击"领取"按钮时,则调用 collectCustomer()方法从公共池中领取该客户。而当 type=2 时,由客户资料列表跳转进此 Activity,将该控件文字修改为"放入公共池",当用户单击时,则调用 putIntoPublicPool()方法将该客户放入公共池。

6.3.3 添加与修改客户资料功能实现

1. 编写添加与修改客户资料 View

编写代码,实现效果如图 1.8 所示。

```xml
<?xml version = "1.0" encoding = "utf-8"?>
<RelativeLayout xmlns: android = "http://schemas.android.com/apk/res/android"
    android: layout_width = "match_parent"
    android: layout_height = "match_parent"
    android: orientation = "vertical">
    <include
        android: id = "@+id/ll_title"
        layout = "@layout/title" />
    <android.support.v4.widget.NestedScrollView
        android: layout_width = "match_parent"
        android: layout_height = "match_parent"
        android: layout_below = "@+id/ll_title"
        android: background = "#fff"
        android: orientation = "vertical"
        android: overScrollMode = "never"
        android: padding = "@dimen/px10">
        <LinearLayout
            android: layout_width = "match_parent"
            android: layout_height = "match_parent"
            android: orientation = "vertical">
            <LinearLayout style = "@style/ll_edit_min">
                <TextView
                    android: id = "@+id/tv_kehucompany_name"
                    style = "@style/text_edit_min"
                    android: drawableLeft = "@mipmap/icon_bitian"
                    android: text = "公司名称: " />
                <EditText
                    android: id = "@+id/et_kehucompany_name"
                    style = "@style/edittext_333_28"
                    android: layout_weight = "1"
                    android: drawableRight = "@mipmap/icon_gongshang_blue"
                    android: hint = "请输入"
                    android: minHeight = "@dimen/px80" />
            </LinearLayout>
            ……
            <LinearLayout style = "@style/ll_edit_min">
                <TextView
                    style = "@style/text_edit_min"
                    android: text = "备用: " />
                <RadioGroup
                    android: id = "@+id/rg_spare"
                    android: layout_width = "wrap_content"
                    android: layout_height = "wrap_content"
                    android: orientation = "horizontal">
                    <RadioButton
                        android: id = "@+id/rb_yes"
                        style = "@style/textview_333_28"
                        android: button = "@drawable/radio_button_style"
                        android: checked = "true"
                        android: paddingLeft = "@dimen/px10"
```

```xml
                    android:text="是" />
                <RadioButton
                    android:id="@+id/rb_no"
                    style="@style/textview_333_28"
                    android:layout_marginLeft="@dimen/px50"
                    android:button="@drawable/radio_button_style"
                    android:paddingLeft="@dimen/px10"
                    android:text="否" />
            </RadioGroup>
        </LinearLayout>
        <LinearLayout
            android:layout_width="match_parent"
            android:layout_height="wrap_content"
            android:gravity="center_horizontal">
            <TextView
                android:id="@+id/tv_sure"
                style="@style/textview_fff_30"
                android:layout_width="@dimen/px330"
                android:layout_height="@dimen/px69"
                android:layout_below="@+id/ll_description"
                android:layout_centerHorizontal="true"
                android:layout_marginTop="@dimen/px40"
                android:layout_marginBottom="@dimen/px40"
                android:background="@drawable/blue_button_background"
                android:gravity="center"
                android:text="提交" />
        </LinearLayout>
    </LinearLayout>
</android.support.v4.widget.NestedScrollView>
<LinearLayout
    android:id="@+id/ll_qichacha"
    android:layout_width="match_parent"
    android:layout_height="wrap_content"
    android:layout_below="@+id/ll_title"
    android:layout_marginTop="@dimen/px130"
    android:visibility="gone">
    <include layout="@layout/pop_qichacha" />
</LinearLayout>
</RelativeLayout>
```

添加客户资料页面与修改客户资料页面为同一个页面,在该布局中主要是收集相关的表单字段值。

2. 编写添加修改客户资料接口

```
//新增客户资料
@POST("custom/addCustom")
Observable<Response<KeHu>> addCustom(@Query("company_name")
String company_name,@Query("employee_count") String employee_count,@Query("employee_name") String employee_name,
```

```
@Query("abbreviation") String abbreviation,@Query("industry") String industry,
@Query("people_scale") String people_scale,@Query("country") String country,
@Query("province") String province,@Query("city") String city,
@Query("company_address") String company_address,@Query("hot_spot") String hot_spot,
@Query("custom_type") String custom_type,@Query("stage") String stage,
@Query("phone") String phone,@Query("email") String email,
@Query("work_phone") String work_phone,@Query("website") String website,
@Query("source") String source,@Query("company_profile") String company_profile,
@Query("remarks") String remarks,@Query("spare") String spare,
@Query("code") String code,@Query("status") String status);
//企查查模糊查询
@GET
Observable< ResponseQichacha< List< QiChaChaBean >>> getQiCHACHA(@Url String url, @Query("key") String key,
@Query("keyword") String keyword);
//模糊查询全部客户资料
@POST("custom/queryAllCustom")
Observable< Response< List< KeHu >>> queryAllCustom(@Query("company_name") String company_name);
```

在该功能中主要有一个查询接口与一个新增客户资料接口,查询接口分别是查询企业信息的企查查接口与模糊查询全部客户资料接口,由于企查查 API 为第三方 API,所以对该 API 地址使用@Url 进行注解。模糊查询全部客户资料接口主要用于查询数据库中是否已经存在该客户,如果存在该客户则判定为撞单。新增客户资料接口较为简单,只需传入相应的客户资料字段即可。

```
//根据客户 id 修改客户资料
@POST("custom/updateCustomById")
Observable< Response< String >> updateCustomById(@Query("id") Integer id,
                                                 @Query("company_name") String company_
name  ......);
//根据客户名称查询联系人信息
@POST("contact/queryContactByName")
Observable< Response< List< LianXiRen >>> queryContactByName(@Query("custom") String custom);
```

以上代码中主要有两个接口,分别是根据客户 id 修改客户资料与根据客户名称查询联系人资料。编辑客户资料与新增客户资料接口类似,由于参数较多,在此省略。

3. 编写添加与修改客户资料 Controller

在 com.qianfeng.mis.ui.sale.custom.activity 包下新建一个名为 AddCustomActivity 的 Activity,代码可扫描右侧二维码下载。

在开始开发新增客户资料功能之前,首先需要在企查查开放平台(https://openapi.qcc.com/data)注册账号,登录后单击"头像"→单击"账号设置"→单击"接口 KEY"→单击

代码
6.3.3-3

"显示 KEY 及秘钥",复制"我的 KEY"作为请求的 AppKey。

企查查提供示例接口为 http://api.qichacha.com/ECIV4/Search?key=AppKey&keyword=小桔科技,请求接口需要传递 AppKey 与企业名称,并且需要添加 Header(请求头),请求头参数主要是 token(验证加密值 Md5(key+Timespan+SecretKey)加密的 32 位大写字符串)与 Timespan(精确到秒的 UNIX 时间戳)。请求头需要在 com.qianfeng.mis.network.interceptor.HeadersInterceptor 中的 intercept(Chain chain)方法中进行判断企查查的 HTTP 请求,然后为其添加请求头参数。

为公司名称 etKehucompanyName 设置 addTextChangedListener 监听器,并实现 TextWatcher()接口,当用户输入公司名称后调用 afterTextChanged(Editable editable)方法,当输入内容长度大于 0 时,调用 getQiCHACHA(String keyword)企查查查询工商信息的网络请求,然后再调用 queryAllCustom(String keyword)查询撞单客户。由于企查查与撞单客户采用相同布局进行显示,在网络请求结束后,对布局的隐藏显示进行处理,具体逻辑参照源代码注释。

在 onViewClicked(View view)方法中对单击事件进行监听与处理,onRoadPicker(String[] list,int type)单选框的方法在 4.3.3 节新增产品信息进行过讲解,在此不再赘述。当用户单击省份和城市时,会调用 onAddress3Picker()方法,在该方法中使用 AddressPickTask 实现省份与城市的选择,在该类的 onAddressPicked(Province province,City city,County county)回调方法中接收用户所选择的省份与城市设置到相应的控件。当用户单击"提交"按钮时,会调用 addCustom()接口,获取该页面所有控件内容进行提交。若返回值为 200,说明新增客户资料成功,当返回值为-1 时,说明数据库中已经存在该客户,则弹出 PopupWindow 进行提示。新增客户资料与修改客户资料逻辑相似,其不同在于,当用户进入修改客户资料页面,通过 intent 取出客户资料数据并设置到相应控件。在此页面主要是通过 updateCustomById()方法对客户资料进行修改,使用 queryContactByName()方法将该公司对应的联系人查询出来并设置到相应控件进行显示。

6.3.4 联系人功能实现

客户联系人功能主要有联系人列表、新增联系人、查询联系人与查看联系人功能。由于各功能模块逻辑较为简单,详细源代码参考 com.qianfeng.mis.ui.sale.custom.activity 目录,在此仅进行针对性讲解。

在联系人列表中,当用户从客户资料 CustomerDescActivity 跳转到联系人列表 ContactsActivity 时,会携带该客户的相关数据,使用公司名称作为 keyword 参数,调用 queryContactByName(String keyword)方法,即可查询到该公司的联系人数据,实现效果如图 6.1 所示。

当用户在联系人列表中,单击"+"新增按钮会携带公司名称并跳转到新建联系人 AddContactsActivity 中。填写完成保存时会调用 addContact()方法实现新建联系人功能,"新建联系人"页面如图 6.2 所示。

图 6.1 联系人列表　　　　图 6.2 "新建联系人"页面

在查询联系人时,通过输入联系人名称,单击"查询"按钮会调用 queryByContactName() 方法,将查询该用户建立的联系人数据,然后将查询到的数据显示到界面列表中。在该页面可以对联系人进行查看与删除,单击"删除"按钮则调用 deleteContactById(int id, int position)方法,将指定 id 与位置的数据删除。单击"查看"按钮则通过 intent 携带相关数据跳转到 ContactDescActivity。"查询联系人"页面如图 6.3 所示。

图 6.3 "查询联系人"页面

第7章　跟进记录管理模块

本章学习目标
- 掌握跟进记录管理模块相关表的创建。
- 掌握通过查看权限及下属员工的方法。
- 掌握私有客户与公共客户之间的切换。
- 掌握权限控制五张表的创建与使用。

跟进记录管理模块中主要是为了方便客户跟进执行人的执行情况而设计的,它与客户是多对一的关系,每个客户可以有多条跟进记录,还需要满足图片的上传功能。因此在库表设计时,选择了创建跟进记录表和附属图片两张表。

7.1　跟进记录库表设计

7.1.1　跟进记录及其附属表结构设计

跟进记录表字段主要有 duiyingxiangmu(对应项目)、zhuti(主题)、customName(客户名称)、customId(客户 id)、customAddress(客户地址)、lianxiren(联系人)、danjuleixing(单据类型)、guanliandanju(关联单据)、beginTime(开始时间)、endTime(结束时间)、fenlei(分类)、zhixingren(执行人)和 zhixingrenId(执行人工号)等,附属图片中的字段主要有 pictureName(图片名称)、PictureUrl(图片地址)、committime(提交时间)和 genjinjiluId(跟进记录表 id),这两张表之间通过跟进记录表的 id 进行关联。

7.1.2　创建跟进记录及其附属数据表

1. 创建跟进记录表

```
1   create table db_custom_genjinjilu(
2       id int not null identity(1,1) primary key,
3       duiyingxiangmu nvarchar(20),           -- 对应项目
4       zhuti nvarchar(200),                   -- 主题
5       customName nvarchar(50) not null,      -- 客户名称
6       customId int not null,                 -- 客户 id
7       customAddress nvarchar(100),           -- 客户地址
8       lianxiren nvarchar(20),                -- 联系人
9       danjuleixing nvarchar(30),             -- 单据类型
```

```
10      guanliandanju nvarchar(20),             --关联单据
11      beginTime datetime2,                    --开始时间
12      endTime datetime2,                      --结束时间
13      fenlei nvarchar(20),                    --分类
14      zhixingren nvarchar(20),                --执行人
15      zhixingrenId nvarchar(20),              --执行人工号
16      pictureUrl nvarchar(50)                 --图片地址
17      )
```

2. 创建跟进记录图片表

```
1   create table db_picture_genjinjilu(
2       id int not null identity(1,1) primary key,
3       pictureName varchar(200),               --图片名称
4       PictureUrl varchar(100),                --图片地址
5       committime datetime2,                   --提交时间
6       genjinjiluId int                        --跟进记录表id
7   )
```

7.2 跟进记录服务端接口

7.2.1 编辑跟进记录管理模块文件

跟进记录管理模块中,用户可以选择跟进方式,然后添加对应的客户、填写跟进内容、预计下次跟进时间和上传照片等。查看跟进记录与查看客户资料类似,都有权限范围,只有管理员才能删除跟进记录。通过图片表中存储的跟进记录表id,可以将图片与其对应起来。

(1) 创建跟进记录管理模块的文件 DbCustomGenjinjiluMapper.xml,然后编辑该文件,添加实现跟进记录相关操作 SQL 语句,代码如下所示。

```
<!--新增跟进记录-->
<insert id="addCustomGenJinJiLu">
    <selectKey resultType="java.lang.Integer" keyProperty="id" order="AFTER">
        SELECT @@IDENTITY
    </selectKey>
    <![CDATA[insert into db_custom_genjinjilu(
duiyingxiangmu,zhuti,customName,customId,customAddress,lianxiren,danjuleixing,
        guanliandanju,beginTime,endTime,fenlei,zhixingren,zhixingrenId)
    values(
        #{duiyingxiangmu},#{zhuti},#{customName},#{customId},
#{customAddress}, #{lianxiren}, #{danjuleixing}, #{guanliandanju}, #{beginTime}, #
{endTime},#{fenlei},#{zhixingren},#{zhixingrenId})]]>
</insert>
<!--根据客户跟进表的 id 删除客户跟进表资料-->
<delete id="deleteCustomGenJinJiLuById" parameterType="Integer">
    DELETE FROM db_custom_genjinjilu WHERE id = #{id}
```

```xml
</delete>
<!-- 根据客户跟进表的id修改跟进资料 -->
<update id="updateCustomGenJinJiLuById">
    update db_custom_genjinjilu set
duiyingxiangmu=#{duiyingxiangmu},zhuti=#{zhuti},customName=#{customName},customId=#{customId},
customAddress=#{customAddress},lianxiren=#{lianxiren},danjuleixing=#{danjuleixing},
guanliandanju=#{guanliandanju},beginTime=#{beginTime},endTime=#{endTime},
fenlei=#{fenlei},zhixingren=#{zhixingren},zhixingrenId=#{zhixingrenId}
    where id=#{id}
</update>
<!-- 根据客户名称查询跟进记录 -->
<select id="queryAllCustomGenJinJiLu" resultMap="BaseResultMap"
parameterType="com.hongming.demo.entity.DbCustomGenjinjilu">
    SELECT
id,duiyingxiangmu,zhuti,customName,customId,customAddress,lianxiren,danjuleixing,
        guanliandanju,convert(nvarchar(100)
        ,beginTime,20) AS beginTime,convert(nvarchar(100)
        ,endTime,20) AS endTime,fenlei,zhixingren,zhixingrenId
        FROM db_custom_genjinjilu
        where customName=#{customName} Order By beginTime Desc
</select>
<!-- 根据工号查询跟进记录,分页查询 -->
<select id="queryAllCustomGenJinJiLuById" resultMap="BaseResultMap"
parameterType="com.hongming.demo.entity.DbCustomGenjinjilu">
    SELECT top 20 id, duiyingxiangmu, zhuti, customName, customId, customAddress, lianxiren,
danjuleixing,guanliandanju,convert(nvarchar(100)
    ,beginTime,20) AS beginTime,convert(nvarchar(100)
    ,endTime,20) AS endTime,fenlei,zhixingren,zhixingrenId
    FROM (select ROW_NUMBER() OVER(order by id DESC)
    AS rownumber, * FROM db_custom_genjinjilu) AS T
    where T.rownumber BETWEEN (#{page}-1)*20+1 AND #{page}*20+1 AND T.zhixingrenId=#{zhixingrenId}
</select>
<!-- 管理员查看所有跟进记录,分页查询 -->
<select id="queryAllGenJinJiLu" resultMap="BaseResultMap"
parameterType="com.hongming.demo.entity.DbCustomGenjinjilu">
    SELECT top 20 id, duiyingxiangmu, zhuti, customName, customId, customAddress, lianxiren,
    danjuleixing,guanliandanju,convert(nvarchar(100)
    ,beginTime,20) AS beginTime,convert(nvarchar(100)
    ,endTime,20) AS endTime,fenlei,zhixingren,zhixingrenId
    FROM (select ROW_NUMBER()OVER(order by id DESC)
    AS rownumber, * FROM db_custom_genjinjilu) AS T
    where T.rownumber BETWEEN (#{page}-1)*20+1 AND #{page}*20+1
</select>
<!-- 查看下属员工创建的客户资料 -->
<select id="queryGenJinJiLuByEmployee" resultMap="BaseResultMap">
    select top 20 id, duiyingxiangmu, zhuti, customName, customId, customAddress, lianxiren,
    danjuleixing,guanliandanju,convert(nvarchar(100)
    ,beginTime,20) AS beginTime,convert(nvarchar(100)
```

```xml
        ,endTime,20) AS endTime,fenlei,zhixingren,zhixingrenId
        FROM (select ROW_NUMBER()OVER(order by id DESC)
        AS rownumber, * FROM db_custom_genjinjilu) AS T
        where T.rownumber BETWEEN (#{page} - 1) * 20 + 1 and #{page} * 20 + 1 and T.
zhixingrenId in
        <foreach collection = "item2" open = "(" item = "item2" separator = "," close = ")">
            #{item2}
        </foreach>
    </select>
```

以上代码中,主要是跟进记录的数据库增、删、改、查操作,在新增跟进记录时,向数据库插入的数据会得到返回该条数据的 id 值,该 id 值非常重要,在存储跟进记录相关附属文件时会用到。另外,跟进记录的查询操作也做了分页处理,每页只显示 20 条数据。

(2) 编辑 DbPictureGenjinjiluMapper.xml 文件,添加实现跟进记录图片相关操作 SQL 语句,代码如下所示。

```xml
<!-- 根据跟进记录的 id,插入下属图片 -->
<insert id = "addGenJinJiLuPicture" parameterType = "com.hongming.demo.entity.DbPictureGenjinjilu">
        insert into db_picture_genjinjilu(pictureName,PictureUrl,committime,genjinjiluId)
        values(#{pictureName}, #{PictureUrl}, #{committime, jdbcType = DATE}, #{genjinjiluId})
</insert>
<!-- 根据下属图片的 id,删除图片 -->
<delete id = "deleteGenJinJiLuPicture" parameterType = "Integer">
    DELETE FROM db_picture_genjinjilu WHERE id = #{id}
</delete>
<!-- 根据产品报价表的 id,查询该张表下的所有下属图片 -->
<select id = "queryGenJinJiLuPicture" resultMap = "BaseResultMap"
parameterType = "com.hongming.demo.entity.DbPictureGenjinjilu">
    select id,pictureName,PictureUrl,convert(nvarchar(100)
        ,committime,20) AS committime,genjinjiluId FROM db_picture_genjinjilu
        WHERE genjinjiluId = #{genjinjiluId}order by id DESC
</select>
<select id = "queryPictureName" resultMap = "BaseResultMap" parameterType = "com.hongming.demo.entity.DbPictureGenjinjilu">
    select id,pictureName,PictureUrl,convert(nvarchar(100)
        ,committime,20) AS committime,genjinjiluId FROM db_picture_genjinjilu WHERE id = #{id}
</select>
```

以上代码中,主要是跟进记录下属图片数据库的增、删、改、查操作,在新增图片时,会将该图片对应的跟进记录的 id 作为关联字段存储在数据库中,在后续查看图片时,可通过跟进记录表中的 id 查询图片详情。

7.2.2 编辑跟进记录管理模块 Mapper 接口

(1) 编辑 DbCustomGenjinjiluMapper 接口,继承 MyBatis-Plus 的 BaseMapper 接口,在该接口文件中添加如下代码。

```java
@Mapper
public interface DbCustomGenjinjiluMapper extends BaseMapper<DbCustomGenjinjilu> {
    //新增客户跟进资料
    int addCustomGenJinJiLu(DbCustomGenjinjilu dbCustomGenjinjilu);
    //根据跟进资料表的id删除客户跟进资料
    int deleteCustomGenJinJiLuById(@Param("id")Integer id);
    //根据id修改该条跟进记录
    int updateCustomGenJinJiLuById(@Param("id")Integer id,@Param("duiyingxiangmu")String duiyingxiangmu,
            @Param("zhuti") String zhuti,@Param("customName") String customName,
            @Param("customId") Integer customId,@Param("customAddress") String customAddress,
            @Param("lianxiren") String lianxiren,@Param("danjuleixing") String danjuleixing,
            @Param("guanliandanju") String guanliandanju,@Param("beginTime") String beginTime,
            @Param("endTime") String endTime,@Param("fenlei") String fenlei,
            @Param("zhixingren") String zhixingren,@Param("zhixingrenId") String zhixingrenId);
    //根据客户名称查询所有跟进记录
    List<DbCustomGenjinjilu> queryAllCustomGenJinJiLu(@Param("customName") String customName);
    //根据工号查询跟进记录
    List<DbCustomGenjinjilu> queryAllCustomGenJinJiLuById(@Param("zhixingrenId") String zhixingrenId,@Param("page") Integer page);
    //查询下属员工创建的跟进记录
    List<DbCustomGenjinjilu> queryGenJinJiLuByEmployee(@Param("item2")
    List<String> item2,@Param("page") Integer page);
    //管理员查看所有的跟进记录
    List<DbCustomGenjinjilu> queryAllGenJinJiLu(@Param("page") Integer page);
}
```

(2) 编辑 DbPictureGenjinjiluMapper 接口，继承 MyBatis-Plus 的 BaseMapper 接口，在该接口文件中添加如下代码。

```java
@Mapper
public interface DbPictureGenjinjiluMapper extends BaseMapper<DbPictureGenjinjilu> {
    //根据跟进记录表的id,插入下属图片
    int addGenJinJiLuPicture(
            @Param("pictureName") String pictureName,@Param("PictureUrl") String PictureUrl,
            @Param("committime") String committime,@Param("genjinjiluId") Integer genjinjiluId);
    //根据下属图片的id,删除图片
    int deleteGenJinJiLuPicture(@Param("id") Integer id);
    //根据跟进记录表的id,查询该张表下的所有下属图片
    List<DbPictureGenjinjilu> queryGenJinJiLuPicture(@Param("genjinjiluId") Integer genjinjiluId);
    //根据图片id,查询图片的存放路径
    DbPictureGenjinjilu queryPictureName(@Param("id") Integer id);
}
```

7.2.3 编辑跟进记录管理模块 Service

1. 跟进记录 Service

（1）编辑 DbCustomGenjinjiluService 接口，继承 MyBatis-Plus 的 IService 接口，代码如下所示。

```java
public interface DbCustomGenjinjiluService extends
    IService<DbCustomGenjinjilu> {
    //新增客户跟进记录
    int addCustomGenJinJiLu(DbCustomGenjinjilu dbCustomGenjinjilu);
    //根据跟进资料表的 id 删除客户跟进资料
    int deleteCustomGenJinJiLuById(@Param("id") Integer id);
    //根据 id 修改跟进记录
    int updateCustomGenJinJiLuById(
                    @Param("id") Integer id,
                    @Param("duiyingxiangmu") String duiyingxiangmu,
                    @Param("zhuti") String zhuti,
                    @Param("customName") String customName,
                    @Param("customId") Integer customId,
                    @Param("customAddress") String customAddress,
                    @Param("lianxiren") String lianxiren,
                    @Param("danjuleixing") String danjuleixing,
                    @Param("guanliandanju") String guanliandanju,
                    @Param("beginTime") String beginTime,
                    @Param("endTime") String endTime,
                    @Param("fenlei") String fenlei,
                    @Param("zhixingren") String zhixingren,
                    @Param("zhixingrenId") String zhixingrenId);
    //根据客户名称查询所有跟进记录
    List<DbCustomGenjinjilu> queryAllCustomGenJinJiLu(@Param("customName") String
customName);
    //根据工号查询跟进记录
    List<DbCustomGenjinjilu> queryAllCustomGenJinJiLuById(@Param(
    "zhixingrenId") String zhixingrenId,@Param("page") Integer page);
    //查询下属员工创建的跟进记录
    List<DbCustomGenjinjilu> queryGenJinJiLuByEmployee(@Param("item2")
    List<String> item2,@Param("page") Integer page);
    //管理员查看所有的跟进记录
    List<DbCustomGenjinjilu> queryAllGenJinJiLu(@Param("page") Integer page);
}
```

（2）编辑 DbCustomGenjinjiluServiceImpl 类，继承 MyBatis-Plus 的 ServiceImpl 类，实现 DbCustomGenjinjiluService 接口，代码如下所示。

```java
@Service
public class DbCustomGenjinjiluServiceImpl extends ServiceImpl<DbCustomGenjinjiluMapper,
DbCustomGenjinjilu> implements DbCustomGenjinjiluService {
    @Override
```

```java
    public int addCustomGenJinJiLu(DbCustomGenjinjilu dbCustomGenjinjilu) {
        return baseMapper.addCustomGenJinJiLu(dbCustomGenjinjilu);
    }
    @Override
    public int deleteCustomGenJinJiLuById(Integer id) {
        return baseMapper.deleteCustomGenJinJiLuById(id);
    }
    @Override
    public int updateCustomGenJinJiLuById(Integer id, String duiyingxiangmu, String zhuti,
String customName, Integer customId, String customAddress, String lianxiren, String
danjuleixing, String guanliandanju, String beginTime, String endTime, String fenlei, String
zhixingren, String zhixingrenId) {
        return baseMapper.updateCustomGenJinJiLuById(id, duiyingxiangmu, zhuti, customName,
customId, customAddress, lianxiren, danjuleixing, guanliandanju, beginTime, endTime, fenlei,
zhixingren,zhixingrenId);
    }
    //根据客户名称查询所有跟进记录
    @Override
    public List<DbCustomGenjinjilu> queryAllCustomGenJinJiLu(String customName) {
        return baseMapper.queryAllCustomGenJinJiLu(customName);
    }
    //根据工号查询跟进记录
    @Override
    public List<DbCustomGenjinjilu> queryAllCustomGenJinJiLuById(String zhixingrenId,
Integer page) {
        return baseMapper.queryAllCustomGenJinJiLuById(zhixingrenId,page);
    }
    @Override
    public List<DbCustomGenjinjilu> queryGenJinJiLuByEmployee(List<String> item2,
Integer page) {
        return baseMapper.queryGenJinJiLuByEmployee(item2,page);
    }
    @Override
    public List<DbCustomGenjinjilu> queryAllGenJinJiLu(Integer page) {
        return baseMapper.queryAllGenJinJiLu(page);
    }
}
```

2. 跟进记录图片 Service

（1）编辑 DbPictureGenjinjiluService 接口，继承 MyBatis-Plus 的 IService 接口，代码如下所示。

```java
public interface DbPictureGenjinjiluService extends
IService<DbPictureGenjinjilu> {
    //根据产品报价表的 id,插入下属图片
    int addGenJinJiLuPicture(
            @Param("pictureName") String pictureName,
```

```
            @Param("PictureUrl") String PictureUrl,
            @Param("committime") String committime,
            @Param("genjinjiluId") Integer genjinjiluId);
    //根据下属图片的 id,删除图片
    int deleteGenJinJiLuPicture(@Param("id") Integer id);
    //根据产品报价表的 id,查询该张表下的所有下属图片
    List<DbPictureGenjinjilu> queryGenJinJiLuPicture(@Param("genjinjiluId") Integer genjinjiluId);
    //根据图片 id,查询图片的存放路径
    DbPictureGenjinjilu queryPictureName(@Param("id") Integer id);
}
```

(2) 编辑 DbPictureGenjinjiluServiceImpl 类,继承 MyBatis-Plus 的 ServiceImpl 类,实现 DbPictureGenjinjiluService 接口,代码如下所示。

```
@Service
public class DbPictureGenjinjiluServiceImpl extends ServiceImpl<DbPictureGenjinjiluMapper,DbPictureGenjinjilu> implements DbPictureGenjinjiluService {
    @Override
    public int addGenJinJiLuPicture(String pictureName, String PictureUrl, String committime, Integer genjinjiluId) {
        return baseMapper.addGenJinJiLuPicture(pictureName, PictureUrl, committime, genjinjiluId);
    }
    @Override
    public int deleteGenJinJiLuPicture(Integer id) {
        return baseMapper.deleteGenJinJiLuPicture(id);
    }
    @Override
    public List<DbPictureGenjinjilu> queryGenJinJiLuPicture(Integer genjinjiluId) {
        return baseMapper.queryGenJinJiLuPicture(genjinjiluId);
    }
    @Override
    public DbPictureGenjinjilu queryPictureName(Integer id) {
        return baseMapper.queryPictureName(id);
    }
}
```

7.2.4 编辑跟进记录管理模块 Controller

代码
7.2.4

跟进记录管理模块主要实现的功能就是记录员工跟进客户的情况,能够计划下一次跟进的时间。同客户资料管理相似,跟进记录的查看也需要做权限管控,前端展示也是通过"权限内"和"本人的"两个 View。编辑 DbCustomGenjinjiluController,代码请扫描左侧二维码下载。

以上代码中,通过@Authorized 注解和 token,获取当前用户的信息,然后根据角色信息和所在的部门信息判断是否拥有相关操作的权限。通过 MultipartFile 类进行图片的上传,调用 file.delete()方法删除图片。

7.3 实现跟进记录管理功能

7.3.1 任务跟进列表功能实现

1. 编写任务跟进列表 View

由于任务跟进列表页面与 6.3.1 节客户资料列表页面类似,在此不再赘述。任务跟进列表页面源代码参考布局目录下的 activity_custom_genjin.xml 文件,实现效果如图 1.11 所示。

2. 编写任务跟进接口

```
//根据员工的工号查询跟进记录
@POST("customGenJin/queryAllCustomGenJinJiLuById")
Observable < Response < List < DbCustomGenjinjilu >>> queryAllCustomGenJinJiLuById(
@Query("zhixingrenId") String zhixingrenId, @Query("page") int page);
//查询权限内跟进记录
@POST("customGenJin/queryGenJinJiLuByPower") Observable < Response < List < DbCustomGenjinjilu >>>
queryGenJinJiLuByPower(
@Query("employee_count") String employee_count, @Query("page") int page);
```

以上代码中,主要有两个接口,分别是根据员工的工号查询本人的跟进记录和根据员工的权限查询权限内所有的跟进记录。

3. 编写任务跟进列表 Controller

任务跟进列表功能逻辑与 6.3.1 节客户资料列表类似,任务跟进与客户资料的不同在于,客户资料列表中,将删除客户资料的功能写在列表显示页面,而在任务跟进中,将删除任务跟进的功能写在查看任务跟进中。另外,任务跟进分别使用 queryAllCustomGenJinJiLuById()与 queryGenJinJiLuByPower()方法来查询本人与权限内的任务跟进数据。具体代码参考 com.qianfeng.mis.ui.sale.salesopportunities.activity 包下名为 CustomGenjinActivity 的 Activity,在此不再赘述。

在该类的布局中,与 6.3.1 节新增客户资料的不同在于当用户单击"+"新增按钮时,会弹出新增跟进记录、新建待办任务与关闭的按钮。而在客户资料中单击"+"新增按钮则是直接跳转到新增客户资料页面。这里着重讲解该功能的实现方法,关键代码如下所示。

```
@OnClick({R.id.iv_add, R.id.iv_close, R.id.iv_newrenwu,
R.id.iv_newgenjin})
public void onViewClicked(View view) {
    switch (view.getId()) {
        case R.id.iv_add:
            rvAdd.setVisibility(View.VISIBLE);
```

```
                iv_add.setVisibility(View.GONE);
                break;
            case R.id.iv_close:
                rvAdd.setVisibility(View.GONE);
                iv_add.setVisibility(View.VISIBLE);
                break;
            case R.id.iv_newgenjin:
                rvAdd.setVisibility(View.GONE);
                iv_add.setVisibility(View.VISIBLE);
                Intent intent = new Intent(CustomGenjinActivity.this,
                AddGenJinJiLuActivity.class);
                startActivity(intent);
                break;
        }
    }
```

在 onViewClicked(View view)方法中,rvAdd 的初始状态 RelativeLayout 布局为隐藏状态,在该 RelativeLayout 布局下包含三个 LinearLayout 布局。当用户单击 iv_add 新增按钮时,会将 rvAdd 布局进行显示,将 iv_add 按钮进行隐藏,当单击 iv_close 关闭按钮,则将 rvAdd 布局进行隐藏,将 iv_add 按钮进行显示。

7.3.2 添加与修改跟进记录功能

1. 编写添加与修改跟进记录 View

编写代码,实现效果如图 1.12 所示。由于添加与修改页面布局类似,在此不再赘述。

```
<?xml version="1.0" encoding="utf-8"?>
<RelativeLayout xmlns:android="http://schemas.android.com/apk/res/android"
    android:layout_width="match_parent"
    android:layout_height="match_parent"
    android:orientation="vertical">
    <include layout="@layout/title"
        android:id="@+id/ll_title"/>
    <android.support.v4.widget.NestedScrollView
        android:layout_width="match_parent"
        android:layout_height="match_parent"
        android:layout_below="@+id/ll_title"
        android:background="#fff"
        android:orientation="vertical"
        android:overScrollMode="never"
        android:padding="@dimen/px10">
        <LinearLayout
            android:layout_width="match_parent"
            android:layout_height="match_parent"
            android:orientation="vertical">
```

```xml
<LinearLayout style = "@style/ll_edit_min">
    <TextView
        android: id = "@ + id/tv_duiyingxiangmu"
        style = "@style/text_edit_min"
        android: textColor = "#ff0000"
        android: text = "跟进方式: " />
    <EditText
        android: id = "@ + id/et_duiyingxiangmu"
        style = "@style/edittext_333_28"
        android: layout_weight = "1"
        android: hint = "选择跟进方式"
        android: minHeight = "@dimen/px80" />
    <ImageView
        android: id = "@ + id/im_zhuti"
        android: layout_width = "@dimen/px80"
        android: layout_height = "@dimen/px80"
        android: ellipsize = "end"
        android: singleLine = "true"
        android: src = "@drawable/sousuo" />
</LinearLayout>
...
    <android.support.v7.widget.RecyclerView
        android: id = "@ + id/rv_list_img"
        android: layout_width = "match_parent"
        android: layout_height = "wrap_content" />
    <RelativeLayout
        android: layout_width = "match_parent"
        android: layout_height = "wrap_content">
    <TextView
        android: id = "@ + id/tv_quxiao"
        style = "@style/textview_fff_30"
        android: layout_width = "@dimen/px250"
        android: layout_height = "@dimen/px69"
        android: layout_marginBottom = "@dimen/px40"
        android: layout_marginTop = "@dimen/px40"
        android: background = "#9292b1"
        android: gravity = "center"
        android: layout_marginLeft = "@dimen/px100"
        android: text = "取消" />
    <TextView
        android: id = "@ + id/tv_sure"
        style = "@style/textview_fff_30"
        android: layout_width = "@dimen/px250"
        android: layout_height = "@dimen/px69"
        android: layout_marginBottom = "@dimen/px40"
        android: layout_marginTop = "@dimen/px40"
        android: background = "#4ab5af"
        android: gravity = "center"
        android: layout_marginLeft = "@dimen/px400"
```

```
                    android:text = "提交" />
            </RelativeLayout>
        </LinearLayout>
    </android.support.v4.widget.NestedScrollView>
</RelativeLayout>
```

添加跟进记录页面与修改跟进记录页面为同一个页面,在该布局中主要是收集相关的表单字段值。

2. 编写添加与修改跟进记录接口

```
//根据客户名称查询联系人信息
@POST("contact/queryContactByName")
Observable<Response<List<LianXiRen>>> queryContactByName(@Query("custom") String custom);
//添加跟进记录(包含图片附件)
@Multipart
@POST("customGenJin/addCustomGenJinJiLu")
Observable<Response<String>> addCustomGenJinJiLu(@Query("duiyingxiangmu") String duiyingxiangmu,
@Query("zhuti") String zhuti,@Query("customName") String customName,
@Query("customId") Integer customId,@Query("customAddress") String customAddress,
@Query("lianxiren") String lianxiren,@Query("danjuleixing") String danjuleixing,
@Query("guanliandanju") String guanliandanju,@Query("beginTime") String beginTime,
@Query("endTime") String endTime,@Query("fenlei") String fenlei,
@Query("zhixingren") String zhixingren,@Query("zhixingrenId") String zhixingrenId,
@Part List<MultipartBody.Part> imagePicFiles);
//添加跟进记录(不包含图片附件)
@POST("customGenJin/addCustomGenJinJiLu")
Observable<Response<String>> addCustomGenJinJiLuImg(@Query("duiyingxiangmu") String duiyingxiangmu,
@Query("zhuti") String zhuti,@Query("customName") String customName,
@Query("customId") Integer customId,@Query("customAddress") String customAddress,
@Query("lianxiren") String lianxiren,@Query("danjuleixing") String danjuleixing,
@Query("guanliandanju") String guanliandanju,@Query("beginTime") String beginTime,
@Query("endTime") String endTime,@Query("fenlei") String fenlei,
@Query("zhixingren") String zhixingren,@Query("zhixingrenId") String zhixingrenId);
//修改跟进记录
@POST("customGenJin/updateCustomGenJinJiLuById")
Observable<Response<String>> updateCustomGenJinJiLuById(@Query("id") Integer id……);
```

以上代码中,主要有四个接口,分别是根据客户名称查询联系人信息、添加跟进记录(包含图片附件)、添加跟进记录(不包含图片附件)与修改跟进记录。由于修改与添加跟进记录接口参数类似,在此省略修改跟进记录接口参数。

3. 编写添加与修改跟进记录 Controller

由于添加跟进与 6.3.3 节添加客户逻辑类似,具体代码参考 com.qianfeng.mis.ui.sale.task.activity 包下名为 AddGenJinJiLuActivity 的 Activity,在此不再赘述。本节重点对重复使用的代码进行封装,如 6.3.3 节中用到的单选选择器 onRoadPicker() 与底部弹框

showBottomDialog()等方法,通过接口回调的方式,将数据提供给外部调用者使用。在Android中,接口回调用得非常多,如常见的单击事件,就是通过创建View.OnClickListener(),然后在该接口的onClick(View view)方法中编写逻辑即可。下面开始讲解封装步骤,首先创建接口与方法。

```java
public interface TimePickerCallback {
    void timePicker(String time);
}
```

在该类创建含参的构造函数,用于接收Activity。

```java
private Activity activity;
public CommonUtil(Activity activity) {
    this.activity = activity;
}
```

编写接口回调,将该回调接口写在方法的参数中,在需要数据返回的地方,调用callback.singlePicker(item),即可将数据item传给调用者。

```java
public void onRoadPicker(List<String> list, SinglePickerCallback
 callback) {
    SinglePicker<String> picker = new SinglePicker<String>(activity, list);
    //...
    picker.setOnItemPickListener(new OnItemPickListener<String>() {
        @Override
        public void onItemPicked(int index, String item) {
            callback.singlePicker(item);
        }
    });
    picker.show();
}
```

详细代码如下所示,源代码可参考com.qianfeng.mis.utils包下的CommonUtil类。

```java
public class CommonUtil {
private Activity activity;
    public CommonUtil(Activity activity) {
        this.activity = activity;
    }
    public void onYearMonthDayTimePicker(TimePickerCallback callback) {
        DateTimePicker picker = new DateTimePicker(activity, DateTimePicker.HOUR_24);
        //...省略相关设置属性的代码
picker.setOnDateTimePickListener(new DateTimePicker.OnYearMonthDayTimePickListener() {
            @Override
            public void onDateTimePicked(String year, String month, String day, String hour, String minute) {
                callback.timePicker(year + "-" + month + "-" + day + " " + hour + ":" + minute);
```

```java
            }
        });
        picker.show();
    }
    public void onRoadPicker(List<String> list, SinglePickerCallback callback) {
        SinglePicker<String> picker = new SinglePicker<String>(activity, list);
        //...
        picker.setOnItemPickListener(new OnItemPickListener<String>() {
            @Override
            public void onItemPicked(int index, String item) {
                callback.singlePicker(item);
            }
        });
        picker.show();
    }
    public void showBottomDialog(ShowBottomDialogCallback callback) {
        final Dialog dialog = new Dialog(activity, R.style.DialogTheme);
        View view = View.inflate(activity, R.layout.dialog_custom_layout, null);
        dialog.setContentView(view);
        Window window = dialog.getWindow();
        window.setGravity(Gravity.BOTTOM);
        window.setLayout(ViewGroup.LayoutParams.MATCH_PARENT, ViewGroup.LayoutParams.WRAP_CONTENT);
        dialog.show();
        dialog.findViewById(R.id.tv_take_photo).setOnClickListener(new View.OnClickListener() {
            @Override
            public void onClick(View view) {
                dialog.dismiss();
                callback.takePhotoListener();
            }
        });
        dialog.findViewById(R.id.tv_take_pic).setOnClickListener(new View.OnClickListener() {
            @Override
            public void onClick(View view) {
                dialog.dismiss();
                callback.choicePhotoListener();
            }
        });
        dialog.findViewById(R.id.tv_cancel).
                setOnClickListener(new View.OnClickListener() {
                    @Override
                    public void onClick(View view) {
                        dialog.dismiss();
                    }
                });
    }
```

```java
    public interface TimePickerCallback {
        void timePicker(String time);
    }
    public interface SinglePickerCallback {
        void singlePicker(String time);
    }
    public interface ShowBottomDialogCallback {
        void takePhotoListener();
        void choicePhotoListener();
    }
}
```

编写完该工具类就可以在 Activity 中进行调用，调用方法如下所示。

```java
private CommonUtil commonUtil = new CommonUtil(this);
commonUtil.onRoadPicker(zhutilist, new CommonUtil.SinglePickerCallback() {
            @Override
            public void singlePicker(String item) {
                //……
            }
        });
```

为了减少代码行数，也可以采用 Lamda 表达式的方式来调用，代码如下所示。

```java
commonUtil.onRoadPicker(zhutilist, item -> submitReview());
```

7.3.3 查看跟进记录功能实现

1. 编写查看跟进记录功能 View

编写代码，实现效果如图 1.13 所示。

```xml
<?xml version = "1.0" encoding = "utf-8"?>
<LinearLayout xmlns: android = "http://schemas.android.com/apk/res/android"
    android: layout_width = "match_parent"
    android: layout_height = "match_parent"
    android: clipChildren = "false"
    android: orientation = "vertical">
    < include layout = "@layout/title" />
    < android.support.v4.widget.NestedScrollView
        android: layout_width = "match_parent"
        android: layout_height = "0dp"
        android: layout_weight = "1"
        android: background = "#fff"
        android: orientation = "vertical"
        android: fillViewport = "true"
        android: overScrollMode = "never"
        android: padding = "@dimen/px10">
        < LinearLayout
```

```xml
            android:layout_width = "match_parent"
            android:layout_height = "match_parent"
            android:orientation = "vertical">
        <LinearLayout style = "@style/ll_edit_min">
            <TextView
                android:id = "@+id/tv_duiyingxiangmu"
                style = "@style/text_edit_min"
                android:textColor = "#ff0000"
                android:text = "跟进方式: " />
            <EditText
                android:id = "@+id/et_duiyingxiangmu"
                style = "@style/edittext_333_28"
                android:layout_weight = "1"
                android:hint = ""
                android:minHeight = "@dimen/px80" />
            <ImageView
                android:id = "@+id/et_xiangmu"
                android:layout_width = "@dimen/px80"
                android:layout_height = "@dimen/px80"
                android:ellipsize = "end"
                android:singleLine = "true"
                android:src = "@drawable/sousuo"
                android:visibility = "gone"/>
        </LinearLayout>
        ...
    </android.support.v4.widget.NestedScrollView>
    <View
        android:layout_width = "match_parent"
        android:layout_height = "0.3dp"
        android:background = "#33666666" />
    <RadioGroup
        android:id = "@+id/radioGroup"
        android:layout_width = "match_parent"
        android:layout_height = "56dp"
        android:layout_gravity = "bottom|center"
        android:background = "#eee"
        android:clipChildren = "false"
        android:gravity = "center"
        android:orientation = "horizontal">
        <RadioButton
            android:id = "@+id/rb_one"
            android:layout_width = "0dp"
            android:layout_height = "match_parent"
            android:layout_weight = "1"
            android:background = "@null"
            android:button = "@null"
            android:drawablePadding = "6dp"
            android:gravity = "center"
            android:padding = "5dp"
            android:text = "操作"
```

```xml
                android:textColor = "@color/navigator_color" />
            <LinearLayout
                android:gravity = "center_horizontal"
                android:orientation = "vertical"
                android:layout_width = "0dp"
                android:layout_weight = "1"
                android:layout_height = "90dp">
                <ImageView
                    android:id = "@+id/rbAdd"
                    android:layout_width = "55dp"
                    android:layout_height = "55dp"
                    android:src = "@mipmap/comui_tab_post" />
            </LinearLayout>
            <RadioButton
                android:id = "@+id/rb_two"
                android:layout_width = "0dp"
                android:layout_height = "match_parent"
                android:layout_weight = "1"
                android:background = "@null"
                android:button = "@null"
                android:drawablePadding = "6dp"
                android:gravity = "center"
                android:padding = "5dp"
                android:text = "附属图片"
                android:textColor = "@color/navigator_color" />
        </RadioGroup>
</LinearLayout>
```

该页面布局较为简单,主要是通过线性布局将相关数据进行展示,在底部使用RadioButton实现操作与查看附属图片的功能。

2. 编写查看跟进记录功能接口

```java
//根据跟进记录id查看下属图片
@POST("customGenJin/queryGenJinJiLuPicture")
Observable<Response<List<DbContractorderPicture>>> queryGenJinJiLuPicture(@Query
("genjinjiluId") int genjinjiluId);
//根据跟进记录id删除图片附件
@POST("customGenJin/deleteContractorderPicture")
Observable<Response<String>> deleteCustomGenjinPicture(@Query("id") int id);
//根据跟进记录id删除跟进记录
@POST("customGenJin/deleteCustomGenJinJiLuById")
Observable<Response<String>> deleteCustomGenJinJiLuById(@Query("id") Integer id);
```

以上代码中,主要有三个接口,分别是根据跟进记录id查看附属图片、根据跟进记录id删除图片附件与根据跟进记录id删除跟进记录。

3. 编写查看跟进记录功能 Controller

在com.qianfeng.mis.ui.sale.task.activity包下新建一个名为GenJinJiLuActivity的Activity,代码如下所示。

```java
public class GenJinJiLuActivity extends BaseActivity {
......
    private DbCustomGenjinjilu dbCustomGenjinjilu;
    private PopupWindow popupWindowIMG;
    private PopImageContractOrderAdapter adapter;
    private List<DbContractorderPicture> listImgs = new ArrayList<>();
    private PopupWindow popupWindow;
    @Override
    protected int setLayoutResId() {
        return R.layout.activity_genjinjilu;
    }
    @Override
    public void initView() {
        setTitle("查看跟进记录");
        setTitleLeftImg(R.mipmap.back_white);
        setTab();
        dbCustomGenjinjilu = (DbCustomGenjinjilu) getIntent().getSerializableExtra("data");
        if (dbCustomGenjinjilu != null) {
            setData();
            ivImg.setVisibility(View.GONE);
        }
    }
    private void setData() {
        etDuiyingxiangmu.setText(dbCustomGenjinjilu.getDuiyingxiangmu());
        etDuiyingxiangmu.setFocusable(false);
        etZhuti.setText(dbCustomGenjinjilu.getZhuti());
        //由于篇幅原因,省略设置控件值
    }
    private void setTab() {
        Drawable dbPond = getResources().getDrawable(R.drawable.selector_pond);
        dbPond.setBounds(0, 0, UIUtils.dip2Px(this, 20), UIUtils.dip2Px(this, 20));
        rbOne.setCompoundDrawables(null, dbPond, null, null);
        Drawable dbMsg = getResources().getDrawable(R.drawable.selector_message);
        dbMsg.setBounds(0, 0, UIUtils.dip2Px(this, 20), UIUtils.dip2Px(this, 20));
        rbTwo.setCompoundDrawables(null, dbMsg, null, null);
        rbOne.setOnClickListener((v -> {
            showOperation();
        }));
        rbTwo.setOnClickListener((v -> {
            showPopimg();
        }));
    }
    //图片附件弹框
    private void showPopimg() {
        View inflate = LayoutInflater.from(GenJinJiLuActivity.this).inflate(R.layout.layout_pop_genjinjilu_fujian, null);
        RecyclerView rv_img_list_pop = inflate.findViewById(R.id.rv_img_list_pop);
```

```java
        rv_img_list_pop.setLayoutManager(new LinearLayoutManager(
GenJinJiLuActivity.this));
        adapter = new PopImageContractOrderAdapter(listImgs);
        rv_img_list_pop.setAdapter(adapter);
        ImageView iv_close = inflate.findViewById(R.id.iv_close);
        adapter.setOnItemChildClickListener(new BaseQuickAdapter.OnItemChildClickListener() {
            @Override
            public void onItemChildClick(BaseQuickAdapter adapter, View view, int position) {
                switch (view.getId()) {
                    case R.id.tv_delect:
                        SweetAlertDialog.deleteAlertDialog(GenJinJiLuActivity.this, () -> {
                            deleteCustomGenjinPicture(listImgs.get(position).getId(), position);
                        });
                        break;
                    case R.id.iv_img:
                        //查看大图
                        if (!(TextUtils.isEmpty(listImgs.get(position).getPictureUrl()))) {
                            Intent intent = new Intent(GenJinJiLuActivity.this,
                                    ImageActivity.class);
                            intent.putExtra("imgurl", listImgs.get(position).getPictureUrl());
                            startActivity(intent);
                        }
                        break;
                }
            }
        });
        popupWindowIMG = new PopupWindow(inflate, ViewGroup.LayoutParams.MATCH_PARENT,
                ViewGroup.LayoutParams.MATCH_PARENT, true);
        popupWindowIMG.showAtLocation(radioGroup, Gravity.CENTER, 0, 0);
        popupWindowIMG.setFocusable(true);
        popupWindowIMG.setContentView(inflate);
        iv_close.setOnClickListener((v -> {
            if (v != null) {
                if (popupWindowIMG != null) {
                    popupWindowIMG.dismiss();
                }
            }
        })
        );
        queryGenJinJiLuPicture();
    }
    //操作弹窗
    private void showOperation() {
        View inflate = LayoutInflater.from(GenJinJiLuActivity.this).inflate(R.layout.
        layout_pop_genjinjilu_caozuo, null);
        LinearLayout ll_bianji = inflate.findViewById(R.id.ll_bianji);
```

```java
        LinearLayout ll_delect = inflate.findViewById(R.id.ll_delect);
        ImageView iv_close = inflate.findViewById(R.id.iv_close);
        popupWindow = new PopupWindow(inflate, ViewGroup.LayoutParams.MATCH_PARENT,
            ViewGroup.LayoutParams.MATCH_PARENT, true);
        popupWindow.showAtLocation(radioGroup, Gravity.CENTER, 0, 0);
        popupWindow.setFocusable(true);
        popupWindow.setContentView(inflate);
        iv_close.setOnClickListener((v -> {
            if (v != null) {
                if (popupWindow != null) {
                    popupWindow.dismiss();
                }
            }
        }));
        ll_delect.setOnClickListener((v -> {
            SweetAlertDialog.deleteAlertDialog(this, () -> {
                deleteCustomGenJinJiLuById();
            });
        }));
        ll_bianji.setOnClickListener((v -> {
            Intent intent = new Intent(GenJinJiLuActivity.this, GenJinJiLuXiuGaiActivity.class);
            intent.putExtra("data", dbCustomGenjinjilu);
            startActivity(intent);
            finish();
        }));
    }
    //获取所有的附件
    private void queryGenJinJiLuPicture() {
        RestClient.getInstance()
                .getStatisticsService()
                .queryGenJinJiLuPicture(dbCustomGenjinjilu.getId())
                ......
    }
    //根据跟进记录id删除图片附件
    private void deleteCustomGenjinPicture(int id, int position) {
        RestClient.getInstance()
                .getStatisticsService()
                .deleteCustomGenjinPicture(id)
                ......
    }
    //根据跟进记录id删除跟进记录
    private void deleteCustomGenJinJiLuById() {
        RestClient.getInstance()
                .getStatisticsService()
                .deleteCustomGenJinJiLuById(dbCustomGenjinjilu.getId())
                ......
    }
}
```

在GenJinJiLuActivity中，在initView()方法中，首先从intent中取出跟进记录数据，

然后通过 setData()方法将数据设置到相关控件,完成数据的初始化。在 setTab()方法中,对底部导航栏进行初始化并设置操作与查看附属图片的单击事件。

当用户进行单击操作后,可以对该跟进记录进行删除与编辑操作,删除则调用 deleteCustomGenJinJiLuById()方法,编辑则跳转到 GenJinJiLuXiuGaiActivity。当用户单击附属图片后,会通过 queryGenJinJiLuPicture()方法加载附属图片,然后可以对图片进行删除与查看大图。调用 deleteCustomGenjinPicture(int id, int position)方法,可将对应位置的图片进行删除。

第 8 章 销售机会管理模块

本章学习目标
- 了解销售机会管理模块的库表设计。
- 了解销售机会管理模块的功能实现。
- 掌握数据库触发器的使用。
- 掌握 Adapter 的用法。

在销售机会管理模块中，用户可以在特定的客户名下追加购买意向，通过同一个编码规则生成机会编号，与跟进记录类似的是销售机会的删除和查看都有权限的控制，每个角色都有自己的可见范围，并且销售机会也能够实现添加明细和照片的功能。值得注意的是，在销售机会管理模块中添加产品明细时有产品单价的管控功能，如果填写的报价金额低于定价金额，则必须留下备注，提交上级领导层层审核，只有审核通过，销售机会才算建立成功。

8.1 销售机会库表设计

8.1.1 销售机会及其附属表结构设计

销售机会管理模块的内容主要展示的是对有购买意向客户的购买意向说明，因此该模块涉及产品明细的管理，因此一共设计了三张表，分别是销售机会表（db_custom_xiaoshoujihui）、销售机会明细表（db_xiaoshoujihui_detail）、销售机会附属图片表（db_xiaoshoujihui_picture）。在销售机会表中主要涉及的字段是 duiyingxiangmu（对应项目）、zhuti（主题）、jihuibianhao（机会编号）、duiyingkehu（对应客户）、customId（客户 id）、lianxiren（联系人）、lianxifangshi（联系方式）、leixing（类型）、findTime（发现时间）等；销售机会明细表中主要涉及的字段是 zidongzhuti（自动主题）、productId（产品 id）、productName（产品名称）、productNum（产品数量）、productUnit（产品单位）、price（产品单价）、priceSum（产品总价）、xiaoShouJiHui（销售机会 id）；销售机会附属图片表中的字段信息与跟进记录附属图片的字段信息类似。

8.1.2 创建销售机会及其附属数据表

1. 创建销售机会表

```
create table db_custom_xiaoshoujihui(
    id int not null identity(1,1) primary key,
```

```
    duiyingxiangmu nvarchar(20),              -- 对应项目
    zhuti nvarchar(200),                      -- 主题
    jihuibianhao varchar(20) not null unique, -- 机会编号
    duiyingkehu  nvarchar(30) not null,       -- 对应客户
    customId int,                             -- 客户 id
    lianxiren   nvarchar(20),                 -- 联系人
    lianxifangshi nvarchar(20),               -- 联系方式
    leixing nvarchar(20),                     -- 类型
    findTime datetime2,                       -- 发现时间
    laiyuan nvarchar(20),                     -- 来源
    suoyouzhe nvarchar(10),                   -- 机会所有者
    tigongren nvarchar(20),                   -- 提供人
    kehuxuqiu nvarchar(200),                  -- 客户需求
    yujiqiandanri datetime2,                  -- 预计签单日
    yujijine decimal(14,2),                   -- 预计金额
    waibibeizhu nvarchar(20),                 -- 外币备注
    jieduan nvarchar(20),                     -- 阶段
    kenengxing nvarchar(10),                  -- 可能性
    zhuangtai nvarchar(10),                   -- 状态
    jieduanbeizhu nvarchar(100),              -- 阶段备注
    xuanzechanpinxilie nvarchar(50),          -- 选择产品系列
    chaosongduixiang nvarchar(20),            -- 抄送对象
    suoyouzheId nvarchar(20),                 -- 机会所有者工号
    bianhaoDate nvarchar(10)                  -- 编号日期
)
```

2. 创建销售机会明细表

```
create table db_xiaoshoujihui_detail(
    id int not null identity(1,1) primary key,
    zidongzhuti nvarchar(50),                 -- 自动主题
    productId int,                            -- 产品 id
    productName nvarchar(50),                 -- 产品名称
    productNum decimal(10,0),                 -- 产品编号
    productUnit nvarchar(20),                 -- 产品单位
    price decimal(12,2),                      -- 产品价格
    priceSum decimal(14,2),                   -- 产品总价
    xiaoShouJiHui int                         -- 销售机会 id
)
```

3. 创建销售机会图片表

```
create table db_xiaoshoujihui_picture(
    id int not null identity(1,1) primary key,
    pictureName varchar(200),                 -- 图片名称
    PictureUrl varchar(100),                  -- 图片地址
    committime datetime2,                     -- 提交时间
    xiaoshoujihuiId int                       -- 销售机会 id
)
```

8.1.3 实现销售机会管理模块数据库触发器

在填写销售机会的时候，主题往往不需要手动输入，需要系统将数据存储在数据库时自动生成，此时需要解决以下几个问题：数据存储时如果用户手动填写的有主题内容便无须再自动生成，如果没有填写任何内容，则根据最终保存的产品明细中的产品种类自动生成主题；在对产品明细进行修改时需要对主题进行更改，例如，在一个销售机会中添加了两个产品，那么此时在保存产品明细表时，触发器就要实现自动识别出两种数据，并将种类数量2赋值给主题，然后将这两种产品的名称取出一个与数值2拼接，作为主题的字段内容保存。如果后期用户又在销售机会的产品明细中追加了一种产品，再提交信息时通过触发器，重新判断主题内容，删除明细时类似。需要注意的是，在阐明明细表中的数据进行更改时，销售机会表中yujijine（预计金额）字段的值不会发生变化，因此要写一段触发器实现重新计算预计金额的功能，然后赋值给销售机会表中的yujijine字段。新增产品明细时，触发器如下所示。

```sql
BEGIN
SET NOCOUNT ON;
declare @num int
    select @num = count(A.xiaoShouJiHui) from db_xiaoshoujihui_detail A inner join inserted B
    on A.xiaoShouJiHui = B.xiaoShouJiHui
if(@num = 1)
    begin
    update A   set zidongzhuti = convert(nvarchar(30),'【自动主题】- ') + convert(nvarchar(30),
    A.productName)
    from db_xiaoshoujihui_detail A inner join inserted  B on A.xiaoShouJiHui =
    B.xiaoShouJiHui
    end
if(@num > 1)
    begin
    update A   set zidongzhuti = convert(nvarchar(30),'【自动主题】- ') + convert(nvarchar(30),
A.productName) + convert(nvarchar(30),'等') + convert(nvarchar(30),@num) + convert(nvarchar
(30),'种产品')
    from db_xiaoshoujihui_detail A inner join inserted  B on A.xiaoShouJiHui =
B.xiaoShouJiHui
    end
begin
declare @zhuti1 nvarchar(50)
    select @zhuti1 = zhuti  from db_xiaoshoujihui_detail A   inner join   db_custom_
xiaoshoujihui  B on   A.xiaoShouJiHui = B.id inner join inserted C on A.xiaoShouJiHui =
A.xiaoShouJiHui
    if (@zhuti1 = '')
    begin
    update B set B.zhuti = A.zidongzhuti from db_xiaoshoujihui_detail A  inner join  db_
custom_xiaoshoujihui  B on  A.xiaoShouJiHui = B.id inner join inserted C on A.xiaoShouJiHui =
A.xiaoShouJiHui
    end
    if (left(@zhuti1,6) = '【自动主题】')
```

```sql
    begin
    update B set B.zhuti = A.zidongzhuti from db_xiaoshoujihui_detail A  inner join  db_custom_xiaoshoujihui  B on  A.xiaoShouJiHui = B.id inner join inserted C on A.xiaoShouJiHui = A.xiaoShouJiHui
    end
    end
END
```

删除产品明细时，触发器如下所示。

```sql
    BEGIN
    SET NOCOUNT ON;
  declare @num int
    select @num = count(A.xiaoShouJiHui) from db_xiaoshoujihui_detail A inner join deleted B on A.xiaoShouJiHui = B.xiaoShouJiHui
      if(@num = 1)
      begin
    update A  set zidongzhuti = convert(nvarchar(30),'【自动主题】- ') + convert(nvarchar(30), A.productName)
      from db_xiaoshoujihui_detail A inner join deleted  B on A.xiaoShouJiHui = B.xiaoShouJiHui
      end
      if(@num > 1)
      begin
    update A  set zidongzhuti = convert(nvarchar(30),'【自动主题】- ') + convert(nvarchar(30), A.productName) + convert(nvarchar(30),'等') + convert(nvarchar(30),@num) + convert(nvarchar(30),'种产品')
      from db_xiaoshoujihui_detail A inner join deleted  B on A.xiaoShouJiHui = B.xiaoShouJiHui
      end
      begin
      declare @zhuti1 nvarchar(50)
     select @zhuti1 = zhuti   from db_xiaoshoujihui_detail A   inner join  db_custom_xiaoshoujihui  B on   A.xiaoShouJiHui = B.id inner join deleted C on A.xiaoShouJiHui = A.xiaoShouJiHui
      if (@zhuti1 = '')
      begin
    update B set B.zhuti = A.zidongzhuti from db_xiaoshoujihui_detail A  inner join  db_custom_xiaoshoujihui  B on  A.xiaoShouJiHui = B.id inner join deleted C on A.xiaoShouJiHui = A.xiaoShouJiHui
      end
      if (left(@zhuti1,6) = '【自动主题】')
      begin
    update B set B.zhuti = A.zidongzhuti from db_xiaoshoujihui_detail A  inner join  db_custom_xiaoshoujihui  B on  A.xiaoShouJiHui = B.id inner join deleted C on A.xiaoShouJiHui = A.xiaoShouJiHui
      end
      end
END
```

改变产品明细时，触发器如下所示。

```
BEGIN
 SET NOCOUNT ON;
 update B set yujijine = T.yujijine from (select sum(
A.productNum * A.priceSum) yujijine ,A.xiaoShouJiHui from db_xiaoshoujihui_detail A
    inner join   db_custom_xiaoshoujihui B on A.xiaoShouJiHui = B.id group by A.xiaoShouJiHui)T
    inner join inserted C on T.xiaoShouJiHui = C.xiaoShouJiHui
    inner join db_custom_xiaoshoujihui B on B.id = T.xiaoShouJiHui
END
```

8.2 销售机会服务端接口

8.2.1 编辑销售机会管理模块文件

（1）编辑 DbCustomXiaoshoujihuiMapper.xml 文件，添加实现客户管理操作相关 SQL 语句，代码如下所示。

```xml
<!--查询当日新增销售机会数量,生成销售机会编号-->
<select id="queryCount" resultType="integer" parameterType="String">
    SELECT COUNT(1) AS MONTHCOUNT
      FROM (select * from db_custom_xiaoshoujihui
        where bianhaoDate = #{bianhaoDate})as count
</select>
<select id="queryCustomXiaoShouJiHuiByDate" resultType="String" parameterType="String">
    select jihuibianhao from db_custom_xiaoshoujihui
    where bianhaoDate = #{bianhaoDate}
    ORDER BY id DESC
</select>
    <!--新增销售机会-->
<insert id="addCustomXiaoShouJiHui"
parameterType="com.hongming.demo.entity.DbCustomXiaoshoujihui" >
    <selectKey resultType="java.lang.Integer" keyProperty="id" order="AFTER" >
        SELECT @@IDENTITY
    </selectKey>
    <![CDATA[
        insert into db_custom_xiaoshoujihui(
            duiyingxiangmu, zhuti, jihuibianhao, duiyingkehu, customId, lianxiren,
lianxifangshi,
            leixing,findTime,laiyuan,suoyouzhe,tigongren,kehuxuqiu,
            yujiqiandanri, yujijine, waibibeizhu, jieduan, kenengxing, zhuangtai,
jieduanbeizhu,xuanzechanpinxilie,chaosongduixiang,suoyouzheId,bianhaoDate)
        values(
```

```xml
            #{duiyingxiangmu}, #{zhuti}, #{jihuibianhao}, #{duiyingkehu},
            #{customId}, #{lianxiren}, #{lianxifangshi},
            #{leixing}, #{findTime, jdbcType = DATE}, #{laiyuan}, #{suoyouzhe},
            #{tigongren}, #{kehuxuqiu},
                #{yujiqiandanri, jdbcType = DATE}, #{yujijine}, #{waibibeizhu},
            #{jieduan}, #{kenengxing}, #{zhuangtai}, #{jieduanbeizhu},
            #{xuanzechanpinxilie}, #{chaosongduixiang}, #{suoyouzheId},
            #{bianhaoDate})]]>
    </insert>
    <!--删除销售机会-->
    <delete id = "deleteCustomXiaoShouJiHui" parameterType = "Integer">
        DELETE FROM db_custom_xiaoshoujihui WHERE id = #{id}
    </delete>
    <!--修改销售机会-->
    <update id = "updateCustomXiaoShouJiHuiById">
        update db_custom_xiaoshoujihui
        set duiyingxiangmu = #{duiyingxiangmu}, zhuti = #{zhuti}, lianxiren = #{lianxiren}, lianxifangshi = #{lianxifangshi},
            leixing = #{leixing}, findTime = #{findTime, jdbcType = DATE}, laiyuan = #{laiyuan}, suoyouzhe = #{suoyouzhe}, tigongren = #{tigongren}, kehuxuqiu = #{kehuxuqiu},
            yujiqiandanri = #{yujiqiandanri, jdbcType = DATE}, yujijine = #{yujijine}, waibibeizhu = #{waibibeizhu}, jieduan = #{jieduan}, kenengxing = #{kenengxing}, zhuangtai = #{zhuangtai}, jieduanbeizhu = #{jieduanbeizhu},
            xuanzechanpinxilie = #{xuanzechanpinxilie}, chaosongduixiang = #{chaosongduixiang}, suoyouzheId = #{suoyouzheId}, bianhaoDate = #{bianhaoDate}
        where id = #{id}
    </update>
    <!--查询销售机会,根据员工工号,分页查询-->
    <select id = "queryXiaoShouJiHuiById" resultMap = "BaseResultMap"
        parameterType = "com.hongming.demo.entity.DbCustomXiaoshoujihui">
        SELECT top 20 id, duiyingxiangmu, zhuti, jihuibianhao, duiyingkehu, customId, lianxiren, lianxifangshi, leixing, convert(nvarchar(100)
        ,findTime,20) AS findTime, laiyuan, suoyouzhe, tigongren, kehuxuqiu,
            convert(nvarchar(100)
        ,yujiqiandanri,20) AS yujiqiandanri, yujijine, waibibeizhu, jieduan, kenengxing, zhuangtai, jieduanbeizhu, xuanzechanpinxilie, chaosongduixiang, suoyouzheId, bianhaoDate
            FROM (select ROW_NUMBER() OVER(order by id DESC)
            AS rownumber, * FROM db_custom_xiaoshoujihui) AS T
            where T.rownumber BETWEEN (#{page} - 1) * 20 + 1 AND #{page} * 20 + 1 AND T.suoyouzheId = #{suoyouzheId}
    </select>
    <select id = "queryXiaoShouJiHuiByEmployee" resultMap = "BaseResultMap">
        SELECT top 20 id, duiyingxiangmu, zhuti, jihuibianhao, duiyingkehu, customId, lianxiren, lianxifangshi, leixing, convert(nvarchar(100)
            ,findTime,20) AS findTime, laiyuan, suoyouzhe, tigongren, kehuxuqiu,
            convert(nvarchar(100), yujiqiandanri,20) AS yujiqiandanri, yujijine, waibibeizhu, jieduan, kenengxing, zhuangtai, jieduanbeizhu,
            xuanzechanpinxilie, chaosongduixiang, suoyouzheId, bianhaoDate
```

```xml
                FROM (select ROW_NUMBER() OVER(order by id DESC)
                AS rownumber,* FROM db_custom_xiaoshoujihui) AS T
                where T.rownumber BETWEEN (#{page}-1)*20+1 AND #{page}*20+1 AND T.suoyouzheId in
                <foreach collection="item2" open="(" item="item2" separator="," close=")">
                    #{item2}
                </foreach>
</select>
    <!-- 查询所有销售机会,分页 -->
    <select id="queryXiaoShouJiHuiAll" resultMap="BaseResultMap"
        parameterType="com.hongming.demo.entity.DbCustomXiaoshoujihui">
        SELECT top 20 id,duiyingxiangmu,zhuti,jihuibianhao,duiyingkehu,customId,lianxiren,
        lianxifangshi,leixing,convert(nvarchar(100)
        ,findTime,20) AS findTime,laiyuan,suoyouzhe,tigongren,kehuxuqiu,convert(nvarchar(100)
        ,yujiqiandanri,20) AS yujiqiandanri,yujijine,waibibeizhu,jieduan,kenengxing,
        zhuangtai,jieduanbeizhu,xuanzechanpinxilie,chaosongduixiang,suoyouzheId,bianhaoDate
                FROM (select ROW_NUMBER() OVER(order by id DESC) AS rownumber,* FROM db_custom_xiaoshoujihui) AS T
                where T.rownumber BETWEEN (#{page}-1)*20+1 AND #{page}*20+1
</select>
    <!-- 根据客户名称查询销售机会 -->
    <select id="queryXiaoShouJiHuiByCustomId" resultMap="BaseResultMap"
        parameterType="com.hongming.demo.entity.DbCustomXiaoshoujihui">
        select id,duiyingxiangmu,zhuti,jihuibianhao,duiyingkehu,customId,lianxiren,
lianxifangshi,leixing,convert(nvarchar(100)
        ,findTime,20) AS findTime,laiyuan,suoyouzhe,tigongren,kehuxuqiu,convert(nvarchar
        (100),yujiqiandanri,20) AS yujiqiandanri,
        yujijine,waibibeizhu,jieduan,kenengxing,zhuangtai,jieduanbeizhu,
        xuanzechanpinxilie,chaosongduixiang,suoyouzheId,bianhaoDate
        from db_custom_xiaoshoujihui where customId=#{customId}
        order by id DESC
    </select>
    <!-- 根据机会编号查询销售机会 -->
    <select id="queryXiaoShouJiHuiByJiHuiBianHao" resultMap="BaseResultMap"
        parameterType="com.hongming.demo.entity.DbCustomXiaoshoujihui">
        select * from db_custom_xiaoshoujihui where jihuibianhao=#{jihuibianhao}
    </select>
```

以上代码中,主要是销售机会相关信息的数据库的增、删、改、查操作,与跟进记录类似,销售机会在数据库表中新插入一条数据时,同样会返回该条数据的id,并将该id作为关联信息关联后续相关销售机会下属附件的信息。

(2) 编辑 DbXiaoshoujihuiDetailMapper.xml 文件,添加实现客户管理操作相关 SQL 语句,代码如下所示。

```xml
<!-- 新增合同订单的产品明细 -->
    <insert id="addXiaoShouJiHuiDetail"
        parameterType="com.hongming.demo.entity.DbXiaoshoujihuiDetail">
```

```xml
    insert into db_xiaoshoujihui_detail(zidongzhuti, productId, productName, productNum,
    productUnit, price, priceSum, xiaoShouJiHui)
    values ( #{zidongzhuti}, #{productId}, #{productName}, #{productNum}, #
    {productUnit}, #{price}, #{priceSum}, #{xiaoShouJiHui})
</insert>
<!-- 根据产品明细表 id,删除产品明细 -->
<delete id = "deleteXiaoShouJiHuiDetail" parameterType = "Integer">
    DELETE FROM db_xiaoshoujihui_detail WHERE id = #{id}
</delete>
<!-- 根据产品明细表 id,修改产品明细,只修改产品数量,产品单价,产品总价 -->
<update id = "updateXiaoShouJiHuiDetail">
    update db_xiaoshoujihui_detail
    set productNum = #{productNum}, price = #{price}, priceSum = #{priceSum}
    where id = #{id}
</update>
<!-- 查询产品明细 -->
<select id = "queryXiaoShouJiHuiDetail" resultMap = "BaseResultMap"
parameterType = "com.hongming.demo.entity.DbXiaoshoujihuiDetail">
    select * from db_xiaoshoujihui_detail where xiaoShouJiHui = #{xiaoShouJiHui}
</select>
<!-- 根据产品明细的 xiaoShouJiHui,删除产品明细 -->
<delete id = "deleteByXiaoShouJiHui" parameterType = "Integer">
    DELETE FROM db_xiaoshoujihui_detail WHERE xiaoShouJiHui = #{xiaoShouJiHui}
</delete>
```

以上代码主要是销售机会产品明细相关信息的数据库增、删、改、查操作,在新增明细时,会将该明细对应的销售机会的 id 作为字段存储在数据库中,当查看一条销售机会数据中包含哪些产品时,可以将该条销售机会的 id 作为查询条件,查询销售机会明细表中的数据。当删除一条销售机会时,只要在销售机会明细表中删除字段信息为该销售机会 id 的数据即可。

(3)编辑 DbXiaoshoujihuiPictureMapper.xml 文件,添加实现客户管理操作相关 SQL 语句,代码如下所示。

```xml
    <!-- 根据销售机会表的 id 插入下属图片 -->
    <insert id = "addXiaoShouJiHuiPicture">
        insert into db_xiaoshoujihui_picture (pictureName, PictureUrl, committime,
xiaoshoujihuiId)
        values( #{pictureName}, #{PictureUrl}, #{committime}, #{xiaoshoujihuiId})
    </insert>
    <!-- 根据下属图片的 id 删除图片 -->
    <delete id = "deleteXiaoShouJiHuiPicture" parameterType = "Integer">
        DELETE FROM db_xiaoshoujihui_picture WHERE id = #{id}
    </delete>
    <!-- 根据销售机会表的 id 查询该张表下的所有下属图片 -->
    <select id = "queryXiaoShouJiHuiPicture" resultMap = "BaseResultMap"
parameterType = "com.hongming.demo.entity.DbXiaoshoujihuiPicture">
```

```xml
    select id,pictureName,PictureUrl,convert(nvarchar(100)
    ,committime,20) AS committime,xiaoshoujihuiId
    FROM db_xiaoshoujihui_picture WHERE xiaoshoujihuiId = #{xiaoshoujihuiId}
</select>
<!-- 根据id查询图片地址 -->
<select id="queryPictureUrl" resultMap="BaseResultMap"
parameterType="com.hongming.demo.entity.DbXiaoshoujihuiPicture">
    select id,pictureName,PictureUrl,convert(nvarchar(100)
    ,committime,20) AS committime,xiaoshoujihuiId FROM db_xiaoshoujihui_picture WHERE id
    = #{id}
</select>
```

销售机会下属图片的增、删、改、查SQL语句与跟进记录类似，此处不再讲解。

8.2.2 销售机会管理模块Mapper接口

（1）编辑DbCustomXiaoshoujihuiMapper接口，继承MyBatis-Plus的BaseMapper接口，在该接口文件中添加如下代码。

```java
@Mapper
public interface DbCustomXiaoshoujihuiMapper extends BaseMapper<DbCustomXiaoshoujihui> {
    //查询当日新增销售机会数量
    int queryCount(@Param("bianhaoDate") String bianhaoDate);
    //新增销售机会
    int addCustomXiaoShouJiHui(DbCustomXiaoshoujihui dbCustomXiaoshoujihui);
    //删除销售机会
    int deleteCustomXiaoShouJiHui(@Param("id") Integer id);
    //修改销售机会
    int updateCustomXiaoShouJiHuiById(DbCustomXiaoshoujihui dbCustomXiaoshoujihui);
    //根据员工工号,查询销售机会
    List<DbCustomXiaoshoujihui> queryXiaoShouJiHuiById(@Param("suoyouzheId") String suoyouzheId,Integer page);
    //查询所有销售机会
    List<DbCustomXiaoshoujihui> queryXiaoShouJiHuiAll(@Param("page") Integer page);
    //根据客户名称查询销售机会
    List<DbCustomXiaoshoujihui> queryXiaoShouJiHuiByCustomId(@Param("customId") Integer customId);
    //根据销售机会编号查询销售机会
    DbCustomXiaoshoujihui queryXiaoShouJiHuiByJiHuiBianHao(@Param("jihuibianhao") String jihuibianhao);
    //根据日期字符串查询当天的销售机会
    List<String> queryCustomXiaoShouJiHuiByDate(@Param("bianhaoDate") String bianhaoDate);
    //查看权限内的销售机会
    List<DbCustomXiaoshoujihui> queryXiaoShouJiHuiByEmployee(@Param("item2") List<String> item2,@Param("page") Integer page);
}
```

（2）编辑DbXiaoshoujihuiDetailMapper接口，继承MyBatis-Plus的BaseMapper接口，

在该接口文件中添加如下代码。

```java
@Mapper
public interface DbXiaoshoujihuiDetailMapper extends BaseMapper<DbXiaoshoujihuiDetail> {
    //新增产品明细
    int addXiaoShouJiHuiDetail(DbXiaoshoujihuiDetail dbXiaoshoujihuiDetail);
    //根据产品明细表 id 删除产品明细
    int deleteXiaoShouJiHuiDetail(@Param("id") Integer id);
    //根据产品明细表 id 修改产品明细
    int updateXiaoShouJiHuiDetail(@Param("id")  Integer id, @Param(
"productNum") BigDecimal productNum, @Param("price")
BigDecimal price, @Param("priceSum") BigDecimal priceSum);
    //根据报价记录表 id 查询产品明细
    List<DbXiaoshoujihuiDetail> queryXiaoShouJiHuiDetail(@Param("xiaoShouJiHui") Integer xiaoShouJiHui);
    //根据产品明细的 contractOrder 字段删除产品明细
    int deleteByXiaoShouJiHui(@Param("xiaoShouJiHui") Integer xiaoShouJiHui);
}
```

（3）编辑 DbXiaoshoujihuiPictureMapper 接口，继承 MyBatis-Plus 的 BaseMapper 接口，在该接口文件中添加如下代码。

```java
@Mapper
public interface DbXiaoshoujihuiPictureMapper extends BaseMapper<DbXiaoshoujihuiPicture> {
//根据销售机会表的 id 插入下属图片
    int addXiaoShouJiHuiPicture(
            @Param("pictureName") String pictureName,
            @Param("PictureUrl") String PictureUrl,
            @Param("committime") String committime,
            @Param("xiaoshoujihuiId") Integer xiaoshoujihuiId);
//根据下属图片的 id 删除图片
    int deleteXiaoShouJiHuiPicture(@Param("id") Integer id);
//根据销售机会表的 id 查询该张表下的所有下属图片
    List<DbXiaoshoujihuiPicture> queryXiaoShouJiHuiPicture(@Param("xiaoshoujihuiId") Integer xiaoshoujihuiId);
    //根据图片 id 查询图片的存放路径
    DbXiaoshoujihuiPicture queryPictureUrl(@Param("id") Integer id);
}
```

8.2.3 销售机会管理模块 Service

1. 销售机会管理 Service

（1）编辑 DbCustomXiaoshoujihuiService 接口，继承 MyBatis-Plus 的 IService 接口，代码如下所示。

```java
public interface DbCustomXiaoshoujihuiService extends
 IService<DbCustomXiaoshoujihui> {
     //查询当日新增销售机会数量
```

```
    int queryCount(@Param("bianhaoDate") String bianhaoDate);
    //新增销售机会
    int addCustomXiaoShouJiHui(DbCustomXiaoshoujihui dbCustomXiaoshoujihui);
    //删除销售机会
    int deleteCustomXiaoShouJiHui(@Param("id") Integer id);
    //修改销售机会
    int updateCustomXiaoShouJiHuiById(DbCustomXiaoshoujihui dbCustomXiaoshoujihui);
    //根据员工工号查询销售机会
    List<DbCustomXiaoshoujihui> queryXiaoShouJiHuiById(@Param("suoyouzheId")
    String suoyouzheId,@Param("page")Integer page);
    //查询所有销售机会
    List<DbCustomXiaoshoujihui> queryXiaoShouJiHuiAll(@Param("page") Integer page);
    //根据客户名称查询销售机会
    List<DbCustomXiaoshoujihui> queryXiaoShouJiHuiByCustomId(@Param("customId") Integer customId);
    //根据销售机会编号查询销售机会
    DbCustomXiaoshoujihui queryXiaoShouJiHuiByJiHuiBianHao(@Param("jihuibianhao") String jihuibianhao);
    List<String> queryCustomXiaoShouJiHuiByDate(@Param("bianhaoDate") String bianhaoDate);
    //查看权限内的销售机会
    List<DbCustomXiaoshoujihui> queryXiaoShouJiHuiByEmployee(@Param("item2")
    List<String> item2,@Param("page") Integer page);
}
```

(2) 编辑 DbCustomXiaoshoujihuiServiceImpl 类，继承 MyBatis-Plus 的 ServiceImpl 类，实现 DbCustomXiaoshoujihuiService 接口，代码如下所示。

```
@Service
public class DbCustomXiaoshoujihuiServiceImpl extends ServiceImpl<DbCustomXiaoshoujihuiMapper,
DbCustomXiaoshoujihui> implements DbCustomXiaoshoujihuiService {
    //查询当日新增销售机会数量
    public int queryCount(String bianhaoDate){
        return baseMapper.queryCount(bianhaoDate);
    }
    //新增销售机会
    @Override
    public int addCustomXiaoShouJiHui(DbCustomXiaoshoujihui dbCustomXiaoshoujihui) {
        return baseMapper.addCustomXiaoShouJiHui(dbCustomXiaoshoujihui);
    }
    //删除销售机会
    @Override
    public int deleteCustomXiaoShouJiHui(Integer id) {
        return baseMapper.deleteCustomXiaoShouJiHui(id);
    }
    //修改销售机会
    @Override
    public int updateCustomXiaoShouJiHuiById(DbCustomXiaoshoujihui dbCustomXiaoshoujihui) {
        return baseMapper.updateCustomXiaoShouJiHuiById(dbCustomXiaoshoujihui);
```

```java
    }
    //根据员工工号查询销售机会
    @Override
    public List<DbCustomXiaoshoujihui> queryXiaoShouJiHuiById(
    String suoyouzheId, Integer page) {
        return baseMapper.queryXiaoShouJiHuiById(suoyouzheId,page);
    }
    //查询所有销售机会
    @Override
    public List<DbCustomXiaoshoujihui> queryXiaoShouJiHuiAll(Integer page) {
        return baseMapper.queryXiaoShouJiHuiAll(page);
    }
    //根据客户名称查询销售机会
    @Override
    public List<DbCustomXiaoshoujihui> queryXiaoShouJiHuiByCustomId(Integer customId) {
        return baseMapper.queryXiaoShouJiHuiByCustomId(customId);
    }
    @Override
    public DbCustomXiaoshoujihui queryXiaoShouJiHuiByJiHuiBianHao(String jihuibianhao) {
        return baseMapper.queryXiaoShouJiHuiByJiHuiBianHao(jihuibianhao);
    }

    @Override
    public List<String> queryCustomXiaoShouJiHuiByDate(String bianhaoDate) {
        return baseMapper.queryCustomXiaoShouJiHuiByDate(bianhaoDate);
    }
    @Override
    public List<DbCustomXiaoshoujihui> queryXiaoShouJiHuiByEmployee(List<String> item2,
Integer page) {
        return baseMapper.queryXiaoShouJiHuiByEmployee(item2,page);
    }
}
```

2. 销售机会明细管理 Service

（1）编辑 DbXiaoshoujihuiDetailService 接口，继承 MyBatis-Plus 的 IService 接口，代码如下所示。

```java
public interface DbXiaoshoujihuiDetailService extends
 IService<DbXiaoshoujihuiDetail> {
    //新增产品明细
    int addXiaoShouJiHuiDetail(DbXiaoshoujihuiDetail dbXiaoshoujihuiDetail);
    //根据产品明细表 id 删除产品明细
    int deleteXiaoShouJiHuiDetail(@Param("id") Integer id);
    //根据产品明细表 id 修改产品明细
    int updateXiaoShouJiHuiDetail(@Param("id") Integer id, @Param("productNum")
    BigDecimal productNum, @Param("price")   BigDecimal price, @Param(
    "priceSum") BigDecimal priceSum);
    //根据报价记录表 id 查询产品明细
    List<DbXiaoshoujihuiDetail> queryXiaoShouJiHuiDetail(@Param(
```

```
"xiaoShouJiHui") Integer xiaoShouJiHui);
//根据产品明细的contractOrder字段删除产品明细
int deleteByXiaoShouJiHui(@Param("xiaoShouJiHui") Integer xiaoShouJiHui);
}
```

(2) 编辑 DbXiaoshoujihuiDetailServiceImpl 类，继承 MyBatis-Plus 的 ServiceImpl 类，实现 DbXiaoshoujihuiDetailService 接口，代码如下所示。

```
@Service
public class DbXiaoshoujihuiDetailServiceImpl extends ServiceImpl<DbXiaoshoujihuiDetailMapper,
DbXiaoshoujihuiDetail> implements DbXiaoshoujihuiDetailService {
    @Override
    public int addXiaoShouJiHuiDetail(DbXiaoshoujihuiDetail dbXiaoshoujihuiDetail) {
        return baseMapper.addXiaoShouJiHuiDetail(dbXiaoshoujihuiDetail);
    }
    @Override
    public int deleteXiaoShouJiHuiDetail(Integer id) {
        return baseMapper.deleteXiaoShouJiHuiDetail(id);
    }
    @Override
    public int updateXiaoShouJiHuiDetail(Integer id, BigDecimal productNum, BigDecimal price,
BigDecimal priceSum) {
        return baseMapper.updateXiaoShouJiHuiDetail(id,productNum,price,priceSum);
    }
    @Override
    public List<DbXiaoshoujihuiDetail> queryXiaoShouJiHuiDetail(Integer xiaoShouJiHui) {
        return baseMapper.queryXiaoShouJiHuiDetail(xiaoShouJiHui);
    }
    @Override
    public int deleteByXiaoShouJiHui(Integer xiaoShouJiHui) {
        return baseMapper.deleteByXiaoShouJiHui(xiaoShouJiHui);
    }
}
```

3. 销售机会图片管理 Service

(1) 编辑 DbXiaoshoujihuiPictureService 接口，继承 MyBatis-Plus 的 IService 接口，代码如下所示。

```
public interface DbXiaoshoujihuiPictureService extends
IService<DbXiaoshoujihuiPicture> {
    //根据销售机会id插入下属图片
    int addXiaoShouJiHuiPicture(
            @Param("pictureName") String pictureName, @Param("PictureUrl") String PictureUrl,
            @Param("committime") String committime,@Param("xiaoshoujihuiId") Integer xiaoshoujihuiId);
    //根据下属图片的id删除图片
    int deleteXiaoShouJiHuiPicture(@Param("id") Integer id);
```

```
        //根据销售机会表的id查询该张表下的所有下属图片
        List < DbXiaoshoujihuiPicture > queryXiaoShouJiHuiPicture (@ Param ( " xiaoshoujihuiId")
Integer xiaoshoujihuiId);
        //根据图片id查询图片的存放路径
        DbXiaoshoujihuiPicture queryPictureUrl(@Param("id") Integer id);
}
```

（2）编辑 DbXiaoshoujihuiPictureServiceImpl 类，继承 MyBatis-Plus 的 ServiceImpl 类，实现 DbXiaoshoujihuiPictureService 接口，代码如下所示。

```
@Service
public class DbXiaoshoujihuiPictureServiceImpl extends ServiceImpl < DbXiaoshoujihuiPictureMapper,
DbXiaoshoujihuiPicture > implements DbXiaoshoujihuiPictureService {
    @Override
    public int addXiaoShouJiHuiPicture ( String pictureName, String PictureUrl, String
committime, Integer xiaoshoujihuiId) {
        return baseMapper. addXiaoShouJiHuiPicture ( pictureName, PictureUrl, committime,
xiaoshoujihuiId);
    }
    @Override
    public int deleteXiaoShouJiHuiPicture(Integer id) {
        return baseMapper.deleteXiaoShouJiHuiPicture(id);
    }
    @Override
    public List < DbXiaoshoujihuiPicture >        queryXiaoShouJiHuiPicture    ( Integer
xiaoshoujihuiId) {
        return baseMapper.queryXiaoShouJiHuiPicture(xiaoshoujihuiId);
    }
    @Override
    public DbXiaoshoujihuiPicture queryPictureUrl(Integer id) {
        return baseMapper.queryPictureUrl(id);
    }
}
```

8.2.4 编辑跟进记录管理模块 Controller

完整代码请扫描右侧二维码下载。

以上代码中，通过 findNumber()方法获取销售机会编号，该方法通过当前日期获取字符串信息，并将该字符串前加入字符"JH"作为唯一的机会编号，在新增销售机会时，需要先调用获取销售机会编号的接口。在销售机会查询时，同样做了分页处理，想要查询第几页，前段只用传递 page 值即可，每页显示 20 条数据信息。

代码 8.2.4

8.3 实现销售机会管理功能

8.3.1 销售机会列表功能实现

1. 编写销售机会列表 View

由于销售机会列表页面与 6.3.1 节客户资料列表页面类似，在此不再赘述。销售机会列表页面源代码参考布局目录下的 activity_custom_xiaoshoujihui.xml 文件,实现效果如图 1.16 所示。

2. 编写销售机会列表接口

```
//根据员工工号查询销售机会
@POST("CustomXiaoShouJiHui/queryXiaoShouJiHuiById")
Observable < Response < List < DbCustomXiaoshoujihui >>> queryXiaoShouJiHuiById(
@Query("zhixingrenId") String zhixingrenId, @Query("page") int page);
//销售机会权限内接口
@POST("CustomXiaoShouJiHui/queryXiaoShouJiHuiByPower")
Observable < Response < List < DbCustomXiaoshoujihui >>> queryXiaoShouJiHuiByPower(
@Query("employee_count") String zhixingrenId, @Query("page") int page);
```

在本销售机会列表接口中,主要有两个方法,分别用于查询权限内与查询本人销售机会列表数据。

3. 编写销售机会列表 Controller

在 com.qianfeng.mis.ui.sale.salesopportunities.activity 包下新建 XiaoShouJiHuiListActivity,该 Activity 用于销售机会列表的展示。具体代码如下所示。

```java
public class XiaoShouJiHuiListActivity extends BaseActivity {
    ...
    private CustomXiaoshoujihuiAdapter adapter;
    List < DbCustomXiaoshoujihui > listData = new ArrayList <>();
    private int page = 1;              //1 为权限外的
    private int type = 2;              //2 为权限内的
    @Override
    protected int setLayoutResId() {
        return R.layout.activity_custom_xiaoshoujihui;
    }
    @Override
    public void initView() {
        setTitle("销售机会");
        setTitleLeftImg(R.mipmap.back_white);
        LinearLayoutManager manager = new LinearLayoutManager(XiaoShouJiHuiListActivity.this);
        mRvList.setLayoutManager(manager);
        adapter = new CustomXiaoshoujihuiAdapter(listData);
        mRvList.setAdapter(adapter);
        adapter.setOnItemClickListener(new BaseQuickAdapter.OnItemClickListener() {
            @Override
            public void onItemClick(BaseQuickAdapter adapter, View view, int position) {
                Intent intent = new Intent(XiaoShouJiHuiListActivity.this,
                    XiaoShouJiHuiDescActivity.class);
                intent.putExtra("data", (Serializable) listData.get(position));
                startActivity(intent);
            }
        });
        //下拉刷新,上滑加载更多操作监听
```

```
        mRefreshLayout.setOnRefreshListener(new RefreshListenerAdapter() {
            ...
        });
        queryXiaoShouJiHuiByPower();
    }
    //获取本人列表数据
    private void queryXiaoShouJiHuiById() {
        RestClient.getInstance()
                .getStatisticsService()
                .queryXiaoShouJiHuiById(SharedPreferencesHelperScan.getInstance(this).
                getStringValue("username"), page)
                ...
    }
    //获取权限内列表数据
    private void queryXiaoShouJiHuiByPower() {
        RestClient.getInstance()
                .getStatisticsService()
                .queryXiaoShouJiHuiByPower(SharedPreferencesHelperScan.getInstance(this).
                getStringValue("username"), page)
                ...
    }
    @OnClick({R.id.iv_add, R.id.tv_benren, R.id.tv_quanxiannei})
    public void onViewClicked(View view) {
        switch (view.getId()) {
            case R.id.iv_add:
                Intent intent = new Intent(XiaoShouJiHuiListActivity.this,
                AddXiaoShouJiHuiActivity.class);
                startActivity(intent);
                break;
            case R.id.tv_benren:
                tv_benren.setBackgroundColor(getResources().getColor(R.color.yellow));
                tv_quanxiannei.setBackgroundColor(getResources().getColor(R.color.button_
                text_color));
                page = 1;
                type = 1;
                queryXiaoShouJiHuiById();
                break;
            case R.id.tv_quanxiannei:
                tv_benren.setBackgroundColor(getResources().getColor(R.color.button_text_
color));
                tv_quanxiannei.setBackgroundColor(getResources().getColor(R.color.
yellow));
                page = 1;
                type = 2;
                queryXiaoShouJiHuiByPower();
                break;
        }
    }
    @Override
    protected void onResume() {
```

```java
        super.onResume();
        if (type == 1) {
            queryXiaoShouJiHuiById();
        } else {
            queryXiaoShouJiHuiByPower();
        }
    }
}
```

在 XiaoShouJiHuiListActivity 中，首先对各个控件进行初始化并设置 RecyclerView 的单击事件，当用户单击 RecyclerView 中的 item 时，通过 intent 携带相应数据跳转到查看销售机会页面。然后对下拉刷新与上滑加载进行监听并设置 page 的值，当 type＝1 时，调用 queryXiaoShouJiHuiById() 方法请求本人创建的销售机会数据，当 type ＝ 2 时调用 queryXiaoShouJiHuiByPower ( ) 方法请求权限内的销售机会数据，最后通过 queryXiaoShouJiHuiByPower() 方法初始化权限内的销售机会列表。由于下拉刷新与上滑加载监听、网络请求方法与 6.3.1 节客户资料列表逻辑相似，在此进行省略。在 onViewClicked(View view) 方法中，当用户单击"新增销售机会"按钮便会跳转到"新增销售机会"页面，单击"权限内"与"本人的"按钮时，便会根据不同的 type 值调用不同的网络请求方法。因为新增与删除数据会影响原来列表中的数据，所以重写 onResume()方法，根据 type 值重新进行网络请求获取最新的数据进行展示。

8.3.2 查看销售机会功能实现

1. 编写查看销售机会功能 View

编写代码，实现效果如图 1.17 所示。

```xml
<?xml version = "1.0" encoding = "utf - 8"?>
<LinearLayout xmlns: android = "http://schemas.android.com/apk/res/android"
    android: layout_width = "match_parent"
    android: layout_height = "match_parent"
    android: clipChildren = "false"
    android: orientation = "vertical">
    <include layout = "@layout/title" />
    <android.support.v4.widget.NestedScrollView
        android: layout_width = "match_parent"
        android: layout_height = "0dp"
        android: layout_below = "@ + id/ll_title"
        android: layout_weight = "1"
        android: background = "#fff"
        android: orientation = "vertical"
        android: overScrollMode = "never"
        android: padding = "@dimen/px10">
        <LinearLayout
            android: layout_width = "match_parent"
            android: layout_height = "match_parent"
            android: orientation = "vertical">
```

```xml
<LinearLayout style = "@style/ll_edit_min">
    <TextView
        android:id = "@+id/tv_duiyingxiangmu"
        style = "@style/text_edit_min"
        android:text = "对应项目:" />
    <TextView
        android:id = "@+id/et_duiyingxiangmu"
        style = "@style/edittext_333_28"
        android:layout_weight = "1"
        android:hint = ""
        android:minHeight = "@dimen/px80" />
    <ImageView
        android:id = "@+id/et_xiangmu"
        android:layout_width = "@dimen/px80"
        android:layout_height = "@dimen/px80"
        android:ellipsize = "end"
        android:singleLine = "true"
        android:src = "@drawable/sousuo"
        android:visibility = "gone" />
</LinearLayout>
...
</android.support.v4.widget.NestedScrollView>
<View
    android:layout_width = "match_parent"
    android:layout_height = "0.3dp"
    android:background = "#33666666" />
<RadioGroup
    android:id = "@+id/radioGroup"
    android:layout_width = "match_parent"
    android:layout_height = "56dp"
    android:layout_gravity = "bottom|center"
    android:background = "#eee"
    android:clipChildren = "false"
    android:gravity = "center"
    android:orientation = "horizontal">
    <RadioButton
        android:id = "@+id/rb_one"
        android:layout_width = "0dp"
        android:layout_height = "match_parent"
        android:layout_weight = "1"
        android:background = "@null"
        android:button = "@null"
        android:drawablePadding = "6dp"
        android:gravity = "center"
        android:padding = "5dp"
        android:text = "操作"
        android:textColor = "@color/navigator_color" />
    <LinearLayout
        android:layout_width = "0dp"
```

```xml
            android:layout_height = "90dp"
            android:layout_weight = "1"
            android:gravity = "center_horizontal"
            android:orientation = "vertical">
            <ImageView
                android:id = "@+id/rbAdd"
                android:layout_width = "55dp"
                android:layout_height = "55dp"
                android:src = "@mipmap/comui_tab_post" />
        </LinearLayout>
        <RadioButton
            android:id = "@+id/rb_two"
            android:layout_width = "0dp"
            android:layout_height = "match_parent"
            android:layout_weight = "1"
            android:background = "@null"
            android:button = "@null"
            android:drawablePadding = "6dp"
            android:gravity = "center"
            android:padding = "5dp"
            android:text = "查看明细"
            android:textColor = "@color/navigator_color" />
    </RadioGroup>
</LinearLayout>
```

2. 编写查看销售机会功能接口

```
//根据 id 删除销售机会
@POST("CustomXiaoShouJiHui/deleteCustomXiaoShouJiHui")
Observable<Response<String>> deleteCustomXiaoShouJiHui(@Query("id") Integer id);
//查看销售机会产品明细
@POST("CustomXiaoShouJiHui/queryXiaoShouJiHuiDetail")
Observable<Response<List<DbContractorderDetail>>> queryXiaoShouJiHuiDetail(@Query(
"xiaoShouJiHui") Integer xiaoShouJiHui);
//修改销售机会产品明细
@POST("CustomXiaoShouJiHui/updateXiaoShouJiHuiDetail")
Observable<Response<String>> updateXiaoShouJiHuiDetail(@Query("id") String id,
@Query("productNum") BigDecimal productNum,@Query("price")
BigDecimal price,@Query("priceSum") BigDecimal priceSum);
//删除销售机会产品明细
@POST("CustomXiaoShouJiHui/deleteXiaoShouJiHuiDetail")
Observable<Response<String>> deleteXiaoShouJiHuiDetail(@Query("id") Integer id);
//根据 id 删除销售机会下属图片
@POST("CustomXiaoShouJiHui/deleteXiaoShouJiHuiPicture")
Observable<Response<String>> deleteXiaoShouJiHuiPicture(@Query("id") int id);
//查询销售机会图片信息,返回对应实体 DbXiaoshoujihuiPicture
@POST("CustomXiaoShouJiHui/queryXiaoShouJiHuiPicture")
Observable<Response<List<DbXiaoshoujihuiPicture>>> queryXiaoShouJiHuiPicture(@Query
("xiaoshoujihuiId") int xiaoshoujihuiId);
```

在查看销售机会接口中,功能主要集中在操作与查看明细页面。操作中根据 id 删除销售机会。查看明细中主要有产品明细与图片附件。产品明细中主要有查询、修改与删除产品明细,图片附件中主要有查询与删除图片附件。

3. 编写销售机会查看功能 Controller

在 com. qianfeng. mis. ui. sale. salesopportunities. activity 包下新建 XiaoShouJiHuiDescActivity,该 Activity 用于查看销售机会。具体代码请扫描右侧二维码下载。

在 XiaoShouJiHuiDescActivity 中,首先在 initView()中调用 setData()方法,该方法从 intent 中取出销售机会的数据并设置到相应的控件中。

代码 8.3.2-3

在 initNavigation()中初始化导航栏并设置操作与查看明细的单击事件。在操作界面中,有删除、编辑与推送功能。

当用户单击"删除"按钮时,会调用 deleteXiaoShouJiHuiDialog()弹出删除确认框,然后调用 deleteCustomXiaoShouJiHui()删除销售机会的网络请求即可完成销售机会的删除。单击"编辑"按钮则会通过 intent 携带该销售机会的数据跳转到修改销售机会页面。单击"推送"按钮则会通过 intent 携带对应的销售机会数据与产品明细跳转到新增报价页面。

在显示明细页面中,主要有两个 RecyclerView,分别用于显示产品明细与图片附件。当用户单击"显示明细"按钮后,首先初始化 View 页面与 adapter,然后调用 queryXiaoShouJiHuiDetail()与 queryXiaoShouJiHuiPicture()方法请求产品明细与图片附件的数据。

单击"修改产品明细"按钮则弹出修改对话框,然后在 Dialog 类中调用 updateXiaoShouJiHuiDetail(int position, DbContractorderDetail dbContractorderDetail)方法进行修改。单击"删除"按钮则弹出确认框,确认删除则调用 deleteXiaoShouJiHuiDetail(int id, int position)方法删除指定位置的产品明细。

单击图片会跳转到 ImageActivity 中,该 Activity 使用 Glide 加载图片 URL 地址,进而显示图片的大图。单击"删除"按钮则弹出确认框,确认删除则调用 deleteXiaoShouJiHuiPicture(int id, int position)删除该图片。

8.3.3 添加销售机会功能实现

1. 编写添加销售机会功能 View

```
<?xml version = "1.0" encoding = "utf - 8"?>
< RelativeLayout xmlns: android = "http://schemas.android.com/apk/res/android"
    android: layout_width = "match_parent"
    android: layout_height = "match_parent"
    android: orientation = "vertical">
    < include
        android: id = "@ + id/ll_title"
        layout = "@layout/title" />
    < android. support. v4. widget. NestedScrollView
        android: layout_width = "match_parent"
        android: layout_height = "match_parent"
        android: layout_below = "@ + id/ll_title"
        android: background = "# fff"
        android: orientation = "vertical">
```

```xml
    android:overScrollMode = "never"
    android:padding = "@dimen/px10">
<LinearLayout
    android:layout_width = "match_parent"
    android:layout_height = "match_parent"
    android:orientation = "vertical">
    <LinearLayout style = "@style/ll_edit_min">
        <TextView
            android:id = "@+id/tv_duiyingxiangmu"
            style = "@style/text_edit_min"
            android:text = "对应项目: " />
        <EditText
            android:id = "@+id/et_duiyingxiangmu"
            style = "@style/edittext_333_28"
            android:layout_weight = "1"
            android:hint = "请输入"
            android:minHeight = "@dimen/px80" />
        <ImageView
            android:id = "@+id/et_xiangmu"
            android:layout_width = "@dimen/px80"
            android:layout_height = "@dimen/px80"
            android:ellipsize = "end"
            android:singleLine = "true"
            android:src = "@drawable/sousuo"
            android:visibility = "gone" />
    </LinearLayout>
    ...
    <RelativeLayout
        android:id = "@+id/rv_mingxi"
        android:layout_width = "match_parent"
        android:layout_height = "wrap_content"
        android:background = "#f8f8f8">
        <TextView
            android:id = "@+id/tv_mingxi"
            style = "@style/textview_333_30"
            android:layout_marginLeft = "@dimen/px30"
            android:layout_marginTop = "@dimen/px30"
            android:text = "产品明细" />
        <TextView
            android:id = "@+id/tv_mingxi_jine"
            style = "@style/textview_333_28"
            android:layout_below = "@+id/tv_mingxi"
            android:layout_marginLeft = "@dimen/px30"
            android:layout_marginTop = "@dimen/px10"
            android:layout_marginBottom = "@dimen/px30"
            android:text = "合计数量: 0 合计额: ¥0"
            android:textSize = "@dimen/px24" />
        <TextView
            android:id = "@+id/tv_addmingxi"
            style = "@style/textview_333_30"
```

```xml
        android:layout_alignParentRight = "true"
        android:layout_marginTop = "@dimen/px30"
        android:layout_marginRight = "@dimen/px30"
        android:background = "#fff"
        android:paddingLeft = "@dimen/px15"
        android:paddingTop = "@dimen/px20"
        android:paddingRight = "@dimen/px15"
        android:paddingBottom = "@dimen/px20"
        android:text = "添加明细" />
    <android.support.v7.widget.RecyclerView
        android:id = "@+id/rv_list_mingxi"
        android:layout_width = "match_parent"
        android:layout_height = "wrap_content"
        android:layout_below = "@+id/tv_mingxi_jine" />
</RelativeLayout>
<LinearLayout
    android:id = "@+id/ll_fujian"
    style = "@style/ll_edit_min">
    <TextView
        android:id = "@+id/tv_xiashufujian"
        style = "@style/text_edit_min"
        android:text = "添加附件: " />
    <ImageView
        android:id = "@+id/et_photos"
        android:layout_width = "@dimen/px60"
        android:layout_height = "@dimen/px60"
        android:src = "@drawable/photo" />
    <TextView
        android:id = "@+id/et_wenjian"
        style = "@style/edittext_333_28"
        android:layout_weight = "1"
        android:text = "照片/文件"
        android:visibility = "gone" />
</LinearLayout>
<android.support.v7.widget.RecyclerView
    android:id = "@+id/rv_list_img"
    android:layout_width = "match_parent"
    android:layout_height = "wrap_content" />
<RelativeLayout
    android:layout_width = "match_parent"
    android:layout_height = "wrap_content">
    <TextView
        android:id = "@+id/tv_quxiao"
        style = "@style/textview_fff_30"
        android:layout_width = "@dimen/px250"
        android:layout_height = "@dimen/px69"
        android:layout_marginLeft = "@dimen/px100"
        android:layout_marginTop = "@dimen/px40"
        android:layout_marginBottom = "@dimen/px40"
        android:background = "#9292b1"
```

```xml
                    android:gravity = "center"
                    android:text = "取消" />
                <TextView
                    android:id = "@+id/tv_sure"
                    style = "@style/textview_fff_30"
                    android:layout_width = "@dimen/px250"
                    android:layout_height = "@dimen/px69"
                    android:layout_marginLeft = "@dimen/px400"
                    android:layout_marginTop = "@dimen/px40"
                    android:layout_marginBottom = "@dimen/px40"
                    android:background = "#4ab5af"
                    android:gravity = "center"
                    android:text = "提交" />
            </RelativeLayout>
        </LinearLayout>
    </android.support.v4.widget.NestedScrollView>
</RelativeLayout>
```

2. 编写添加销售机会功能接口

```java
//获取销售机会编号
@POST("CustomXiaoShouJiHui/findNumber")
Observable<Response<JHBianHao>> findNumber();
//新增销售机会
@Multipart
@POST("CustomXiaoShouJiHui/addCustomXiaoShouJiHui")
Observable<Response<Integer>> addCustomXiaoShouJiHui(@Query("duiyingxiangmu") String duiyingxiangmu,
@Query("zhuti") String zhuti,@Query("jihuibianhao") String jihuibianhao,
@Query("duiyingkehu") String duiyingkehu,@Query("customId") Integer customId,
@Query("lianxiren") String lianxiren,@Query("lianxifangshi") String lianxifangshi,
@Query("leixing") String leixing,@Query("findTime") String findTime,
@Query("laiyuan") String laiyuan,@Query("suoyouzhe") String suoyouzhe,
@Query("tigongren") String tigongren,@Query("kehuxuqiu") String kehuxuqiu,
@Query("yujiqiandanri") String yujiqiandanri,@Query("yujijine") BigDecimal yujijine,
@Query("waibibeizhu") String waibibeizhu,@Query("jieduan") String jieduan,
@Query("kenengxing") String kenengxing,@Query("zhuangtai") String zhuangtai,
@Query("jieduanbeizhu") String jieduanbeizhu,@Query("xuanzechanpinxilie") String xuanzechanpinxilie,
@Query("chaosongduixiang") String chaosongduixiang,@Query("bianhaoDate") String bianhaoDate,
@Query("suoyouzheId") String suoyouzheId,@Part List<MultipartBody.Part> imagePicFiles);
//新增销售机会
@POST("CustomXiaoShouJiHui/addCustomXiaoShouJiHui")
Observable<Response<Integer>> addCustomXiaoShouJiHuiImg(@Query("duiyingxiangmu") String duiyingxiangmu,
@Query("zhuti") String zhuti,@Query("jihuibianhao") String jihuibianhao,
@Query("duiyingkehu") String duiyingkehu,@Query("customId") Integer customId,
@Query("lianxiren") String lianxiren,@Query("lianxifangshi") String lianxifangshi,
```

```
    @Query("leixing") String leixing,@Query("findTime") String findTime,
    @Query("laiyuan") String laiyuan,@Query("suoyouzhe") String suoyouzhe,
    @Query("tigongren") String tigongren,@Query("kehuxuqiu") String kehuxuqiu,
    @Query("yujiqiandanri") String yujiqiandanri,@Query("yujijine") BigDecimal yujijine,
    @Query("waibibeizhu") String waibibeizhu,@Query("jieduan") String jieduan,
    @Query("kenengxing") String kenengxing,@Query("zhuangtai") String zhuangtai,
    @Query("jieduanbeizhu") String jieduanbeizhu,@Query("xuanzechanpinxilie") String
xuanzechanpinxilie,
    @Query("chaosongduixiang") String chaosongduixiang,@Query("bianhaoDate") String
bianhaoDate,
    @Query("suoyouzheId") String suoyouzheId);
//增加销售机会产品明细,把之前的 add 操作返回的 id 赋值给 xiaoShouJiHui 属性
@POST("CustomXiaoShouJiHui/addXiaoShouJiHuiDetail")
Observable<Response<String>> addXiaoShouJiHuiDetail(@Body List<
DbContractorderDetail> dbXiaoshoujihuiDetails);
```

以上代码中主要有两个接口：addCoustomXiaoShouJiHui 接口用来新增销售机会，addShouJiHuiDetail 接口用来新增销售机会下的产品明细。

3. 编写添加销售机会功能 Controller

在 com.qianfeng.mis.ui.sale.salesopportunities.activity 包下新建 AddXiaoShouJiHuiActivity，该 Activity 用于新增销售机会。具体代码请扫描右侧二维码下载。

在 AddXiaoShouJiHuiActivity 类中，在 initView()方法中首先从 SharedPreferences 中取出用户名与工号设置到所有者与所有者工号中，然后调用 findNumber()方法获取机会编号与编号日期并设置到对应的控件中，最后初始化产品明细与图片附件的 adapter，为图片附件的 adapter 设置"删除"按钮的单击事件，当用户单击"删除"按钮时，会删除指定位置的图片。

代码 8.3.3-3

在 onViewClicked(View view)方法中，当用户单击对应客户后会跳转到 SearchCustomActivity 找到对应的客户，将对应的结果返回到 onActivityResult 中，然后将返回对应客户名称与客户编号设置到对应的控件中，最后调用 queryContactByName (String keyword)方法传入客户名称查询出该公司对应的联系人数据。同理，单击"添加产品明细"按钮会跳转到 MingxiContractOrderActivity 中，将产品明细返回到 onActivityResult 中。由于相机与相册上传图片与 onRoadPicker()单选框分别在 4.3.1 节～4.3.3 节中进行过讲解，在此不再赘述。

当用户填写完所有数据后，会调用 addCustomXiaoShouJiHui()方法与 addXiaoShouJiHuiDetail()新增销售机会与产品明细信息。其中，新增销售机会时，会根据是否含有图片调用不同的新增销售机会的网络请求，当新增销售机会成功后，会调用提交产品明细的网络请求。

8.3.4 编辑销售机会功能实现

由于编辑功能与新增逻辑较为相似，编辑的不同之处在于从 intent 中获取数据并设置到相应的控件，在提交时调用修改的相关接口，所以本节着重讲解销售机会的添加与修改产品明细功能，实现效果如图 8.1 所示。

图 8.1 产品选择页面

实现该功能主要涉及两个类,分别是产品选择页面 MingxiContractOrderActivity 与产品选择适配器 MingXiProjectOrderAdapter。

产品选择页面代码请扫描左侧二维码下载。

在 initView()方法中,首先从 intent 中取出已选中的产品信息,将 list 赋值给本类的 selectList,通过 for 循环计算出产品总个数与总价并设置到相应的控件上。然后调用 queryAllProductinformationByName()方法查询出所有的产品信息,调用 showPopupWindow()方法对弹框相关控件进行初始化。

当用户单击某个产品后,会调用 SetShowPop(listData.get(position))方法。通过 SharedPreferencesHelperScan 类取出用户角色信息,通过 for 循环遍历比较该用户的角色从而显示产品数据中相应的价格信息。

当用户单击某个产品时,通过 for 循环对比当前选择的产品与已选中的产品,当两者 productId 相等时,将个数、单价与小计设置到相应的控件。

当用户编辑完成,单击"提交"按钮时会校验相关字段。如果单价小于角色价格,则需要在备注处写明原因。当单价小于角色价格且备注不为空时,将用户名称+备注设置到备注属性中。若单价大于或等于角色价格时,直接将备注设置到备注属性中。

当 selectList.size()大于 0 时,修改已选择的产品,则通过遍历对比,调用 set()方法修改已选择的产品信息,调用 add()方法来新增新选择的产品。当 selectList.size()小于 0 时,使用 add()方法来新增新选择的产品。最后遍历 selectList,将总数与单价求和设置到相应的控件中。

最后在 onViewClicked()方法中,设置 resultCode,通过 intent 将总价、总数与选择的产品信息回调到编辑页面。产品选择适配器 MingXiProjectOrderAdapter,代码如下所示。

```
public class MingXiProjectOrderAdapter extends
BaseQuickAdapter<DbProductInformation, BaseViewHolder> {
    private List<DbContractorderDetail> selectedList = new ArrayList<>();
    public MingXiProjectOrderAdapter(List<DbProductInformation>
list, List<DbContractorderDetail> selectedList) {
        super(R.layout.item_chanpinxinxi_list);
        if (selectedList != null) {
            this.selectedList.addAll(selectedList);
        }
    }
    @Override
    protected void convert(BaseViewHolder helper, DbProductInformation item) {
        if (selectedList != null && selectedList.size() > 0) {
            for (int i = 0; i < selectedList.size(); i++) {
```

```java
                if (item.getId().equals(selectedList.get(i).getProductId())) {
                    item.setIsselect("选中");
                }
            }
        }
        helper.setGone(R.id.iv_add, true);
        helper.setText(R.id.tv_name, item.getName());
        helper.setText(R.id.tv_model, item.getModel());
        helper.setText(R.id.tv_specification, item.getSpecification());
        helper.setText(R.id.tv_number, item.getNumber());
        helper.setText(R.id.tv_unit, item.getUnit());
        Glide.with(mContext).load(item.getUrl()).error(R.mipmap.logini).into((ImageView)
helper.getView(R.id.et_sousuo));
        if (TextUtils.isEmpty(item.getIsselect())) {
            helper.setBackgroundRes(R.id.iv_add, R.mipmap.icon_add);
        } else {
            helper.setBackgroundRes(R.id.iv_add, R.mipmap.icon_xuanzhong);
        }
    }
}
```

通过 MingXiProjectOrderAdapter 实现选中产品的功能，首先在查询产品页面通过 MingXiProjectOrderAdapter(listData，selectList)传入两个参数，第一个参数为所有的产品数据，第二个参数为已选中的产品数据。那么在该 Adapter 中，通过 selectedList 接收已选中的产品数据，然后通过 for 循环遍历比较 productId 相等的产品。若相等，则判定为已选中的产品并通过 item.setIsselect("选中")为其设置为选中状态，然后在 convert()方法中根据 item.getIsselect()是否为空来判断选中与否的图标。

第 9 章　报价记录管理模块

本章学习目标
- 了解报价记录管理模块的库表设计。
- 了解报价记录管理模块的功能实现。
- 了解报价权限价格控制。

报价记录管理模块与销售机会管理模块功能类似,因此这里将该模块分为三张表,分别是报价记录表、报价记录产品明细表、报价记录图片表。报价记录是需要上级领导审核处理的,只有审核通过的报价记录才能在后期推送生成合同订单,因此在报价记录表中新加了几个字段用来存储该条报价记录的审核节点。

9.1　报价记录库表设计

9.1.1　报价记录表及其附属表结构设计

报价记录表中的字段信息有 id、zhuti(主题)、offerNumber(报价记录编号)、duiyingkehu(对应客户)、beizhu(备注)、sumMoney(报价总额)、nextperson(下一个审核人工号)、person(审核人姓名)、status(审核人审核状态)等;报价记录产品明细表中的字段信息有 id、productName(产品名称)、productNum(产品数量)、productOfferId(报价记录表id)等;报价记录图片字段信息与销售机会附属图片字段信息类似,此处不再赘述。

9.1.2　创建报价记录数据表

1. 创建报价记录表

```sql
create table db_product_offer(
  id int not null identity(1,1) primary key,
  zhuti nvarchar(100),                              -- 主题
  offerNumber nvarchar(50) not null unique,         -- 报价记录编号
  bianhaoDate nvarchar(20),                         -- 日期字符串
  duiyingkehu nvarchar(20),                         -- 对应客户
  jieshouren nvarchar(20),                          -- 接收人
  additionalCategory nvarchar(20),
  additionalMoney decimal(10,2),
  duiyingxiangmu nvarchar(100),
  offerName nvarchar(20),
```

```
    offerId nvarchar(20),
    offerDate   datetime,
    jiaofushuoming nvarchar(100),
    fukuanshuoming nvarchar(100),
    baozhuangyunshu nvarchar(100),
    beizhu nvarchar(200),
    chaosongduixiang nvarchar(20),
    status nvarchar(10),
    sumMoney decimal(14,2) ,
    nextperson varchar(20),
    person1   nvarchar(20),
    person1Id varchar(20),
    status1 nvarchar(10),
    person2   nvarchar(20),
    person2Id varchar(20),
    status2 nvarchar(10),
    person3   nvarchar(20),
    person3Id varchar(20),
    status3 nvarchar(10)
    )
```

2. 创建报价记录产品明细表

```
create table db_product_detail(
id int not null identity(1,1) primary key,
    zidongzhuti nvarchar(50),
    productId int,
    productName nvarchar(50),
    productNum decimal(10,0),
    productUnit nvarchar(20),
    price decimal(12,2),
    priceSum decimal(14,2),
    productOfferId int
    )
```

3. 创建报价记录图片表

```
create table db_productOffer_picture(
id int not null identity(1,1) primary key,
    pictureName varchar(200),
    PictureUrl varchar(100),
    committime datetime2,
    productOfferId int
```

9.1.3 实现报价记录管理模块数据库触发器

报价记录的触发器与销售机会的触发器类似，都是在产品明细变动时触发产品明细表中的主题和报价表中的总金额的更改，如果是由销售机会推送生成的报价记录，则在报价记录表中要自动生成来源保存。

1. 报价记录表在插入时触发

```sql
BEGIN
SET NOCOUNT ON;
update A set duiyingxiangmu = CONVERT(nvarchar(20),'【销售机会生成】- ') + CONVERT(nvarchar(20),A.duiyingxiangmu) from  db_product_offer A inner join inserted B on A.id = b.id where A.duiyingxiangmu IS NOT NULL and   A.duiyingxiangmu != ''
END
```

2. 报价记录产品明细表在插入时触发

```sql
BEGIN
SET NOCOUNT ON;
declare @num int
select @num = count(A.productOfferId) from db_product_detail A inner join inserted   B on A.productOfferId = B.productOfferId
if(@num = 1)
begin
update A   set zidongzhuti = convert(nvarchar(30),'【自动主题】- ') + convert(nvarchar(30),A.productName) + convert(nvarchar(30),'的报价记录')
from db_product_detail A inner join inserted   B on A.productOfferId = B.productOfferId
end
if(@num > 1)
begin
update A   set zidongzhuti = convert(nvarchar(30),'【自动主题】- ') + convert(nvarchar(30),A.productName) + convert(nvarchar(30),'等') + convert(nvarchar(30),@num) + convert(nvarchar(30),'种产品的报价记录')
from db_product_detail A inner join inserted   B on A.productOfferId = B.productOfferId
end
begin
declare @zhuti1 nvarchar(50)
select @zhuti1 = zhuti   from db_product_detail A   inner join   db_product_offer B on A.productOfferId = B.id inner join inserted C on A.productOfferId = C.productOfferId
if (@zhuti1 = '')
begin
update B set B.zhuti = A.zidongzhuti from db_product_detail A   inner join   db_product_offer B on A.productOfferId = B.id inner join inserted C on A.productOfferId = C.productOfferId
end
if (left(@zhuti1,6) = '【自动主题】')
begin
update B set B.zhuti = A.zidongzhuti from db_product_detail A   inner join   db_product_offer B on A.productOfferId = B.id inner join inserted C on A.productOfferId = C.productOfferId
end
end
END
```

3. 报价记录产品明细表在修改时触发

```sql
BEGIN
SET NOCOUNT ON;
update A set sumMoney = T.sumMoney   from (select sum(B.priceSum * B.productNum) sumMoney, B.productOfferId from db_product_offer A
```

```
    inner join   db_product_detail B on A.id = B.productOfferId group by B.productOfferId)T

    inner join inserted C on T.productOfferId = C.productOfferId
    inner join db_product_offer A on A.id = T.productOfferId
END
```

4. 报价记录产品明细表在删除时触发

```
BEGIN
SET NOCOUNT ON;
declare @num int
select @num = count(A.productOfferId) from db_product_detail A inner join deleted   B on
A.productOfferId = B.productOfferId
if(@num = 1)
begin
update A   set zidongzhuti = convert(nvarchar(30),'【自动主题】- ') + convert(nvarchar(30),
A.productName) + convert(nvarchar(30),'的报价记录')
    from db_product_detail A inner join deleted   B on A.productOfferId = B.productOfferId
end
if(@num > 1)
begin
update A   set zidongzhuti = convert(nvarchar(30),'【自动主题】- ') + convert(nvarchar(30),
A.productName) + convert(nvarchar(30),'等') + convert(nvarchar(30),@num) + convert(nvarchar
(30),'种产品的报价记录')
    from db_product_detail A inner join deleted   B on A.productOfferId = B.productOfferId
end
begin
declare @zhuti1 nvarchar(50)
select @zhuti1 = zhuti   from db_product_detail A   inner join   db_product_offer B on A.
productOfferId = B.id inner join deleted C on A.productOfferId = C.productOfferId
    if (@zhuti1 = '')
begin
update B set B.zhuti = A.zidongzhuti from db_product_detail A   inner join   db_product_
offer B on A.productOfferId = B.id inner join deleted C on A.productOfferId = C.productOfferId
end
    if (left(@zhuti1,6) = '【自动主题】')
begin
update B set B.zhuti = A.zidongzhuti from db_product_detail A   inner join   db_product_
offer B on A.productOfferId = B.id inner join deleted C on A.productOfferId = C.productOfferId
    end
    end
END
```

9.2 报价记录服务端接口

在报价记录管理模块中，用户可以根据销售机会推送生成报价记录，然后可以对报价记录中的产品数量、价格、品种等进行修改，也可以直接创建新的报价记录。需要注意的是，报价记录创建并保存成功后，如果产品的报价低于零售价格，则需要提交至上一级领导审核，一共需要四个领导审批，全部通过之后，报价记录才算生效，可以推送生成后续的合同订单。已通过审核的报价记录，如果想要修改内容或重新审核，可以通过管理员对该报价记录做反审操作，此时，该报价记录又会回到重新审核状态，等待审批。

9.2.1 编辑报价记录管理模块文件

（1）编辑 DbProductOfferMapper.xml 文件，添加实现客户管理操作相关 SQL 语句，代码请扫描左侧二维码下载。

以上代码主要是报价记录增、删、改、查的操作，与销售机会操作类似，新增报价记录时同样需要先获取报价记录编号，新增一条报价记录时，通过 SELECT @@IDENTITY 得到该条记录的 id 值。报价记录新增时为报价记录草稿，当领导查询下属员工创建的报价记录时，通过角色查询到下属员工的工号集合，然后在报价记录表中以这些工号为条件查询报价记录即可。

（2）编辑 DbProductDetailMapper.xml 文件，添加实现客户管理操作相关 SQL 语句，代码如下所示。

```xml
<!-- 新增产品明细 -->
<insert id="addProductDetail"
parameterType="com.hongming.demo.entity.DbProductDetail">
    insert into
db_product_detail(zidongzhuti,productId,productName,productNum,productUnit,price,priceSum,productOfferId,beizhu)
    values(#{zidongzhuti},#{productId},#{productName},#{productNum},#{productUnit},#{price},#{priceSum},#{productOfferId},#{beizhu})
</insert>
<!-- 根据产品明细表 id 删除产品明细 -->
<delete id="deleteProductDetail" parameterType="Integer">
    DELETE FROM db_product_detail WHERE id = #{id}
</delete>
<!-- 根据产品明细表 id 修改产品明细,只修改产品数量、产品报价单价、产品报价总额 -->
<update id="updateProductDetail">
    update db_product_detail
    set productNum = #{productNum},price = #{price},priceSum = #{priceSum}
    where id = #{id}
</update>
<!-- 根据报价记录表 id 查询产品明细 -->
<select id="queryProductDetail" resultMap="BaseResultMap" parameterType="com.hongming.demo.entity.DbProductDetail">
    select * from db_product_detail where productOfferId = #{productOfferId}
</select>
<!-- 根据产品明细的 productOfferId 删除产品明细 -->
<delete id="deleteByProductOfferId" parameterType="Integer">
    DELETE FROM db_product_detail WHERE productOfferId = #{productOfferId}
</delete>
```

以上代码主要是报价记录增、删、改、查的操作，当修改某个产品数量后，提交并保存到数据库时会通过数据库触发器修改报价记录表中的产品总额，查询某条报价记录中关联的产品明细同样是通过该条报价记录在数据库中的 id 值作为查询条件，查询报价记录明细表。

（3）编辑 DbProductofferPictureMapper.xml 文件，添加实现客户管理操作相关 SQL 语句，代码如下所示。

```xml
<!-- 根据产品报价表的 id 插入下属图片 -->
<insert id="addProductOfferPicture">
    insert into
db_productOffer_picture(pictureName,PictureUrl,committime,productOfferId)
values(#{pictureName}, #{PictureUrl}, #{committime,jdbcType=DATE}, #{productOfferId})
</insert>
<!-- 根据下属图片的 id 删除图片 -->
<delete id="deleteProductOfferPicture" parameterType="Integer">
    DELETE FROM db_productOffer_picture WHERE id = #{id}
</delete>
<!-- 根据产品报价表的 id 查询该张表下的下属图片 -->
<select id="queryProductOfferPicture" resultMap="BaseResultMap"
parameterType="com.hongming.demo.entity.DbProductofferPicture">
    select id,pictureName,PictureUrl,convert(nvarchar(100)
    ,committime,20) AS committime,productOfferId
    FROM db_productOffer_picture
    WHERE productOfferId = #{productOfferId}
    order by id DESC
</select>
<!-- 根据图片 id 查询图片的存放路径 -->
<select id="queryPictureName" resultMap="BaseResultMap"
parameterType="com.hongming.demo.entity.DbProductofferPicture">
    select id,pictureName,PictureUrl,convert(nvarchar(100)
    ,committime,20) AS committime,productOfferId
    FROM db_productOffer_picture
    WHERE id = #{id}
</select>
```

以上代码主要是对报价记录的附属图片的增、删、改、查操作，与销售机会类似，此处不再讲解。

（4）编辑 DbProductofferjiluMapper.xml 文件，添加实现客户管理操作相关 SQL 语句，代码如下所示。

```xml
<!-- 新增审核记录 -->
<insert id="addProductOfferJiLu"
parameterType="com.hongming.demo.entity.DbProductofferjilu">
    insert into
db_productOfferJiLu(ProductOfferId,CaoZuoRenId,CaoZuoRenName,CaoZuoLeiXing,CaoZuoTime,CaoZuoResult)
values(#{ProductOfferId}, #{CaoZuoRenId}, #{CaoZuoRenName}, #{CaoZuoLeiXing},
#{CaoZuoTime,jdbcType=DATE}, #{CaoZuoResult})
```

```xml
    </insert>
    <!-- 根据id删除审核记录 -->
    <delete id="deleteProductOfferJiLu" parameterType="Integer">
        DELETE FROM db_productOfferJiLu WHERE id = #{id}
    </delete>
    <!-- 根据报价记录表的id查询该条报价记录的审核记录 -->
    <select id="queryProductOfferJiLuById" resultMap="BaseResultMap"
            parameterType="com.hongming.demo.entity.DbProductofferjilu">
        SELECT id, ProductOfferId, CaoZuoRenId, CaoZuoRenName, CaoZuoLeiXing, convert(nvarchar(100),CaoZuoTime,20) AS CaoZuoTime,CaoZuoResult
        FROM db_productOfferJiLu
        where ProductOfferId = #{ProductOfferId}
        order by id DESC
    </select>
    <!-- 通过员工工号查询已审核的报价记录 -->
    <select id="queryProductOfferIdByUsername" resultType="java.lang.Integer">
        SELECT ProductOfferId FROM db_productOfferJiLu where CaoZuoRenId = #{username}
    </select>
```

以上代码主要是对审核过程中的审核信息的增、删、改、查操作,当某个领导审核该条报价记录后,会将审核结果、审核人、审核时间保存在数据库中,同样是通过报价记录的id与之相关联的。

9.2.2 编辑报价记录管理模块 Mapper 接口

(1)编辑 ProductOfferMapper 接口,继承 MyBatis-Plus 的 BaseMapper 接口,在该接口文件中添加如下代码。

```java
@Mapper
public interface DbProductOfferMapper extends BaseMapper<DbProductOffer> {
    //查询当日新增产品报价数量 queryGongDanByDate
    int queryCountB(@Param("bianhaoDate") String bianhaoDate);
    //新增产品报价记录
    int addProductOffer(DbProductOffer dbProductOffer);
    //删除产品报价记录
    int deleteProductOffer(@Param("id") Integer id);
    //修改产品报价记录
    int updateProductOffer(DbProductOffer dbProductOffer);
    //根据员工工号查询产品报价记录草稿
    List<DbProductOffer> queryProductOfferByAccountId(@Param("offerId") String offerId, Integer page);
    //根据员工工号查询产品报价记录
    List<DbProductOffer> queryProductOfferByAccountIdStatus(@Param("offerId") String offerId, Integer page);
    //查询所有产品报价记录草稿
    List<DbProductOffer> queryProductOfferAll(@Param("page") Integer page);
    //查询所有产品报价记录
    List<DbProductOffer> queryProductOfferAllstatus(@Param("page") Integer page);
```

```java
    //根据客户名称查询产品报价记录
    List < DbProductOffer > queryProductOfferByCustomId (@ Param ( " duiyingkehu") String duiyingkehu);
    //提交草稿,需要审核
    int shenHeStatus(@Param("id") Integer id,@Param("status") String status);
    //提交草稿,无须审核
    int shenHeStatusTongGuo(@Param("id") Integer id,@Param("status") String status,@Param("nextperson") String nextperson);
    //根据报价编号查询产品报价记录
    DbProductOffer queryProductOfferByOfferNumber ( @ Param ( " offerNumber ") String offerNumber);
    //通过创建日期字符串查询报价记录
    List < String > queryProductOfferByDate(@Param("bianhaoDate") String bianhaoDate);
    //查询下属员工创建的产品报价记录草稿
    List < DbProductOffer > queryProductOfferByEmployee(@Param("item2")List < String > item2,@Param("page") Integer page);
    //查询下属员工创建的产品报价记录
    List < DbProductOffer > queryProductOfferByEmployeeStatus(@Param("item2")List < String > item2,@Param("page") Integer page);
    //根据工号查询待自己审核的报价记录
    List < DbProductOffer > queryProductOfferByMyShenHe ( @ Param ( " nextperson") String nextperson);
    //根据 id 查看报价记录
    DbProductOffer queryProductOfferById(@Param("id") Integer id);
    //审核不通过
    int shenHeNotPass(@Param("id") Integer id,@Param("nextperson")
    String nextperson,@Param("status")   String status,@Param("status1") String status1,@Param("status2") String status2,@Param("status3") String status3);
    //第一个审核人批准通过
    int shenHeUpdateperson1 (@ Param ( " id") Integer id, @ Param ( " nextperson") String nextperson,@Param("status1") String status1);
    //第二个审核人批准通过
    int shenHeUpdateperson2 (@ Param ( " id") Integer id, @ Param ( " nextperson") String nextperson,@Param("status2") String status2);
    //第三个审核人批准通过
    int shenHeUpdateperson3(@Param("id") Integer id,@Param("status") String status,@Param("nextperson") String nextperson,@Param("status3") String status3);
    //查看自己已审核的报价记录
    List < DbProductOffer > queryProductOfferOverByIds(@Param("item2") List < Integer > item2,@Param("page") Integer page);
    //查看下属员工创建的报价记录
    List < DbProductOffer > queryProductOfferByUserIdPower ( @ Param ( " item2") List < String > item2,@Param("page") Integer page);
    //根据员工工号查询报价记录
    List < DbProductOffer > queryProductOfferByUserId ( @ Param ( " offerId") String offerId, @ Param("page") Integer page);
}
```

(2) 编辑 DbProductDetailMapper 接口,继承 MyBatis-Plus 的 BaseMapper 接口,在该

接口文件中添加如下代码。

```java
@Mapper
public interface DbProductDetailMapper extends BaseMapper<DbProductDetail> {
    //新增产品明细
    int addProductDetail(DbProductDetail dbProductDetail);
    //根据产品明细表id删除产品明细
    int deleteProductDetail(@Param("id") Integer id);
    //根据产品明细表id修改产品明细
    int updateProductDetail(@Param("id") Integer id, @Param("productNum") BigDecimal productNum, @Param("price") BigDecimal price, @Param("priceSum") BigDecimal priceSum);
    //根据报价记录表id查询产品明细
    List<DbProductDetail> queryProductDetail(@Param("productOfferId") Integer productOfferId);
    //根据产品明细的productOfferId删除产品明细
    int deleteByProductOfferId(@Param("productOfferId") Integer productOfferId);
}
```

（3）编辑DbProductofferPictureMapper接口，继承MyBatis-Plus的BaseMapper接口，在该接口文件中添加如下代码。

```java
@Mapper
public interface DbProductofferPictureMapper extends BaseMapper<DbProductofferPicture> {
    //根据产品报价表的id插入下属图片
    int addProductOfferPicture(@Param("pictureName") String pictureName, @Param("PictureUrl") String PictureUrl, @Param("committime") String committime, @Param("productOfferId") Integer productOfferId);
    //根据下属图片的id删除图片
    int deleteProductOfferPicture(@Param("id") Integer id);
    //根据产品报价表的id查询该张表下的所有下属图片
    List<DbProductofferPicture> queryProductOfferPicture(@Param("productOfferId") Integer productOfferId);
    //根据图片id查询图片的存放路径
    DbProductofferPicture queryPictureName(@Param("id") Integer id);
}
```

（4）编辑DbProductofferjiluMapper接口，继承MyBatis-Plus的BaseMapper接口，在该接口文件中添加如下代码。

```java
@Mapper
public interface DbProductofferjiluMapper extends BaseMapper<DbProductofferjilu> {
    //通过报价记录id查询该条报价记录的所有审核记录
    List<DbProductofferjilu> queryProductOfferJiLuById(@Param("ProductOfferId") Integer ProductOfferId);
    //新增审核记录
    int addProductOfferJiLu(DbProductofferjilu dbProductofferjilu);
    //根据id删除审核记录
    int deleteProductOfferJiLu(@Param("id") Integer id);
    //根据员工工号查询已审核的报价记录的id集
    List<Integer> queryProductOfferIdByUsername(String username);
}
```

9.2.3 编辑报价记录管理模块 Service

1. 报价记录管理 Service

(1) 编辑 DbProductOfferService 接口,继承 MyBatis-Plus 的 IService 接口,代码如下所示。

```java
public interface DbProductOfferService extends IService<DbProductOffer> {
    //查询当日新增产品报价数量
    int queryCountB(@Param("bianhaoDate") String bianhaoDate);
    //新增产品报价记录
    int addProductOffer(DbProductOffer dbProductOffer);
    //删除产品报价记录
    int deleteProductOffer(@Param("id") Integer id);
    //修改产品报价记录
    int updateProductOffer(DbProductOffer dbProductOffer);
    //根据员工工号查询产品报价记录草稿
    List<DbProductOffer> queryProductOfferByAccountId(@Param("offerId") String offerId, Integer page);
    //根据员工工号查询产品报价记录
    List<DbProductOffer> queryProductOfferByAccountIdStatus(@Param("offerId") String offerId, Integer page);
    //查询所有产品报价记录草稿
    List<DbProductOffer> queryProductOfferAll(@Param("page") Integer page);
    //查询所有产品报价记录
    List<DbProductOffer> queryProductOfferAllstatus(@Param("page") Integer page);
    //根据客户名称查询产品报价记录
    List<DbProductOffer> queryProductOfferByCustomId(@Param("duiyingkehu") String duiyingkehu);
    //根据报价编号查询产品报价记录
    DbProductOffer queryProductOfferByOfferNumber(@Param("offerNumber") String offerNumber);
    List<String> queryProductOfferByDate(@Param("bianhaoDate") String bianhaoDate);
    //查询下属员工创建的产品报价记录草稿
    List<DbProductOffer> queryProductOfferByEmployee(@Param("item2") List<String> item2, @Param("page") Integer page);
    //查询下属员工创建的产品报价记录
    List<DbProductOffer> queryProductOfferByEmployeeStatus(@Param("item2") List<String> item2, @Param("page") Integer page);
    //根据工号查询待自己审核的报价记录
    List<DbProductOffer> queryProductOfferByMyShenHe(@Param("nextperson") String nextperson);
    //根据id查看报价记录
    DbProductOffer queryProductOfferById(@Param("id") Integer id);
    //审核不通过
    int shenHeNotPass(@Param("id") Integer id, @Param("nextperson") String nextperson, @Param("status") String status, @Param("status1") String status1, @Param("status2") String status2, @Param("status3") String status3);
```

```java
    //第一个审核人批准通过
    int shenHeUpdateperson1(@Param("id") Integer id,@Param("nextperson")
String nextperson,@Param("status1") String status1);
    //第二个审核人批准通过
    int shenHeUpdateperson2(@Param("id") Integer id,@Param("nextperson") String
nextperson,@Param("status2") String status2);
    //第三个审核人批准通过
    int shenHeUpdateperson3(@Param("id")Integer id,@Param("status") String status,@Param
("nextperson") String nextperson,@Param("status3") String status3);
    //提交草稿,需要审核
    int shenHeStatus(@Param("id") Integer id,@Param("status") String status);
    //提交草稿,无须审核
    int shenHeStatusTongGuo(@Param("id") Integer id,@Param("status")
String status,@Param("nextperson") String nextperson);
    //查看自己已审核的报价记录
    List<DbProductOffer> queryProductOfferOverByIds(@Param("item2")List<Integer> item2,
Integer page);
    //查看下属员工创建的报价记录
    List<DbProductOffer> queryProductOfferByUserIdPower(@Param("item2")List<String>
item2,@Param("page") Integer page);
    //根据员工工号查询报价记录
    List<DbProductOffer> queryProductOfferByUserId(@Param("offerId")
String offerId,@Param("page") Integer page);
}
```

（2）编辑 DbProductOfferServiceImpl 类，继承 MyBatis-Plus 的 ServiceImpl 类，实现 DbProductOfferService 接口，代码如下所示。

```java
@Service
public class DbProductOfferServiceImpl extends
ServiceImpl<DbProductOfferMapper, DbProductOffer> implements DbProductOfferService {
    @Override
    public int queryCountB(String bianhaoDate) {
        return baseMapper.queryCountB(bianhaoDate);
    }
    @Override
    public int addProductOffer(DbProductOffer dbProductOffer) {
        return baseMapper.addProductOffer(dbProductOffer);
    }
    @Override
    public int deleteProductOffer(Integer id) {
        return baseMapper.deleteProductOffer(id);
    }
    @Override
    public int updateProductOffer(DbProductOffer dbProductOffer) {
        return baseMapper.updateProductOffer(dbProductOffer);
    }
    @Override
```

```java
public List<DbProductOffer> queryProductOfferByAccountId(String offerId, Integer page) {
    return baseMapper.queryProductOfferByAccountId(offerId,page);
}
@Override
public List<DbProductOffer> queryProductOfferByAccountIdStatus(String offerId, Integer page) {
    return baseMapper.queryProductOfferByAccountIdStatus(offerId,page);
}
@Override
public List<DbProductOffer> queryProductOfferAll(Integer page) {
    return baseMapper.queryProductOfferAll(page);
}
@Override
public List<DbProductOffer> queryProductOfferAllstatus(Integer page) {
    return baseMapper.queryProductOfferAllstatus(page);
}
@Override
public List<DbProductOffer> queryProductOfferByCustomId(String duiyingkehu) {
    return baseMapper.queryProductOfferByCustomId(duiyingkehu);
}
@Override
public DbProductOffer queryProductOfferByOfferNumber(String offerNumber) {
    return baseMapper.queryProductOfferByOfferNumber(offerNumber);
}

@Override
public List<String> queryProductOfferByDate(String bianhaoDate) {
    return baseMapper.queryProductOfferByDate(bianhaoDate);
}
@Override
public List<DbProductOffer> queryProductOfferByEmployee(List<String> item2, Integer page) {
    return baseMapper.queryProductOfferByEmployee(item2,page);
}
@Override
public List<DbProductOffer> queryProductOfferByEmployeeStatus(List<String> item2, Integer page) {
    return baseMapper.queryProductOfferByEmployeeStatus(item2,page);
}
@Override
public List<DbProductOffer> queryProductOfferByMyShenHe(String nextperson) {
    return baseMapper.queryProductOfferByMyShenHe(nextperson);
}
@Override
public DbProductOffer queryProductOfferById(Integer id) {
    return baseMapper.queryProductOfferById(id);
}
@Override
public int shenHeNotPass(Integer id, String nextperson, String status, String status1, String status2, String status3) {
```

```java
        return baseMapper.shenHeNotPass(id,nextperson,status,status1,status2,status3);
    }
    @Override
    public int shenHeUpdateperson1(Integer id, String nextperson, String status1) {
        return baseMapper.shenHeUpdateperson1(id,nextperson,status1);
    }
    @Override
    public int shenHeUpdateperson2(Integer id, String nextperson, String status2) {
        return baseMapper.shenHeUpdateperson2(id,nextperson,status2);
    }
    @Override
    public int shenHeUpdateperson3(Integer id, String status, String nextperson, String status3) {
        return baseMapper.shenHeUpdateperson3(id,status,nextperson,status3);
    }
    //提交草稿
    @Override
    public int shenHeStatus(Integer id, String status) {
        return baseMapper.shenHeStatus(id,status);
    }
    //提交草稿,无须审核
    @Override
    public int shenHeStatusTongGuo(Integer id, String status, String nextperson) {
        return baseMapper.shenHeStatusTongGuo(id,status,nextperson);
    }
    @Override
    public List<DbProductOffer> queryProductOfferOverByIds(List<Integer> item2, Integer page) {
        return baseMapper.queryProductOfferOverByIds(item2,page);
    }
    @Override
    public List<DbProductOffer> queryProductOfferByUserIdPower(List<String> item2, Integer page) {
        return baseMapper.queryProductOfferByUserIdPower(item2,page);
    }
    @Override
    public List<DbProductOffer> queryProductOfferByUserId(String offerId, Integer page) {
        return baseMapper.queryProductOfferByUserId(offerId,page);
    }
}
```

2. 报价记录产品明细管理 Service

（1）编辑 DbProductDetailService 接口，继承 MyBatis-Plus 的 IService 接口，代码如下所示。

```java
public interface DbProductDetailService extends IService<DbProductDetail> {
    //新增报价记录中的产品明细
    int addProductDetail(DbProductDetail dbProductDetail);
    //根据产品明细表 id 删除产品明细
```

```
    int deleteProductDetail(@Param("id") Integer id);
    //根据产品明细表 id 修改产品明细
    int updateProductDetail(@Param("id") Integer id, @Param("productNum")
BigDecimal productNum, @Param("price") BigDecimal price, @Param("priceSum") BigDecimal
priceSum);
    //根据报价记录表 id 查询产品明细
    List < DbProductDetail > queryProductDetail (@ Param (" productOfferId") Integer
productOfferId);
    //根据产品明细表中的报价记录 id 删除产品明细
    int deleteByProductOfferId(@Param("productOfferId") Integer productOfferId);
}
```

（2）编辑 DbProductDetailServiceImpl 类，继承 MyBatis-Plus 的 ServiceImpl 类，实现 DbProductDetailService 接口，代码如下所示。

```
@Service
public class DbProductDetailServiceImpl extends
ServiceImpl < DbProductDetailMapper, DbProductDetail > implements DbProductDetailService {
    @Override
    public int addProductDetail(DbProductDetail dbProductDetail) {
        return baseMapper.addProductDetail(dbProductDetail);
    }
    @Override
    public int deleteProductDetail(Integer id) {
        return baseMapper.deleteProductDetail(id);
    }
    @Override
    public int updateProductDetail (Integer id, BigDecimal productNum, BigDecimal price,
BigDecimal priceSum) {
        return baseMapper.updateProductDetail(id,productNum,price,priceSum);
    }
    @Override
    public List < DbProductDetail > queryProductDetail(Integer productOfferId) {
        return baseMapper.queryProductDetail(productOfferId);
    }
    @Override
    public int deleteByProductOfferId(Integer productOfferId) {
        return baseMapper.deleteByProductOfferId(productOfferId);
    }
}
```

3. 报价记录图片管理 Service

（1）编辑 DbProductofferPictureService 接口，继承 MyBatis-Plus 的 IService 接口，代码如下所示。

```
public interface DbProductofferPictureService extends IService < DbProductofferPicture > {
    //根据产品报价表的 id 插入下属图片
    int addProductOfferPicture (@ Param (" pictureName") String pictureName, @ Param ("
PictureUrl") String PictureUrl,
```

```
            @Param("committime") String committime, @Param("productOfferId") Integer
productOfferId);
    //根据下属图片的id删除图片
    int deleteProductOfferPicture(@Param("id") Integer id);
    //根据产品报价表的id查询该张表下的所有下属图片
    List<DbProductofferPicture> queryProductOfferPicture(@Param("productOfferId")
Integer productOfferId);
    //根据图片id查询图片的存放路径
    DbProductofferPicture queryPictureName(@Param("id") Integer id);
}
```

（2）编辑 DbProductofferPictureServiceImpl 类，继承 MyBatis-Plus 的 ServiceImpl 类，实现 DbProductofferPictureService 接口，代码如下所示。

```
@Service
public class DbProductofferPictureServiceImpl extends ServiceImpl<DbProductofferPictureMapper,
DbProductofferPicture> implements DbProductofferPictureService {
    //根据产品报价表的id插入下属图片
    @Override
    public int addProductOfferPicture(String pictureName, String PictureUrl, String
committime, Integer productOfferId) {
        return baseMapper.addProductOfferPicture(pictureName, PictureUrl, committime,
productOfferId);
    }
    //根据下属图片的id删除图片
    @Override
    public int deleteProductOfferPicture(Integer id) {
        return baseMapper.deleteProductOfferPicture(id);
    }
    //根据产品报价表的id查询该张表下的所有下属图片
    @Override
    public List<DbProductofferPicture> queryProductOfferPicture(Integer productOfferId) {
        return baseMapper.queryProductOfferPicture(productOfferId);
    }
    @Override
    public DbProductofferPicture queryPictureName(Integer id) {
        return baseMapper.queryPictureName(id);
    }
}
```

4. 报价审核记录管理 Service

（1）编辑 DbProductofferjiluService 接口，继承 MyBatis-Plus 的 IService 接口，代码如下所示。

```
public interface DbProductofferjiluService extends
IService<DbProductofferjilu> {
    //根据报价记录表的id查询该条报价记录中的所有报价审核记录
```

```
    List < DbProductofferjilu > queryProductOfferJiLuById(@Param("ProductOfferId") Integer ProductOfferId);
    //新增审核记录
    int addProductOfferJiLu(DbProductofferjilu dbProductofferjilu);
    //根据 id 删除记录
    int deleteProductOfferJiLu(@Param("id") Integer id);
    //根据员工工号查询该员工已审核的报价记录 id 集
    List < Integer > queryProductOfferIdByUsername(String username);
}
```

(2) 编辑 DbProductofferjiluServiceImpl 类,继承 MyBatis Plus 的 ServiceImpl 类,实现 DbProductofferjiluService 接口,代码如下所示。

```
@Service
public class DbProductofferjiluServiceImpl extends ServiceImpl < DbProductofferjiluMapper, DbProductofferjilu > implements DbProductofferjiluService {
    @Override
    public List < DbProductofferjilu > queryProductOfferJiLuById( Integer ProductOfferId) {
        return baseMapper.queryProductOfferJiLuById(ProductOfferId);
    }
    @Override
    public int addProductOfferJiLu(DbProductofferjilu dbProductofferjilu) {
        return baseMapper.addProductOfferJiLu(dbProductofferjilu);
    }
    @Override
    public int deleteProductOfferJiLu(Integer id) {
        return baseMapper.deleteProductOfferJiLu(id);
    }
    @Override
    public List < Integer > queryProductOfferIdByUsername(String username) {
        return baseMapper.queryProductOfferIdByUsername(username);
    }
}
```

9.2.4 编辑费用报销管理模块 Controller

完整代码请扫描右侧二维码下载。

以上代码中,提供了很多接口,其中与前几个模块不同的是,新增了数据审核的接口,当业务员第一次新建一条报价记录后,该记录是以草稿的形式存在的,需要提交给自己的直属领导审核,该领导通过审核后才能进一步提交下一级审核。业务员在提交报价时,报价状态将由 0 变为 1,如果报价(申报的产品价格)在自己的权限范围内,即 stu(前端通过比较传递的值)为 0 时,则不需要再审核,将报价记录的状态(status)改为 2,代表直接通过审核;如果 stu 的值为 1,将报价记录的状态(status)改为 1,代表审核中,需要进行下一步的审核。领

代码
9.2.4

导在审核报价记录时,如果报价在自己的权限范围内,该领导选择通过审核时,便不用再提交给下一个审核人审核了,直接将该条报价记录的状态改为审核通过;如果报价不在该领导自己的权限范围内,还想通过审核,则需要留言说明原因,然后提交给下一个人审核。只有管理员才能够反审报价记录,即将已经通过的报价记录的状态由 2 修改为 3,代表当前处于不通过的状态。报价创建人可以修改后重新提交审核。报价记录追踪的接口通过与报价记录的 id 关联,主要用来增加和查看审核信息。

9.3 实现报价记录管理功能

9.3.1 报价记录列表功能实现

1. 编写报价记录列表 View

由于报价记录列表与 6.3.1 节客户资料列表页面类似,具体源代码参考 layout 目录下的 activity_baojia_list.xml 文件,实现效果如图 1.20 所示,在此不再赘述。

2. 编写报价记录列表的接口

```
//查本人的报价记录
@POST("CustomProductOffer/queryProductOfferByUserId")
Observable<Response<List<DbProductOffer>>> queryContractOrderByUserId(
@Query("offerId") String offerId, @Query("page") Integer page);
//查权限内的报价记录
@POST("CustomProductOffer/queryProductOfferByUserIdPower")
Observable<Response<List<DbProductOffer>>> queryProductOfferByEmployeeStatus(
@Query("offerId") String offerId, @Query("page") Integer page);
```

以上代码中,主要有两个接口,分别用于查询本人的报价记录列表与查询权限内的报价记录列表。

3. 编写报价记录列表 Controller

由于报价记录列表功能逻辑与 6.3.1 节客户资料列表类似,报价记录与客户资料的不同在于,客户资料列表中将删除客户资料的功能写在列表显示页面,而在报价记录中将删除报价记录的功能写在查看报价记录中。另外,报价记录分别使用 queryContractOrderByUserId()与 queryProductOfferByEmployeeStatus()方法来查询本人权限内的报价记录数据。具体代码参考 com.qianfeng.mis.ui.sale.baojia.activity 包下的 BaoJiaJiLuListActivity,在此不再赘述。

9.3.2 新增与修改报价记录功能实现

1. 编写新增与修改报价记录 View

新增报价记录页面与 8.3.3 节添加销售机会页面相似,新增与修改报价记录源代码参考 layout 目录下的 activity_addbaojiajilu.xml 文件,在此不再赘述。实现效果如图 9.1 所示。

图 9.1 新增报价记录

2. 编写新增与修改报价记录接口

1) 编写新增报价记录接口

```
//获取报价记录的编号信息
@POST("CustomProductOffer/findNumberBJ")
Observable<Response<JHBianHao>> findNumberBJ();
//根据客户名称查询联系人信息
@POST("contact/queryContactByName")
Observable<Response<List<LianXiRen>>> queryContactByName(@Query("custom") String custom);
//新增产品报价
@POST("CustomProductOffer/addProductOffer")
```

```java
        Observable < Response < Integer >> addProductOffer(@Query("zhuti") String zhuti,
                            @Query("offerNumber") String offerNumber,
                            @Query("bianhaoDate") String bianhaoDate,
                            @Query("duiyingkehu") String duiyingkehu,
                            @Query("jieshouren") String jieshouren,
                            @Query("additionalCategory") String additionalCategory,
                            @Query("additionalMoney") BigDecimal additionalMoney,
                            @Query("duiyingxiangmu") String duiyingxiangmu,
                            @Query("offerName") String offerName,
                            @Query("offerId") String offerId,
                            @Query("offerDate") String offerDate,
                            @Query("jiaofushuoming") String jiaofushuoming,
                            @Query("fukuanshuoming") String fukuanshuoming,
                            @Query("baozhuangyunshu") String baozhuangyunshu,
                            @Query("beizhu") String beizhu,
                            @Query("chaosongduixiang") String chaosongduixiang,
                            @Query("status") String status,
                            @Query("sumMoney") String sumMoney);
//新增产品明细
@POST("CustomProductOffer/addProductOfferDetail")
Observable < Response < String >> addProductOfferDetail(@Body List < DbContractorderDetail >
dbProductDetails);
//新增图片附件
@Multipart
@POST("CustomProductOffer/addProductOfferPicture")
Observable < Response < String >> addProductOfferPicture(@Query("productOfferId") Integer
productOfferId, @Part List < MultipartBody.Part > imagePicFiles);
```

以上代码中,主要有五个接口,分别是获取报价记录的编号信息、根据客户名称查询联系人信息、新增产品报价、新增产品明细表与新增图片附件。

2)编写修改报价记录接口

```java
//根据 productOfferId 查看跟进记录的产品明细
@POST("CustomProductOffer/queryProductDetail")
Observable < Response < List < DbContractorderDetail >>> queryProductDetail ( @ Query
("productOfferId") Integer productOfferId);
//更新报价记录
@POST("CustomProductOffer/updateProductOffer")
Observable < Response < String >> updataProductOffer(@Query("id") String id,
                            @Query("zhuti") String zhuti,
                            @Query("jieshouren") String jieshouren,
                            @Query("additionalCategory") String additionalCategory,
                            @Query("additionalMoney") BigDecimal additionalMoney,
                            @Query("duiyingxiangmu") String duiyingxiangmu,
                            @Query("offerName") String offerName,
                            @Query("offerId") String offerId,
```

```
@Query("offerDate") String offerDate,
@Query("jiaofushuoming") String jiaofushuoming,
@Query("fukuanshuoming") String fukuanshuoming,
@Query("baozhuangyunshu") String baozhuangyunshu,
@Query("beizhu") String beizhu,
@Query("chaosongduixiang") String chaosongduixiang);
```

以上代码中，主要有四个接口，分别是获取所有的产品明细、根据公司名称查询联系人、添加/更新报价明细与更新报价记录。

3. 编写新增与修改报价记录 Controller

在 com.qianfeng.mis.ui.sale.baojia.activity 包下新建一个 AddProductOfferActivity，完整代码请扫描右侧二维码下载。

首先在 initView() 方法中，通过初始化 SharedPreferencesHelperScan 获取用户姓名与工号，然后通过 findNumberBJ() 获取机会编号与编号日期。新增报价记录可以直接在报价记录管理模块进行新增，也可以从查看销售机会中进行推送新增。当 tuisong 不为空时，说明是从销售机会中进行推送新增，此时需要将 intent 中的相关数据取出并设置到相应的控件。

代码 9.3.2-3

新增报价成功后，返回该报价记录的主键 id，若没有产品明细，则直接调用新增图片附件方法 addProductOfferPicture(response.getResult())；若有产品明细，则将报价记录 id 通过 listMingxi.get(i).setProductOfferId(response.getResult()) 方式设置给每个实体，产品明细与报价记录产生关联。当产品明细添加成功后，调用新增图片附件方法 addProductOfferPicture(response.getResult())。首先判断该 listImgFile 是否有图片，若包含图片，则使用将图片封装到 MultipartBody.Part 中，进而完成图片附件上传功能。

由于修改报价记录与新增报价记录业务逻辑与页面类似，在此主要讲解修改报价记录整个业务流转过程。源代码参考 com.qianfeng.mis.ui.sale.baojia.activity 包下 ProductOffer_XiuGai_Activity。

首先在 setData() 方法中，调用 queryContactByName(String keyword) 方法查询联系人并调用 queryProductDetail() 方法查询该报价记录下的产品明细。当用户完成修改操作后单击"保存"按钮，首先会判断产品明细 listMingxi 是否有数据，若没有数据，则直接调用 updataProductOffer() 方法更新报价记录。若有数据，则通过遍历为产品明细中的每一个实体设置报价记录 id，将产品明细与对应的报价记录进行关联，然后调用 addProductOfferDetail() 方法更新该报价记录的产品明细，当添加产品明细成功后，再调用 updataProductOffer() 方法更新报价记录。

9.3.3 查看报价记录功能实现

1. 编写查看报价记录 View

由于新增报价记录页面与 8.3.2 节查看销售机会页面相似，具体源代码参考 layout 目录下的 activity_product_offer_des.xml 文件，在此不再赘述。实现效果如图 1.21 所示。

2. 编写查看报价记录接口

```
//报价记录提交审核
@POST("CustomProductOffer/shenHeStatus")
```

```
Observable<Response<String>> shenHeStatus(@Query("id") Integer id, @Query("stu") 
String stu);
//根据产品的 id 获取报价
@POST("ProductInformation/queryPriceById")
Observable<Response<DbProductInformation>> queryPriceById(@Query("id") Integer id);
//根据 id 删除报价记录
@POST("CustomProductOffer/deleteProductOffer")
Observable<Response<String>> deleteProductOffer(@Query("id") Integer id);
//报价记录反审核
@POST("ContractOrder/ReStartShenHeOrder")
Observable<Response<String>> ReStartShenHeOrder(@Query("id") Integer id, @Query(
"username") String username, @Query("account") String account);
//查看附属图片
@POST("CustomProductOffer/queryProductOfferPicture")
Observable<Response<List<DbProductofferPicture>>> queryProductOfferPicture(@Query
("productOfferId") Integer productOfferId);
//查看产品明细
@POST("CustomProductOffer/queryProductDetail")
Observable<Response<List<DbContractorderDetail>>> queryProductDetail(@Query
("productOfferId") Integer productOfferId);
```

以上代码中，主要有六个接口，分别是报价记录提交审核、根据产品的 id 获取报价、根据 id 删除报价记录、报价记录反审核、查看附属图片及查看产品明细。

3. 编写查看报价记录 Controller

在 com.qianfeng.mis.ui.sale.baojia.activity 包下新建一个 ProductofferTwo_Des_Activity，代码请扫描左侧二维码下载。

代码
9.3.3-3

首先在 initView()方法中，从 intent 中取出报价记录相关数据并设置到相应的控件。通过 commonUtil.initNav()方法初始化底部导航栏，导航栏重复性较高，在此将它封装到 CommonUtil 中，在 opeartionListener()方法中调用 showOperation()方法，在 accessoryListener()方法中调用查询产品明细 queryProductDetail()方法、查询图片附件 queryPicture()方法、显示产品明细与图片附件 showAccessory()方法。

在此着重讲解推送与反审核，推送就是将该报价记录提交审核。首先调用 queryProductDetail()方法查询出员工报价总价，再调用 getRoleSumPrice()方法查询出权限内总价。在用户单击"推送"按钮后，会调用 submitReview()方法，在该方法中，当员工报价总价大于或等于权限内总价时，将 stu 设置为 0，否则设置为 1。反审核直接调用 antiChecking()方法即可。

第 10 章　合同订单管理模块

本章学习目标
- 了解合同订单的库表设计。
- 了解合同订单的功能实现。
- 了解合同订单审核追踪的功能实现。

合同订单可以由报价记录推送生成,也可以直接新建。在合同订单中,如果产品价格低于零售价,需要提交审核,如果创建人是业务员或者外贸员,则第一位审核人就是该员工所在部门的部门经理或总监。当部门经理或总监通过审核后,就自动提交至其上一级领导审核。部门经理和总监也能够自己创建自己的合同订单,然后直接提交给上级领导审核。从业务员到最终审核结束,最多要经过四次审核。

10.1　合同订单库表设计

10.1.1　合同订单表结构设计

在合同订单管理模块中,主要用到的数据表有三个,分别是合同订单表、合同订单明细表和合同订单图片表。合同订单表中主要涉及的主要字段有 zhuti(主题)、contractNumber(合同编号)、duiyingkehu(对应客户)、status(状态)、sumMoney(订单总金额)、nextperson(下一个审核人工号)等;在合同订单明细表和合同订单图片表中涉及的字段与之前讲解过的明细表字段信息类似,此处不再赘述。

10.1.2　创建合同订单数据表

1. 创建合同订单表

```
create table db_contract_order(
    id int not null identity(1,1) primary key,
    duiyingxiangmu nvarchar(20),              -- 对应项目
    zhuti nvarchar(100),                      -- 主题(可系统自动生成)
    contractNumber nvarchar(50) not null unique,  -- 合同编号
    bianhaoDate nvarchar(20),                 -- 当日日期
    duiyingkehu nvarchar(20),                 -- 对应客户
    lianxiren nvarchar(20),                   -- 客户联系人
    classification nvarchar(20),              -- 分类
```

```sql
    additionalCategory nvarchar(20),            -- 附加费用分类
    additionalMoney   decimal(10,2),            -- 附加费用金额
    paymentChannel nvarchar(20),                -- 付款方式
    qiandanDate datetime2,                      -- 签单日期
    suoyouzhe nvarchar(20),                     -- 所有者(员工姓名)
    suoyouzheId nvarchar(20),                   -- 所有者编号(员工工号)
    waibibeizhu nvarchar(20),                   -- 外币备注
    sendTimeLate datetime2,                     -- 最晚发货日期
    sendWay nvarchar(20),                       -- 发货方式
    sendMoney decimal(14,2),                    -- 预计运费
    address nvarchar(50),                       -- 收货地址
    beizhu   nvarchar(500),                     -- 备注
    zhuangtai nvarchar(20),                     -- 状态
    chaosongduixiang nvarchar(20),              -- 抄送对象
    status  nvarchar(20),    -- 数据状态：0为创建状态,1为审核状态,2为审核通过,3为重新审核
    sumMoney decimal(14,2)                      -- 订单总金额
    nextperson varchar(20),                     -- 下一个审核人工号
    person1   nvarchar(20),                     -- 审核人1姓名
    person1Id varchar(20),                      -- 审核人1工号
    status1 nvarchar(10),                       -- 审核人1审核状态
    person2   nvarchar(20),                     -- 审核人2姓名
    person2Id varchar(20),                      -- 审核人2工号
    status2 nvarchar(10),                       -- 审核人2审核状态
    person3   nvarchar(20),                     -- 审核人3姓名
    person3Id varchar(20),                      -- 审核人3工号
    status3 nvarchar(10),                       -- 审核人3审核状态
    person4   nvarchar(20),                     -- 审核人4姓名
    person4Id varchar(20),                      -- 审核人4工号
    status4 nvarchar(10)                        -- 审核人4审核状态
)
```

2. 创建合同订单明细表

```sql
create table db_contractOrder_detail(
    id int not null identity(1,1) primary key,
    zidongzhuti nvarchar(50),                   -- 自动主题
    productId int,                              -- 产品id
    productName nvarchar(50),                   -- 产品名称
    productNum decimal(10,0),                   -- 产品数量
    productUnit nvarchar(20),                   -- 产品单位
    price decimal(12,2),                        -- 产品报价
    priceSum decimal(14,2),                     -- 产品报价总额
    contractOrderId int,                        -- 关联表id
)
```

3. **创建合同订单图片表**

```
create table db_contractOrder_picture(
    id int not null identity(1,1) primary key,
    pictureName varchar(200),           -- 照片名称
    PictureUrl varchar(100),            -- 照片地址
    committime datetime2,               -- 提交时间
    contractOrderId int                 -- 合同表id
)
```

10.1.3 实现合同订单管理模块数据库触发器

合同订单管理模块的触发器实现的功能与销售机会、报价记录等管理模块实现的功能类似,此处不再过多讲解。

（1）新增产品明细时,触发器如下所示。

```
BEGIN
SET NOCOUNT ON;
declare @num int
select @num = count(A.contractOrderId) from db_contractOrder_detail A inner join inserted B on A.contractOrderId = B.contractOrderId
if(@num = 1)
begin
update A  set zidongzhuti = convert(nvarchar(30),'【自动主题】- ') + convert(nvarchar(30), A.productName)
from db_contractOrder_detail A inner join inserted B on A.contractOrderId = B.contractOrderId
end
if(@num > 1)
begin
update A  set zidongzhuti = convert(nvarchar(30),'【自动主题】- ') + convert(nvarchar(30), A.productName) + convert(nvarchar(30),'等') + convert(nvarchar(30),@num) + convert(nvarchar(30),'种产品')
from db_contractOrder_detail A inner join inserted B on A.contractOrderId = B.contractOrderId
end
declare @ZDZT nvarchar(100)
select  @ZDZT = B.zhuti from db_contract_order B  inner join inserted C on B.id = C.contractOrderId inner join db_contractOrder_detail A on C.contractOrderId = A.contractOrderId
select SUBSTRING( @ZDZT, 1, 6 )
if( SUBSTRING( @ZDZT, 1, 6 ) = '【自动主题】')
begin
update B set zhuti = A.zidongzhuti from db_contract_order B  inner join inserted C on B.id = C.contractOrderId inner join db_contractOrder_detail A on C.contractOrderId = A.contractOrderId
end
else if( SUBSTRING( @ZDZT, 1, 6 ) = '')
```

```
    begin
    update B set zhuti = A.zidongzhuti from db_contract_order B  inner join deleted C on B.id = C.contractOrderId inner join db_contractOrder_detail A on  C.contractOrderId = A.contractOrderId
    end
END
```

（2）删除产品明细时，触发器如下所示。

```
    BEGIN
    SET NOCOUNT ON;
    declare @num int
    select @num = count(A.contractOrderId) from db_contractOrder_detail A inner join deleted B on A.contractOrderId = B.contractOrderId
    if(@num = 1)
    begin
    update A  set zidongzhuti = convert(nvarchar(30), '【自动主题】- ') + convert(nvarchar(30), A.productName)
    from db_contractOrder_detail A inner join deleted  B on A.contractOrderId = B.contractOrderId
    end
    if(@num > 1)
    begin
    update A  set zidongzhuti = convert(nvarchar(30), '【自动主题】- ') + convert(nvarchar(30), A.productName) + convert(nvarchar(30), '等 ') + convert(nvarchar(30), @num) + convert(nvarchar(30),'种产品')
    from db_contractOrder_detail A inner join deleted  B on A.contractOrderId = B.contractOrderId
    end
    declare @ZDZT varchar(100)
    select  @ZDZT = B.zhuti from db_contract_order B  inner join deleted C on B.id = C.contractOrderId inner join db_contractOrder_detail A on  C.contractOrderId = A.contractOrderId
    select SUBSTRING( @ZDZT, 1, 6 )
    if( SUBSTRING( @ZDZT, 1, 6 ) = '【自动主题】')
    begin
    update B set zhuti = A.zidongzhuti from db_contract_order B  inner join deleted C on B.id = C.contractOrderId inner join db_contractOrder_detail A on  C.contractOrderId = A.contractOrderId
    end
    else if( SUBSTRING( @ZDZT, 1, 6 ) = '')
    begin
    update B set zhuti = A.zidongzhuti from db_contract_order B  inner join deleted C on B.id = C.contractOrderId inner join db_contractOrder_detail A on  C.contractOrderId = A.contractOrderId
    end
END
```

（3）修改产品明细时，触发器如下所示。

```
BEGIN
SET NOCOUNT ON;
update A set sumMoney = T.sumMoney  from (select
sum(B.priceSum * B.productNum) sumMoney ,B.contractOrderId from
db_contract_order A
  inner join  db_contractOrder_detail B on A.id = B.contractOrderId group by B.
contractOrderId)T
  inner join inserted C on T.contractOrderId = C.contractOrderId
  inner join db_contract_order A onA.id = T.contractOrderId
END
```

10.2 合同订单服务端接口

10.2.1 编辑合同订单管理模块文件

合同订单创建成功后的状态是创建状态,如果想让该合同订单生效就需要提交审核,只有当所有审核节点全部审核完成,才能变成审核通过的状态。当合同已提交审核,但却没核结束时,都是处于审核中的状态,此时,不允许对合同订单的信息进行修改。查看合同订单与查看销售机会、报价记录等类似,都是根据用户的登录工号查看自己的权限范围,从而展示自己权限范围内的可见合同订单数据信息。删除合同只有管理员才有权限操作。

(1) 编辑 DbContractOrderMapper.xml 文件,添加实现客户管理操作相关 SQL 语句,代码请扫描右侧二维码下载。

(2) 编辑 DbContractorderDetailMapper.xml 文件,添加实现客户管理操作相关 SQL 语句,代码如下所示。

代码 10.2.1-1

```
<!-- 新增合同订单的产品明细 -->
<insert id = "addContractorderDetail"
parameterType = "com.hongming.demo.entity.DbContractorderDetail">
    insert into db_contractOrder_detail (zidongzhuti, productId, productName, productNum,
productUnit,price,priceSum,contractOrderId,beizhu)
    values(#{zidongzhuti}, #{productId}, #{productName}, #{productNum}, #{productUnit},
#{price}, #{priceSum}, #{contractOrderId}, #{beizhu})
</insert>
<!-- 根据产品明细表 id 删除产品明细 -->
<delete id = "deleteContractorderDetail" parameterType = "Integer">
    DELETE FROM db_contractOrder_detail WHERE id =  #{id}
</delete>
<!-- 根据产品明细表 id 修改产品明细,只修改产品数量、产品单价、产品总价 -->
<update id = "updateContractorderDetail">
    update db_contractOrder_detail
    set productNum = #{productNum},price = #{price},priceSum = #{priceSum}
    where id = #{id}
</update>
<!-- 根据报价记录表 id 查询产品明细 -->
<select id = "queryContractorderDetail" resultMap = "BaseResultMap"
```

```xml
       parameterType = "com.hongming.demo.entity.DbContractorderDetail">
    select * from db_contractOrder_detail where contractOrderId = #{contractOrderId}
</select>
<!-- 根据产品明细的 contractOrderId 删除产品明细 -->
<delete id = "deleteByContractOrderId" parameterType = "Integer">
    DELETE FROM db_contractOrder_detail WHERE contractOrderId = #{contractOrderId}
</delete>
```

（3）编辑 DbContractorderPictureMapper.xml 文件，添加实现客户管理操作相关 SQL 语句，代码如下所示。

```xml
<!-- 根据产品报价表的 id 插入下属图片 -->
<insert id = "addContractorderPicture">
    insert into db_contractOrder_picture (pictureName, PictureUrl, committime, contractOrderId)
    values (#{pictureName}, #{PictureUrl}, #{committime, jdbcType = DATE}, #{contractOrderId})
</insert>
<!-- 根据下属图片的 id 删除图片 -->
<delete id = "deleteContractorderPicture" parameterType = "Integer">
    DELETE FROM db_contractOrder_picture WHERE id = #{id}
</delete>
<!-- 根据产品报价表的 id 查询该张表下的所有下属图片 -->
<select id = "queryContractorderPicture" resultMap = "BaseResultMap"
    parameterType = "com.hongming.demo.entity.DbContractorderPicture">
    select id,pictureName,PictureUrl,convert(nvarchar(100)
    ,committime,20) AS committime,contractOrderId FROM db_contractOrder_picture
    WHERE contractOrderId = #{contractOrderId}
    order by id DESC
</select>
<select id = "queryPictureName" resultMap = "BaseResultMap"
    parameterType = "com.hongming.demo.entity.DbContractorderPicture">
    select id,pictureName,PictureUrl,convert(nvarchar(100)
    ,committime,20) AS committime,contractOrderId
    FROM db_contractOrder_picture
    WHERE id = #{id}
</select>
```

（4）编辑 DbContractorderjiluMapper.xml 文件，添加实现客户管理操作相关 SQL 语句，代码如下所示。

```xml
<insert id = "addContractorderjilu"
    parameterType = "com.hongming.demo.entity.DbContractorderjilu">
    insert into db_contractOrderJiLu (contractOrderId, CaoZuoRenId, CaoZuoRenName, CaoZuoLeiXing, CaoZuoTime, CaoZuoResult)
    values(#{contractOrderId}, #{CaoZuoRenId}, #{CaoZuoRenName}, #{CaoZuoLeiXing}, #{CaoZuoTime, jdbcType = DATE}, #{CaoZuoResult})
```

```xml
    </insert>
    <delete id="deleteContractorderjilu" parameterType="Integer">
        DELETE FROM db_contractOrderJiLu WHERE id = #{id}
    </delete>
    <select id="queryContractorderjilu" resultMap="BaseResultMap"
    parameterType="com.hongming.demo.entity.DbProductofferjilu">
        SELECT id,contractOrderId,CaoZuoRenId,CaoZuoRenName,CaoZuoLeiXing,convert(nvarchar
(100),CaoZuoTime,20) AS CaoZuoTime,CaoZuoResult FROM db_contractOrderJiLu
        where contractOrderId = #{contractOrderId} order by id DESC
    </select>
    <!-- 查询自己已审核的报价记录 -->
    <select id="queryContractOrderIdByUsername" resultType="java.lang.Integer">
        SELECT contractOrderId FROM db_contractOrderJiLu where CaoZuoRenId = #{username}
    </select>
```

10.2.2 编辑合同订单管理模块 Mapper 接口

（1）编辑 DbContractOrderMapper 接口，继承 MyBatis-Plus 的 BaseMapper 接口，在该接口文件中添加如下代码。

```java
@Mapper
public interface DbContractOrderMapper extends BaseMapper<DbContractOrder> {
    //查询当日新增合同订单的数量
    int queryCountHT(@Param("bianhaoDate") String bianhaoDate);
    //新增合同订单
    int addContractOrder(DbContractOrder dbContractOrder);
    //删除合同订单
    int deleteContractOrder(@Param("id") Integer id);
    //修改合同订单
    int updateContractOrder(DbContractOrder dbContractOrder);
    //查询产品合同订单草稿,根据员工工号分页查询
    List<DbContractOrder> queryContractOrderByAccountId(@Param("suoyouzheId") String suoyouzheId, Integer page);
    //查询产品合同订单,根据员工工号分页查询
    List<DbContractOrder> queryContractOrderByAccountIdStatus(@Param("suoyouzheId") String suoyouzheId, Integer page);
    //分页查询所有合同订单草稿
    List<DbContractOrder> queryContractOrderAll(@Param("page") Integer page);
    //分页查询所有合同订单
    List<DbContractOrder> queryContractOrderAllstatus(@Param("page") Integer page);
    //根据客户名称查询合同订单
    List<DbContractOrder> queryContractOrderByCustomId(@Param("duiyingkehu") String duiyingkehu);
    //根据报价编号查询合同订单
    DbContractOrder queryContractOrderByContractNumber(@Param("contractNumber") String contractNumber);
    List<String> queryContractOrderByDate(@Param("bianhaoDate") String bianhaoDate);
    //查看下属员工创建的合同订单草稿
```

```java
    List<DbContractOrder> queryContractOrderByEmployee(@Param("item2")
    List<String> item2, @Param("page") Integer page);
    //查看下属员工创建的合同订单
    List<DbContractOrder> queryContractOrderByEmployeeStatus(@Param("item2")
    List<String> item2, @Param("page") Integer page);
    //根据工号查询待自己审核的合同订单
    List<DbContractOrder> queryContractOrderByMyShenHe(@Param("nextperson") String nextperson);
    //提交草稿,需要审核
    int shenHeOrderStatus(@Param("id") Integer id, @Param("status") String status);
    //提交草稿,直接通过
    int shenHeOrderStatusTongGuo(@Param("id") Integer id, @Param("status")
    String status, @Param("nextperson") String nextperson);
    //根据id查看报价记录
    DbContractOrder queryContractOrderByOrderId(@Param("id") Integer id);
    //审核不通过
     int shenHeOrderNotPass(@Param("id") Integer id, @Param("nextperson") String nextperson, @Param("status") String status, @Param("status1") String status1, @Param("status2") String status2, @Param("status3") String status3, @Param("status4") String status4);
    //第一个审核人批准通过
    int shenHeOrderUpdateperson1(@Param("id") Integer id, @Param("nextperson")
 String nextperson, @Param("status1") String status1);
    //第二个审核人批准通过
    int shenHeOrderUpdateperson2(@Param("id") Integer id, @Param("nextperson")
 String nextperson, @Param("status2") String status2);
    //第三个审核人批准通过
    int shenHeOrderUpdateperson3(@Param("id") Integer id, @Param("nextperson")
 String nextperson, @Param("status3") String status3);
    //第四个审核人批准通过
    int shenHeOrderUpdateperson4(@Param("id") Integer id, @Param("status")
 String status, @Param("nextperson") String nextperson, @Param("status4") String status4);
    //查询自己审核的合同订单
    List<DbContractOrder> queryContractOrderOverByIds(@Param("item1")
 List<Integer> item1, @Param("page") Integer page);
    //查询下属订单信息
    List<DbContractOrder> queryContractOrderByUserIdPower(@Param("item2")
 List<String> item2, @Param("page") Integer page);
    //根据员工工号查询订单信息
    List<DbContractOrder> queryContractOrderByUserId(@Param("suoyouzheId")
 String suoyouzheId, @Param("page") Integer page);
    //根据客户名称查询已通过审核的合同订单
    List<DbContractOrder> queryContractOrderByCustomIdOver(@Param("duiyingkehu") String duiyingkehu);
}
```

(2) 编辑 DbContractorderDetailMapper 接口,继承 MyBatis-Plus 的 BaseMapper 接口,在该接口文件中添加如下代码。

```java
@Mapper
public interface DbContractorderDetailMapper extends BaseMapper<DbContractorderDetail> {
    //新增产品明细
    int addContractorderDetail(DbContractorderDetail dbContractorderDetail);
    //根据产品明细表 id 删除产品明细
    int deleteContractorderDetail(@Param("id") Integer id);
    //根据产品明细表 id 修改产品明细
    int updateContractorderDetail(@Param("id") Integer id, @Param("productNum") BigDecimal productNum, @Param("price") BigDecimal price, @Param("priceSum") BigDecimal priceSum);
    //根据报价记录表 id 查询产品明细
    List<DbContractorderDetail> queryContractorderDetail(@Param("contractOrderId") Integer contractOrderId);
    //根据产品明细的 contractOrderId 删除产品明细
    int deleteByContractOrderId(@Param("contractOrderId") Integer contractOrderId);
}
```

(3) 编辑 DbContractorderPictureMapper 接口，继承 MyBatis-Plus 的 BaseMapper 接口，在该接口文件中添加如下代码。

```java
@Mapper
public interface DbContractorderPictureMapper extends BaseMapper<DbContractorderPicture> {
    //根据产品报价表的 id 插入下属图片
    int addContractorderPicture(@Param("pictureName") String pictureName, @Param("PictureUrl") String PictureUrl,
            @Param("committime") String committime, @Param("contractOrderId") Integer contractOrderId);
    //根据下属图片的 id 删除图片
    int deleteContractorderPicture(@Param("id") Integer id);
    //根据产品报价表的 id 查询该张表下的所有下属图片
    List<DbContractorderPicture> queryContractorderPicture(@Param("contractOrderId") Integer contractOrderId);
    //根据图片 id 查询图片的存放路径
    DbContractorderPicture queryPictureName(@Param("id") Integer id);
}
```

(4) 编辑 DbContractorderjiluMapper 接口，继承 MyBatis-Plus 的 BaseMapper 接口，在该接口文件中添加如下代码。

```java
@Mapper
public interface DbContractorderjiluMapper extends BaseMapper<DbContractorderjilu> {
    //查询所有产品报价记录
    List<DbContractorderjilu> queryContractorderjilu(@Param("contractOrderId") Integer contractOrderId);
    //新增记录
```

```
    int addContractorderjilu(DbContractorderjilu dbContractorderjilu);
    //删除记录
    int deleteContractorderjilu(@Param("id") Integer id);
    //查询自己已审核的报价记录 id
    List<Integer> queryContractOrderIdByUsername(String username);
}
```

10.2.3 编辑合同订单管理模块 Service

1. 合同订单管理 Service

(1) 编辑 DbContractOrderService 接口,继承 MyBatis-Plus 的 IService 接口,代码如下所示。

```
public interface DbContractOrderService extends IService<DbContractOrder>
{    //查询当日新增合同订单的数量
    int queryCountHT(@Param("bianhaoDate") String bianhaoDate);
    //新增合同订单
    int addContractOrder(DbContractOrder dbContractOrder);
    //删除合同订单
    int deleteContractOrder(@Param("id") Integer id);
    //修改合同订单
    int updateContractOrder(DbContractOrder dbContractOrder);
    //根据员工工号分页查询合同订单草稿
    List<DbContractOrder> queryContractOrderByAccountId(@Param("suoyouzheId") String suoyouzheId, Integer page);
    //查询产品合同订单,根据员工工号分页查询
    List<DbContractOrder> queryContractOrderByAccountIdStatus(@Param("suoyouzheId") String suoyouzheId, Integer page);
    //分页查询所有合同订单草稿
    List<DbContractOrder> queryContractOrderAll(@Param("page") Integer page);
    //分页查询所有合同订单
    List<DbContractOrder> queryContractOrderAllstatus(@Param("page") Integer page);
    //根据客户名称查询合同订单
    List<DbContractOrder> queryContractOrderByCustomId(@Param("duiyingkehu") String duiyingkehu);
    //查看下属员工创建的合同订单草稿
    List<DbContractOrder> queryContractOrderByEmployee(@Param("item2") List<String> item2,@Param("page") Integer page);
    //查看下属员工创建的合同订单
    List<DbContractOrder> queryContractOrderByEmployeeStatus(@Param("item2") List<String> item2,@Param("page") Integer page);
    //根据报价编号查询合同订单
    DbContractOrder queryContractOrderByContractNumber(@Param("contractNumber") String contractNumber);
    List<String> queryContractOrderByDate(@Param("bianhaoDate") String bianhaoDate);
    //根据工号查询待自己审核的合同订单
```

```
    List < DbContractOrder > queryContractOrderByMyShenHe(@Param("nextperson") String nextperson);
    //提交草稿
    int shenHeOrderStatus(@Param("id") Integer id,@Param("status") String status);
    //提交草稿,直接通过
    int shenHeOrderStatusTongGuo(@Param("id") Integer id,@Param("status")
    String status,@Param("nextperson") String nextperson);
    //根据id查看报价记录
    DbContractOrder queryContractOrderByOrderId(@Param("id") Integer id);
    //审核不通过
    int shenHeOrderNotPass (@Param ("id") Integer id, @Param ("nextperson") String
nextperson,@Param("status") String status,@Param("status1") String status1,@Param("
status2") String status2, @Param ("status3") String status3, @Param ("status4") String
status4);
    //第一个审核人批准通过
    int shenHeOrderUpdateperson1(@Param("id") Integer id,@Param("nextperson")
    String nextperson,@Param("status1") String status1);
    //第二个审核人批准通过
    int shenHeOrderUpdateperson2(@Param("id") Integer id,@Param("nextperson")
    String nextperson,@Param("status2") String status2);
    //第三个审核人批准通过
    int shenHeOrderUpdateperson3(@Param("id") Integer id, @Param("nextperson") String
nextperson,@Param("status3") String status3);
    //第四个审核人批准通过
    int shenHeOrderUpdateperson4(@Param("id") Integer id,@Param("status")
    String status,@Param("nextperson")
    String nextperson,@Param("status4") String status4);
    //查询自己审核的合同订单
    List < DbContractOrder > queryContractOrderOverByIds(@Param("item1") List < Integer >
item1,Integer page);
    //查询下属订单信息
    List < DbContractOrder > queryContractOrderByUserIdPower(@Param("item2") List < String >
item2,@Param("page") Integer page);
    //根据员工工号查询订单信息
    List < DbContractOrder > queryContractOrderByUserId(@Param("suoyouzheId")
    String suoyouzheId,@Param("page") Integer page);
    //根据客户名称查询已通过审核的合同订单
    List < DbContractOrder > queryContractOrderByCustomIdOver(@Param("duiyingkehu") String
duiyingkehu);
}
```

(2) 编辑 DbContractOrderServiceImpl 类,继承 MyBatis-Plus 的 ServiceImpl 类,实现 DbContractOrderService 接口,代码如下所示。

```
@Service
public class DbContractOrderServiceImpl extends ServiceImpl < DbContractOrderMapper, DbContractOrder >
implements DbContractOrderService {
    @Override
    public int queryCountHT(String bianhaoDate) {
```

```java
        return baseMapper.queryCountHT(bianhaoDate);
    }
    @Override
    public int addContractOrder(DbContractOrder dbContractOrder) {
        return baseMapper.addContractOrder(dbContractOrder);
    }
    @Override
    public int deleteContractOrder(Integer id) {
        return baseMapper.deleteContractOrder(id);
    }
    @Override
    public int updateContractOrder(DbContractOrder dbContractOrder) {
        return baseMapper.updateContractOrder(dbContractOrder);
    }
    @Override
    public List<DbContractOrder> queryContractOrderByAccountId(String suoyouzheId, Integer page) {
        return baseMapper.queryContractOrderByAccountId(suoyouzheId, page);
    }
    @Override
    public List<DbContractOrder> queryContractOrderByAccountIdStatus(String suoyouzheId, Integer page) {
        return baseMapper.queryContractOrderByAccountIdStatus(suoyouzheId, page);
    }
    @Override
    public List<DbContractOrder> queryContractOrderAll(Integer page) {
        return baseMapper.queryContractOrderAll(page);
    }
    @Override
    public List<DbContractOrder> queryContractOrderAllstatus(Integer page) {
        return baseMapper.queryContractOrderAllstatus(page);
    }
    @Override
    public List<DbContractOrder> queryContractOrderByCustomId(String duiyingkehu) {
        return baseMapper.queryContractOrderByCustomId(duiyingkehu);
    }
    @Override
    public List<DbContractOrder> queryContractOrderByEmployee(List<String> item2, Integer page) {
        return baseMapper.queryContractOrderByEmployee(item2, page);
    }
    @Override
    public List<DbContractOrder> queryContractOrderByEmployeeStatus(List<String> item2, Integer page) {
        return baseMapper.queryContractOrderByEmployeeStatus(item2, page);
    }
    @Override
    public DbContractOrder queryContractOrderByContractNumber(String contractNumber) {
        return baseMapper.queryContractOrderByContractNumber(contractNumber);
```

```java
    }
    @Override
    public List<String> queryContractOrderByDate(String bianhaoDate) {
        return baseMapper.queryContractOrderByDate(bianhaoDate);
    }
    @Override
    public List<DbContractOrder> queryContractOrderByMyShenHe(String nextperson) {
        return baseMapper.queryContractOrderByMyShenHe(nextperson);
    }
    @Override
    public int shenHeOrderStatus(Integer id, String status) {
        return baseMapper.shenHeOrderStatus(id,status);
    }
    @Override
    public int shenHeOrderStatusTongGuo(Integer id, String status, String nextperson) {
        return baseMapper.shenHeOrderStatusTongGuo(id,status,nextperson);
    }
    @Override
    public DbContractOrder queryContractOrderByOrderId(Integer id) {
        return baseMapper.queryContractOrderByOrderId(id);
    }
    @Override
    public int shenHeOrderNotPass(Integer id, String nextperson, String status, String status1,
String status2, String status3, String status4) {
        return baseMapper.shenHeOrderNotPass(id,nextperson,status,status1,status2,status3,
status4);
    }
    @Override
    public int shenHeOrderUpdateperson1(Integer id, String nextperson, String status1) {
        return baseMapper.shenHeOrderUpdateperson1(id,nextperson,status1);
    }
    @Override
    public int shenHeOrderUpdateperson2(Integer id, String nextperson, String status2) {
        return baseMapper.shenHeOrderUpdateperson2(id,nextperson,status2);
    }
    @Override
    public int shenHeOrderUpdateperson3(Integer id, String nextperson, String status3) {
        return baseMapper.shenHeOrderUpdateperson3(id,nextperson,status3);
    }
    @Override
    public int shenHeOrderUpdateperson4(Integer id, String status, String nextperson, String
status4) {
        return baseMapper.shenHeOrderUpdateperson4(id,status,nextperson,status4);
    }
    @Override
    public List<DbContractOrder> queryContractOrderOverByIds(List<Integer> item1,Integer
page) {
        return baseMapper.queryContractOrderOverByIds(item1,page);
```

```java
    }
    @Override
    public List<DbContractOrder> queryContractOrderByUserIdPower(List<String> item2,
    Integer page) {
        return baseMapper.queryContractOrderByUserIdPower(item2,page);
    }
    @Override
    public List<DbContractOrder> queryContractOrderByUserId(String suoyouzheId, Integer
    page) {
        return baseMapper.queryContractOrderByUserId(suoyouzheId,page);
    }
    @Override
    public List<DbContractOrder> queryContractOrderByCustomIdOver(String duiyingkehu) {
        return baseMapper.queryContractOrderByCustomIdOver(duiyingkehu);
    }
}
```

2. 合同订单明细管理 Service

(1) 编辑 DbContractorderDetailService 接口，继承 MyBatis-Plus 的 IService 接口，代码如下所示。

```java
public interface DbContractorderDetailService extends IService<DbContractorderDetail> {
    //新增产品明细
    int addContractorderDetail(DbContractorderDetail dbContractorderDetail);
    //根据产品明细表 id 删除产品明细
    int deleteContractorderDetail(@Param("id") Integer id);
    //根据产品明细表 id 修改产品明细
    int updateContractorderDetail(@Param("id") Integer id, @Param("productNum")
BigDecimal productNum, @Param("price") BigDecimal price, @Param("priceSum") BigDecimal
priceSum);
    //根据报价记录表 id 查询产品明细
    List<DbContractorderDetail> queryContractorderDetail(@Param("contractOrderId")
Integer contractOrderId);
    //根据产品明细的 contractOrderId 删除产品明细
    int deleteByContractOrderId(@Param("contractOrderId") Integer contractOrderId);
}
```

(2) 编辑 DbContractorderDetailServiceImpl 类，继承 MyBatis-Plus 的 ServiceImpl 类，实现 DbContractorderDetailService 接口，代码如下所示。

```java
@Service
public class DbContractorderDetailServiceImpl extends ServiceImpl<DbContractorderDetailMapper,
DbContractorderDetail> implements DbContractorderDetailService {
    @Override
    public int addContractorderDetail(DbContractorderDetail dbContractorderDetail) {
        return baseMapper.addContractorderDetail(dbContractorderDetail);
    }
    @Override
```

```java
        public int deleteContractorderDetail(Integer id) {
            return baseMapper.deleteContractorderDetail(id);
        }
        @Override
        public int updateContractorderDetail(Integer id, BigDecimal productNum, BigDecimal price,
BigDecimal priceSum) {
            return baseMapper.updateContractorderDetail(id,productNum,price,priceSum);
        }
        @Override
        public List<DbContractorderDetail> queryContractorderDetail(Integer contractOrderId) {
            return baseMapper.queryContractorderDetail(contractOrderId);
        }
        @Override
        public int deleteByContractOrderId(Integer contractOrderId) {
            return baseMapper.deleteByContractOrderId(contractOrderId);
        }
}
```

3. 合同订单图片管理 Service

（1）编辑 DbContractorderPictureService 接口，继承 MyBatis-Plus 的 IService 接口，代码如下所示。

```java
public interface DbContractorderPictureService extends IService<DbContractorderPicture> {
    //根据产品报价表的 id 插入下属图片
    int addContractorderPicture(@Param("pictureName") String pictureName, @Param
("PictureUrl") String PictureUrl,
            @Param("committime") String committime, @Param("contractOrderId") Integer
contractOrderId);
    //根据下属图片的 id 删除图片
    int deleteContractorderPicture(@Param("id") Integer id);
    //根据产品报价表的 id 查询该张表下的所有下属图片
    List<DbContractorderPicture> queryContractorderPicture(@Param("contractOrderId")
Integer contractOrderId);
    //根据图片 id 查询图片的存放路径
    DbContractorderPicture queryPictureName(@Param("id") Integer id);
}
```

（2）编辑 DbContractorderPictureServiceImpl 类，继承 MyBatis-Plus 的 ServiceImpl 类，实现 DbContractorderPictureService 接口，代码如下所示。

```java
@Service
public class DbContractorderPictureServiceImpl extends ServiceImpl<DbContractorderPictureMapper,
DbContractorderPicture> implements DbContractorderPictureService {
    @Override
    public int addContractorderPicture(String pictureName, String PictureUrl, String
committime, Integer contractOrderId) {
        return baseMapper.addContractorderPicture(pictureName, PictureUrl, committime,
contractOrderId);
```

```java
    }
    @Override
    public int deleteContractorderPicture(Integer id) {
        return baseMapper.deleteContractorderPicture(id);
    }
    @Override
    public List<DbContractorderPicture> queryContractorderPicture(Integer contractOrderId) {
        return baseMapper.queryContractorderPicture(contractOrderId);
    }
    @Override
    public DbContractorderPicture queryPictureName(Integer id) {
        return baseMapper.queryPictureName(id);
    }
}
```

4. 合同订单审核记录管理 Service

(1) 编辑 DbContractorderjiluService 接口,继承 MyBatis-Plus 的 IService 接口,代码如下所示。

```java
public interface DbContractorderjiluService extends
 IService<DbContractorderjilu> {
    //查询所有产品报价记录
    List<DbContractorderjilu> queryContractorderjilu(@Param("contractOrderId") Integer contractOrderId);
    //新增记录
    int addContractorderjilu(DbContractorderjilu dbContractorderjilu);
    //删除记录
    int deleteContractorderjilu(@Param("id") Integer id);
    //查询自己已审核的报价记录 id
    List<Integer> queryContractOrderIdByUsername(String username);
}
```

(2) 编辑 DbContractorderjiluServiceImpl 类,继承 MyBatis-Plus 的 ServiceImpl 类,实现 DbContractorderjiluService 接口,代码如下所示。

```java
@Service
public class DbContractorderjiluServiceImpl extends ServiceImpl<DbContractorderjiluMapper,
 DbContractorderjilu> implements DbContractorderjiluService {
    @Override
    public List<DbContractorderjilu> queryContractorderjilu(Integer contractOrderId) {
        return baseMapper.queryContractorderjilu(contractOrderId);
    }
    @Override
    public int addContractorderjilu(DbContractorderjilu dbContractorderjilu) {
        return baseMapper.addContractorderjilu(dbContractorderjilu);
    }
    @Override
```

```
public int deleteContractorderjilu(Integer id) {
    return baseMapper.deleteContractorderjilu(id);
}
@Override
public List < Integer > queryContractOrderIdByUsername(String username) {
    return baseMapper.queryContractOrderIdByUsername(username);
}
}
```

10.2.4 编辑合同订单管理模块 Controller

完整代码请扫描右侧二维码下载。

代码
10.2.4

10.3 实现合同订单管理功能

10.3.1 合同订单列表功能实现

1. 编写合同订单列表 View

由于合同订单列表页面与 9.3.1 节报价记录列表页面相同,具体源代码参考 layout 目录下的 activity_baojia_list.xml 文件,实现效果如图 1.24 所示,在此不再赘述。

2. 编写合同订单列表接口

```
//查询本人的合同订单
@POST("ContractOrder/queryContractOrderByAccountIdStatus")
Observable < Response < List < DbContractOrder >>> queryContractOrderByAccountIdStatus(@Query
("suoyouzheId")
 String suoyouzheId, @Query("page") Integer page);
//查询下属的合同订单
@POST("ContractOrder/queryContractOrderByUserIdPower")
Observable < Response < List < DbContractOrder >>> queryContractOrderByEmployeeStatus(
@Query("offerId") String offerId, @Query("page") Integer page);
```

以上代码中,主要有两个接口,分别用于查询本人的合同订单列表和查询权限内的合同订单列表。

3. 编写合同订单列表 Controller

由于合同订单列表功能逻辑与 6.3.1 节中客户资料列表类似,合同订单列表分别使用 queryContractOrderByAccountIdStatus() 和 queryContractOrderByEmployeeStatus() 方法来查询本人与权限内的合同订单数据。具体代码参考 com.qianfeng.mis.ui.ordet.activity 包下的 ContractOrderListActivity,在此不再赘述。

10.3.2 合同订单查看功能实现

1. 编写合同订单查看 View

由于查看合同订单页面与 8.3.2 节查看销售机会页面相似,具体源代码参考 layout 目录下的 activity_contract_order_des.xml 文件，在此不再赘述。实现效果如图 1.26 所示。

2. 编写合同订单查看接口

```
//反审核
@POST("CustomProductOffer/ReStartShenHeProdectOffer")
Observable<Response<String>> ReStartShenHeProdectOffer(@Query("id") Integer id, @Query("username")
 String username, @Query("account") String account);
//合同订单提交审核
@POST("ContractOrder/shenHeOrderStatus")
Observable<Response<String>> shenHeOrderStatus(@Query("id") Integer id, @Query("stu")
String stu);
//根据 id 删除合同订单
@POST("ContractOrder/deleteContractOrder")
Observable<Response<String>> deleteContractOrder(@Query("id") Integer id);
```

以上代码中，主要有三个接口，分别是反审核、合同订单提交审核与根据 id 删除合同订单。

3. 编写合同订单查看 Controller

代码
10.3.2-3

在 com.qianfeng.mis.ui.ordet.activity 包下新建一个 ContractOrderTwDesActivity，完整代码请扫描左侧二维码下载。

首先在 initView()方法中，从 intent 中取出合同订单相关数据并设置到相应的控件，使用 getRole()方法获取该用户的角色。通过 commonUtil.initNav()方法初始化底部导航栏。在 opeartionListener()方法中调用 showOperation()方法显示操作弹框。在操作弹框中，根据合同订单的状态进行显示与管控，当新建审核、重新审核与审核不通过时，会显示删除、提交与编辑的操作。当合同订单状态为审核中和审核通过时，会显示生成回款计划、反审核与追踪，只有当合同订单为审核通过时，才可以生成回款计划。

操作中的提交就是将该合同订单提交审核。首先调用 queryContractorderDetail()方法查询出员工报价总价，再调用 getRoleSumPrice()方法查询出权限内总价。在用户单击"提交"按钮后，会调用 submitReview()方法，在该方法中，当员工报价总价大于或等于权限内总价时，将 stu 设置为 0，否则设置为 1。反审核直接调用 ReStartShenHeProdectOffer()方法即可。

在 accessoryListener()方法中调用查询产品明细 queryProductDetail()方法、查询图片附件 queryPicture()方法与显示产品明细与图片附件 showAccessory()方法。

10.3.3 添加与修改合同订单功能实现

1. 编写添加合同订单功能 View

由于报价记录列表页面与 6.3.1 节客户资料列表页面相同，具体源代码参考 layout 目录下的 activity_addcontractorder.xml 文件，实现效果如图 1.25 所示，在此不再赘述。

2. 编写添加与修改合同订单功能接口

```
//获取合同订单的编号信息
@POST("ContractOrder/findNumberHT")
```

```
        Observable < Response < JHBianHao >> findNumberHT();
    //根据客户名称查询联系人信息
    @POST("contact/queryContactByName")
    Observable < Response < List < LianXiRen >>> queryContactByName(@Query("custom") String custom);
    //新增合同订单
    @POST("ContractOrder/addContractOrder")
    Observable < Response < Integer >> addContractOrder(@Query("duiyingxiangmu") String duiyingxiangmu,
        @Query("zhuti") String zhuti,
        @Query("contractNumber") String contractNumber,        //合同编号
        @Query("bianhaoDate") String bianhaoDate,              //时间字符串
        @Query("duiyingkehu") String duiyingkehu,              //对应客户
        @Query("lianxiren") String lianxiren,                  //客户联系人
        @Query("classification") String classification,        //分类
        @Query("additionalCategory") String additionalCategory, //附加费用分类
        @Query("additionalMoney") BigDecimal additionalMoney,  //附加费用金额
        @Query("paymentChannel") String paymentChannel,        //付款方式
        @Query("qiandanDate") String qiandanDate,              //签单日期
        @Query("suoyouzhe") String suoyouzhe,                  //所有者(员工姓名)
        @Query("suoyouzheId") String suoyouzheId,              //所有者编号(员工工号)
        @Query("waibibeizhu") String waibibeizhu,              //外币备注
        @Query("sendTimeLate") String sendTimeLate,            //最晚发货日期
        @Query("sendWay") String sendWay,                      //发货方式
        @Query("sendMoney") BigDecimal sendMoney,              //预计运费
        @Query("address") String address,                      //收货地址
        @Query("beizhu") String beizhu,                        //备注
        @Query("zhuangtai") String zhuangtai,                  //状态
        @Query("chaosongduixiang") String chaosongduixiang,    //抄送对象
        @Query("status") String status,                        //状态标识
        @Query("sumMoney") BigDecimal sumMoney,
        @Query("nextperson") String nextperson,                //下一个审核人工号
        @Query("person1") String person1,                      //审核人1姓名
        @Query("person1Id") String person1Id,                  //审核人1工号
        @Query("status1") String status1,                      //审核人1审核状态
        @Query("person2") String person2,                      //审核人2姓名
        @Query("person2Id") String person2Id,                  //审核人2工号
        @Query("status2") String status2,                      //审核人2审核状态
        @Query("person3") String person3,                      //审核人3姓名
        @Query("person3Id") String person3Id,                  //审核人3工号
        @Query("status3") String status3,                      //审核人3审核状态
        @Query("person4") String person4,                      //审核人4姓名
        @Query("person4Id") String person4Id,                  //审核人4工号
        @Query("status4") String status4                       //审核人4审核状态
    );
    //新增产品明细
    @POST("ContractOrder/addContractorderDetail")
    Observable < Response < String >> addContractorderDetail(@Body List < DbContractorderDetail > dbContractorderDetails);
    //新增图片附件
```

```
@Multipart
@POST("ContractOrder/addContractorderPicture")
Observable < Response < String >> addContractorderPicture(@Query("contractOrderId")
Integer contractOrderId, @Part List < MultipartBody.Part > imagePicFiles);
```

在添加合同订单接口中，主要有三个接口，分别是获取合同订单的编号信息、根据客户名称查询联系人信息、新增合同订单、新增产品明细与新增图片附件。

```
//查询合同订单明细
@POST("ContractOrder/queryContractorderDetail")
Observable < Response < List < DbContractorderDetail >>> queryContractorderDetail(@Query
("contractOrderId") Integer contractOrderId);
//修改合同订单明细
@POST("ContractOrder/addContractorderDetail")
Observable < Response < String >> addContractorderDetail(@Body List < DbContractorderDetail >
dbContractorderDetails);
//根据 id 修改合同订单
@POST("ContractOrder/updateContractOrder")
Observable < Response < String >> updateContractOrder(@Query("id") String id,
                                @Query("zhuti") String zhuti,
                                @Query("lianxiren") String lianxiren,
                                @Query("classification") String classification,
                                @Query("additionalCategory") String additionalCategory,
                                @Query("additionalMoney") BigDecimal additionalMoney,
                                @Query("paymentChannel") String paymentChannel,
                                @Query("qiandanDate") String qiandanDate,
                                @Query("waibibeizhu") String waibibeizhu,
                                @Query("sendTimeLate") String sendTimeLate,
                                @Query("sendWay") String sendWay,
                                @Query("sendMoney") BigDecimal sendMoney,
                                @Query("address") String address,
                                @Query("beizhu") String beizhu,
                                @Query("zhuangtai") String zhuangtai,
                                @Query("chaosongduixiang") String chaosongduixiang);
```

在修改合同订单接口中，主要有四个接口，分别是查询合同订单明细、根据公司名称查询联系人、修改合同订单明细与根据 id 修改合同订单。

3. 编写添加与修改合同订单功能 Controller

在 com.qianfeng.mis.ui.ordet.activity 包下新建一个 AddContractOrdderActivity，完整代码请扫描左侧二维码下载。

代码
10.3.3-3

新增合同订单可以直接在合同订单模块进行，也可以从审核通过的报价记录中直接生成。在 initView()方法中，通过判断 tuisong 是否为空来判断是直接新增还是从报价记录中生成。当 tuisong 不为空时，从 intent 中取出从报价记录传递过来的相关数据并设置到控件中。最后调用 findNumberHT()获取合同编号与编号日期。

新增合同订单成功后，返回该合同订单的主键 id，若没有产品明细，则直接调用新增图片附件方法 addContractorderPicture(response.getResult())。若有产品明细，则将合同订单 id 通过 listMingxi.get(i).setContractOrderId(response.getResult())方式设置给每个实体,使产品明细与合同订单产生关联。当产品明细添加成功后,调用新增图片附件方法 addContractorderPicture(response.getResult())。首先判断该 listImgFile 是否有图片,若包含图片,则首先将图片封装到 RequestBody 中,然后调用 MultipartBody.Part.createFormData(String name,String filename,RequestBody body)方法,依次填入对应后端接收的参数名称、该文件名称以及 RequestBody,将封装好的 MultipartBody.Part 添加到列表中,最后调用网络请求方法完成图片附件上传功能。

由于修改合同订单与新增合同订单业务逻辑与页面类似,在此主要讲解修改报价记录的整个业务流转过程。源代码参考 com.qianfeng.mis.ui.ordet.activity 包下的 ContractOrderEditActivity。

修改合同订单,首先在 setData()方法中调用 queryContactByName(String keyword)方法查询联系人与 queryProductDetail()方法查询该合同订单下的产品明细。当用户完成修改操作单击"保存"按钮后,首先会判断产品明细 listMingxi 是否有数据,若没有数据,则直接调用 updateContractOrder()方法更新报价记录;若有数据,则通过遍历产品明细中的每一个实体设置报价记录 id,将产品明细与对应的报价记录进行关联,然后调用 addContractorderDetail()方法更新该报价记录的产品明细。当添加产品明细成功后,再调用 updateContractOrder()方法更新合同订单。

10.3.4 合同订单审核追踪功能实现

1. 编写合同订单审核追踪功能 View

```xml
<?xml version = "1.0" encoding = "utf - 8"?>
<LinearLayout xmlns:android = "http://schemas.android.com/apk/res/android"
    android:layout_width = "match_parent"
    android:layout_height = "match_parent"
    android:orientation = "vertical">
    <include
        android:id = "@ + id/layout_title"
        layout = "@layout/title" />
    <TextView
        android:id = "@ + id/tv_shenhe"
        style = "@style/textview_333_30"
        android:padding = "@dimen/px30"
        android:text = "下一个审核人: " />
    <View style = "@style/view_line_xi" />
    <TextView
        android:id = "@ + id/tv_shenhes"
        style = "@style/textview_333_30"
        android:layout_width = "match_parent"
        android:gravity = "center_horizontal"
        android:padding = "@dimen/px30"
        android:text = "" />
    <View style = "@style/view_line_xi" />
```

```xml
<LinearLayout
    android:layout_width = "match_parent"
    android:layout_height = "wrap_content"
    android:orientation = "horizontal">
    <TextView
        style = "@style/edittext_333_28"
        android:layout_width = "0dp"
        android:layout_weight = "1"
        android:gravity = "center"
        android:text = "审核人" />
    <TextView
        style = "@style/edittext_333_28"
        android:layout_width = "0dp"
        android:layout_weight = "1"
        android:gravity = "center"
        android:text = "操作类型" />
    <TextView
        style = "@style/edittext_333_28"
        android:layout_width = "0dp"
        android:layout_weight = "1"
        android:gravity = "center"
        android:text = "操作结果" />
    <TextView
        style = "@style/edittext_333_28"
        android:layout_width = "0dp"
        android:layout_weight = "2"
        android:gravity = "center"
        android:text = "操作时间" />
</LinearLayout>
<View style = "@style/view_line_xi" />
<android.support.v7.widget.RecyclerView
    android:id = "@+id/rv_list"
    android:layout_width = "match_parent"
    android:layout_height = "match_parent"
    android:overScrollMode = "never" />
</LinearLayout>
```

在该页面主要是展示下一个审核人信息与审核记录的追踪，包括审核人、操作类型、操作结果与操作时间。

2. 编写合同订单审核追踪功能接口

```
//查询合同订单的追踪信息
@POST("ContractOrder/queryContractorderById")
Observable<Response<List<DbContractorderjilu>>> queryContractorderById(@Query("id")
Integer id);
//查询合同订单审核人
@POST("ContractOrder/ContractorderShenHeJieDianBean")
Observable<Response<ContractOrderShenHeJieDian>> ContractOrderShenHeJieDianBean(@Query
("id") Integer id);
```

在合同订单审核追踪接口中，主要有两个接口，分别是查询合同订单的追踪信息与查询合同订单审核人。

3. 编写合同订单审核追踪功能 Controller

在 com.qianfeng.mis.ui.ordet.activity 包下新建 OrderGenZongActivity，该 Activity 用于合同订单的追踪。具体代码如下所示。

```java
public class OrderGenZongActivity extends BaseActivity {
    ...
    private OrderGenZongAdapter adapter;
    private int id;
    @Override
    protected int setLayoutResId() {
        return R.layout.activity_genzong;
    }
    @Override
    public void initView() {
        setTitle("合同审核追踪");
        setTitleLeftImg(R.mipmap.back_white);
        id = getIntent().getIntExtra("id",0);
        LinearLayoutManager manager = new LinearLayoutManager(OrderGenZongActivity.this);
        rvList.setLayoutManager(manager);
        adapter = new OrderGenZongAdapter(listData);
        rvList.setAdapter(adapter);
        queryContractorderById();
        ContractOrderShenHeJieDianBean();
    }
    //查询合同订单的追踪信息
    private void queryContractorderById() {
        RestClient.getInstance()
                .getStatisticsService()
                .queryContractorderById(id)
                .subscribeOn(Schedulers.io())
                .compose(bindToLifecycle())
                .observeOn(AndroidSchedulers.mainThread())
                .subscribe(response -> {
                    if (response.getCode() == 200) {
                        listData.clear();
                        if (response.getResult().size() <= 0) {
                            ToastUitl.showShort("无审核人");
                        }
                        listData.addAll(response.getResult());
                        adapter.replaceData(listData);
                    } else {
                        ToastUitl.showShort(response.getMessage());
                    }
                }, throwable -> {
                    ToastUitl.showShort("网络请求错误");
                });
```

```java
}
///查询合同订单审核人
private void ContractOrderShenHeJieDianBean() {
    RestClient.getInstance()
            .getStatisticsService()
            .ContractOrderShenHeJieDianBean(id)
            .subscribeOn(Schedulers.io())
            .compose(bindToLifecycle())
            .observeOn(AndroidSchedulers.mainThread())
            .subscribe(response -> {
                if (response.getCode() == 200) {
                    if (TextUtils.isEmpty(response.getResult().getNextPerson())){
                        tvShenhe.setText("审核完成");
                    }else {
                        tvShenhe.setText ( " 下 一 个 审 核 人: " + response. getResult ( ).
                        getNextPerson());
                    }
                    tvShenhes. setText (response. getResult ( ). getJiedian1 ( ) + "\u3000\u3000" +
                    response.getResult().getJiedian2() + "\u3000\u3000" + response.getResult().
                    getJiedian3());
                } else {
                    ToastUitl.showShort(response.getMessage());
                }
            }, throwable -> {
                ToastUitl.showShort("网络请求错误");
            });
}
```

首先在initView()方法中取出intent中的id，将合同订单id作为参数调用查询合同订单的追踪信息queryContractorderById()方法，当请求成功后，将数据进行替换即可。最后调用查询合同订单审核人ContractOrderShenHeJieDianBean()方法，得到相关审核人节点数据并设置到对应控件即可。

第 11 章 费用报销管理模块

本章学习目标
- 了解报销单的库表设计。
- 了解费用报销管理模块的功能实现。
- 了解 MVP 开发模式。

费用报销管理模块主要的功能就是上传附件（报销单据图片）、添加报销明细、提交审核等，因此该模块在数据库中需要依靠报销记录表、报销记录明细表、报销记录图片表、审核记录表这四张数据表来提供数据支持。

11.1 费用报销库表设计

11.1.1 费用报销表结构设计

报销记录表主要是用来说明报销信息，涉及的字段主要有 baoxiaozhuti（报销主题）、duiyingkehu（对应客户）、shenqingriqi（报销单申请日期）、shenqingren（报销单申请人）、feiyongjiazhi（费用价值）等；报销记录明细表主要用来关联报销记录表，展示报销单的具体数据，涉及的字段信息主要有 baoxiaoid（报销记录表 id）、zhuti（报销主题）、yongtu（用途）等；报销记录图片表关联报销记录表，主要用来上传报销单据照片，字段信息与其他模块的图片表字段信息类似；审核记录表主要用来展示审核流程，主要涉及的字段信息有 baoxiaoid（报销记录表 id）、CaoZuoRenId（审核操作人的工号）、CaoZuoTime（审核操作时间）、CaoZuoResult（审核操作结果）。

11.1.2 创建费用报销数据表

1. 创建报销记录表

```
create table db_baoxiao(
    id int not null identity(1,1) primary key,
    baoxiaozhuti nvarchar(50),                  -- 报销主题
    baoxiaodanhao varchar(20),                  -- 报销单号
    duiyingkehu nvarchar(50),                   -- 对应客户
    danjuleixing nvarchar(20),                  -- 单据类型
    guanliandanju nvarchar(200),                -- 关联单据
    shenqingriqi datetime2,                     -- 申请日期
```

```
    shenqingren nvarchar(20),                        -- 申请人
    shenqingrenid nvarchar(20),                      -- 申请人工号
    beizhu nvarchar(200),                            -- 备注
    feiyongjiazhi nvarchar(20),                      -- 费用价值
    summoney decimal(10,0),                          -- 报销金额
    bianhaoDate nvarchar(20),                        -- 当日日期
    status varchar(10) ,
                    -- 状态：A 为创建状态,B 为审核中,C 为审核通过,D 为审核拒绝,E 为重新审核
    nextperson varchar(20),                          -- 下一个审核人工号
    person1   nvarchar(20),                          -- 审核人1 姓名
    person1Id varchar(20),                           -- 审核人1 工号
    status1 nvarchar(10),                            -- 审核人1 审核状态
    person2   nvarchar(20),                          -- 审核人2 姓名
    person2Id varchar(20),                           -- 审核人2 工号
    status2 nvarchar(10),                            -- 审核人2 审核状态
    person3   nvarchar(20),                          -- 审核人3 姓名
    person3Id varchar(20),                           -- 审核人3 工号
    status3 nvarchar(10)                             -- 审核人3 审核状态
)
```

2. 创建报销记录明细表

```
create table db_baoxiao_detail(
    id int not null identity(1,1) primary key,
    baoxiaoid   int,                                 -- 报销记录表 id
    zhuti nvarchar(200),                             -- 报销主题
    fashengriqi datetime2,                           -- 发生日期
    jine decimal(10,0),                              -- 金额
    piaojuzhangshu int,                              -- 票据张数
    yongtu nvarchar(200),                            -- 用途
)
```

3. 创建报销记录图片表

```
create table db_baoxiao_picture(
    id int not null identity(1,1) primary key,
    pictureName varchar(200),                        -- 照片名称
    PictureUrl varchar(100),                         -- 照片地址
    committime datetime2,                            -- 提交时间
    baoxiaoid int)
```

4. 创建审核记录表

```
create table db_baoxiao_shenhejilu(
    id int not null identity(1,1) primary key,       -- 主键
    baoxiaoid   int,                                 -- 报销记录表 id
    CaoZuoRenId   varchar(20),                       -- 操作工号
    CaoZuoRenName nvarchar(20),                      -- 操作人姓名
    CaoZuoTime datetime2,                            -- 操作时间
    CaoZuoResult  nvarchar(20)                       -- 操作结果
)
```

11.2 费用报销服务端接口

11.2.1 编辑费用报销管理模块文件

（1）编辑 DbBaoxiaoMapper.xml 文件，添加实现费用报销管理操作相关 SQL 语句，代码如下所示。

```xml
<resultMap id="shenheren" type="com.hongming.demo.entity.ShenHeJieDianView">
    <result column="FNUMBER" property="FNUMBER" />
    <result column="FNAME" property="FNAME" />
</resultMap>
<!-- 根据字段 bianhaoDate 查询当日报价记录 -->
<select id="queryBaoXiaoDanHaoByDate" resultType="String" parameterType="String">
    select baoxiaodanhao from db_baoxiao
    where bianhaoDate = #{bianhaoDate}
    ORDER BY id DESC
</select>
<!-- 根据报销编号查询报销单 -->
<select id="queryBaoXiaoDanByDanHao" resultMap="BaseResultMap"
        parameterType="com.hongming.demo.entity.DbBaoxiao">
    select id,baoxiaozhuti,baoxiaodanhao,duiyingkehu,danjuleixing,guanliandanju,
        convert(nvarchar(100),shenqingriqi,20) AS
        shenqingriqi,shenqingren,beizhu,feiyongjiazhi,summoney,status,
        nextperson,person1,person1Id,status1,person2,person2Id,status2,
        person3,person3Id,status3,person4,person4Id,status4,bianhaoDate,shenqingrenid
    from db_baoxiao
    where baoxiaodanhao = #{baoxiaodanhao}
</select>
<!-- 根据 id 查询报销单 -->
<select id="queryBaoXiaoDanById" resultMap="BaseResultMap"
        parameterType="com.hongming.demo.entity.DbBaoxiao">
    select id,baoxiaozhuti,baoxiaodanhao,duiyingkehu,danjuleixing,guanliandanju,
        convert(nvarchar(100),shenqingriqi,20) AS
        shenqingriqi,shenqingren,beizhu,feiyongjiazhi,summoney,status,
        nextperson,person1,person1Id,status1,person2,person2Id,status2,
        person3,person3Id,status3,person4,person4Id,status4,bianhaoDate,shenqingrenid
    from db_baoxiao
    where id = #{id}
</select>
<!-- 根据 id 集查询报销单 -->
<select id="queryBaoXiaoDanOverById" resultMap="BaseResultMap"
        parameterType="com.hongming.demo.entity.DbBaoxiao">
    select top 20 id,baoxiaozhuti,baoxiaodanhao,duiyingkehu,danjuleixing,guanliandanju,
        convert(nvarchar(100),shenqingriqi,20) AS
        shenqingriqi,shenqingren,beizhu,feiyongjiazhi,summoney,status,
```

```xml
            nextperson,person1,person1Id,status1,person2,person2Id,status2,
person3,person3Id,status3,person4,person4Id,status4,bianhaoDate,shenqingrenid
        FROM (select ROW_NUMBER() OVER(order by id DESC)
        AS rownumber, * FROM db_baoxiao) AS T
        where T.rownumber BETWEEN (#{page}-1) * 20 + 1 and #{page} * 20 + 1 and T.id in
        <foreach collection = "item3" open = "(" item = "item3" separator = "," close = ")">
            #{item3}
        </foreach>
    </select>
    <!-- 根据工号查询待自己审核的报销单 -->
    <select id = "queryBaoXiaoDanByMyShenHe" resultMap = "BaseResultMap"
            parameterType = "com.hongming.demo.entity.DbBaoxiao">
        select id,baoxiaozhuti,baoxiaodanhao,duiyingkehu,danjuleixing,guanliandanju,
            convert(nvarchar(100),shenqingriqi,20) AS
            shenqingriqi,shenqingren,beizhu,feiyongjiazhi,summoney,status,
            nextperson,person1,person1Id,status1,person2,person2Id,status2,
person3,person3Id,status3,person4,person4Id,status4,bianhaoDate,shenqingrenid
        from db_baoxiao
        where nextperson = #{nextperson} and status = 'B'
    </select>
    <!-- 新增报销单 -->
    <insert id = "addBaoXiao" parameterType = "com.hongming.demo.entity.DbBaoxiao">
        <selectKey resultType = "java.lang.Integer" keyProperty = "id" order = "AFTER">
            SELECT @@IDENTITY
        </selectKey>
        <![CDATA[
            insert into db_baoxiao(
baoxiaozhuti,baoxiaodanhao,duiyingkehu,danjuleixing,guanliandanju,
            shenqingriqi,shenqingren,beizhu,feiyongjiazhi,summoney,status,
            nextperson,person1,person1Id,status1,person2,person2Id,status2,
            person3,person3Id,status3,person4,person4Id,status4,bianhaoDate,shenqingrenid)
            values(
#{baoxiaozhuti},#{baoxiaodanhao},#{duiyingkehu},#{danjuleixing},#{guanliandanju},
#{shenqingriqi, jdbcType = DATE},#{shenqingren},#{beizhu},#{feiyongjiazhi},
#{summoney},#{status},
#{nextperson},#{person1},#{person1Id},#{status1},#{person2},#{person2Id},
#{status2},
#{person3},#{person3Id},#{status3},#{person4},#{person4Id},#{status4},
#{bianhaoDate},#{shenqingrenid})
        ]]>
    </insert>
    <!-- 根据报价记录id删除报销单 -->
    <delete id = "deleteBaoXiao" parameterType = "java.lang.Integer">
        DELETE FROM db_baoxiao WHERE id = #{id}
    </delete>
    <!-- 根据报价记录id修改报销记录 -->
    <update id = "updateBaoXiao">
        update db_baoxiao
        set feiyongjiazhi = #{feiyongjiazhi}
```

```xml
        where id = #{id}
    </update>
    <!-- 管理员分页查看所有的报销单 -->
    <select id="queryAllBaoXiaoDan" resultMap="BaseResultMap"
            parameterType="com.hongming.demo.entity.DbBaoxiao">
        select top 20 id,baoxiaozhuti,baoxiaodanhao,duiyingkehu,danjuleixing,guanliandanju,
            convert(nvarchar(100),shenqingriqi,20) AS shenqingriqi,shenqingren,beizhu,feiyongjiazhi,summoney,status,
            nextperson,person1,person1Id,status1,person2,person2Id,status2,
            person3,person3Id,status3,person4,person4Id,status4,bianhaoDate,shenqingrenid
        FROM (select ROW_NUMBER() OVER(order by id DESC) AS rownumber, * FROM db_baoxiao) AS T
        where T.rownumber BETWEEN (#{page}-1)*20+1 and #{page}*20+1
    </select>
    <!-- 业务员分页查看自己创建的报销单 -->
    <select id="queryBaoXiaoDanByAccount" resultMap="BaseResultMap"
            parameterType="com.hongming.demo.entity.DbBaoxiao">
        select top 20 id,baoxiaozhuti,baoxiaodanhao,duiyingkehu,danjuleixing,guanliandanju,
            convert(nvarchar(100),shenqingriqi,20) AS shenqingriqi,shenqingren,beizhu,feiyongjiazhi,summoney,status,
            nextperson,person1,person1Id,status1,person2,person2Id,status2,
            person3,person3Id,status3,person4,person4Id,status4,bianhaoDate,shenqingrenid
        FROM (select ROW_NUMBER() OVER(order by id DESC) AS rownumber, * FROM db_baoxiao) AS T
        where T.rownumber BETWEEN (#{page}-1)*20+1 and #{page}*20+1 and T.shenqingrenid = #{shenqingrenid}
    </select>
    <!-- 分页查看下属员工创建的所有报销单 -->
    <select id="queryBaoXiaoDanByPower" resultMap="BaseResultMap"
            parameterType="com.hongming.demo.entity.DbBaoxiao">
        select top 20 id,baoxiaozhuti,baoxiaodanhao,duiyingkehu,danjuleixing,guanliandanju,
            convert(nvarchar(100),shenqingriqi,20) AS shenqingriqi,shenqingren,beizhu,feiyongjiazhi,summoney,status,
            nextperson,person1,person1Id,status1,person2,person2Id,status2,
            person3,person3Id,status3,person4,person4Id,status4,bianhaoDate,shenqingrenid
        FROM (select ROW_NUMBER() OVER(order by id DESC)
        AS rownumber, * FROM db_baoxiao) AS T
        where T.rownumber BETWEEN (#{page}-1)*20+1 and #{page}*20+1 and T.shenqingrenid in
        <foreach collection="item2" open="(" item="item2" separator="," close=")">
            #{item2}
        </foreach>
    </select>
<!-- 提交,将status从A改为B -->
    <update id="TiJiaoBaoXiao">
        update db_baoxiao
```

```xml
        set  status = #{status}
        where id = #{id}
    </update>
    <!-- 审核不通过,审核状态 status 改为 D;反审核,审核状态 status 改为 E -->
    <update id="shenHeNotPass">
        update db_baoxiao
        set  status = #{status},nextperson = #{nextperson},
        status1 = #{status1}, status2 = #{status2}, status3 = #{status3}, status4 = #{status4}
        where id = #{id}
    </update>
    <!-- 经理审核 -->
    <update id="shenHeUpdateperson1">
        update db_baoxiao
        set  nextperson = #{nextperson},status1 = #{status1}
        where id = #{id}
    </update>
    <!-- 总监审核 -->
    <update id="shenHeUpdateperson2">
        update db_baoxiao
        set  nextperson = #{nextperson},status2 = #{status2}
        where id = #{id}
    </update>
    <!-- 总经理审核 -->
    <update id="shenHeUpdateperson3">
        update db_baoxiao
        set  nextperson = #{nextperson},status3 = #{status3}
        where id = #{id}
    </update>
    <!-- 总经理助理审核 -->
    <update id="shenHeUpdateperson4">
        update db_baoxiao
        set  status = #{status},nextperson = #{nextperson},status4 = #{status4}
        where id = #{id}
    </update>
    <!-- 根据客户名称查询任务跟进主题 -->
    <select id="queryGenJin" resultType="String">
     select zhuti from db_custom_genjinjilu where customName = #{name}
    </select>
    <!-- 根据客户名称查询销售机会主题 -->
    <select id="queryxiaoShou" resultType="String">
     select zhuti from db_custom_xiaoshoujihui where duiyingkehu = #{name}
    </select>
    <!-- 根据客户名称查询报价记录主题 -->
    <select id="queryBaoJia" resultType="String">
     select zhuti from db_product_offer where duiyingkehu = #{name}
    </select>
    <!-- 根据客户名称查询合同订单主题 -->
    <select id="queryHeTong" resultType="String">
     select zhuti from db_contract_order where duiyingkehu = #{name}
```

```xml
</select>
<!--根据审核人工号查姓名-->
<select id="queryShenHeRenName" resultMap="shenheren"
        parameterType="com.hongming.demo.entity.ShenHeJieDianView">
SELECT A.FNAME,B.FNUMBER from T_HR_EMPINFO_L AS A
LEFT JOIN T_HR_EMPINFO AS B
ON    A.FID=B.FID
where B.FNUMBER=#{FNUMBER}
</select>
```

（2）编辑 DbBaoxiaoDetailMapper.xml 文件，添加实现费用报销管理操作相关 SQL 语句，代码如下所示。

```xml
<!--新增报销明细-->
<insert id="addBaoXiaoDetail"
parameterType="com.hongming.demo.entity.DbBaoxiaoDetail">
    insert into
db_baoxiao_detail(baoxiaoid,zhuti,fashengriqi,jine,piaojuzhangshu,yongtu)
values(#{baoxiaoid},#{zhuti},#{fashengriqi},#{jine},#{piaojuzhangshu},#{yongtu})
</insert>
<!--根据报销明细表id删除产品明细-->
<delete id="deleteBaoXiaoDetail" parameterType="Integer">
    DELETE FROM db_baoxiao_detail WHERE id = #{id}
</delete>
<!--根据产品明细表id修改日期、金额、票据张数、用途-->
<update id="updateBaoXiaoDetail">
    update db_baoxiao_detail
    set fashengriqi=#{fashengriqi},jine=#{jine},piaojuzhangshu=#{piaojuzhangshu},
yongtu=#{yongtu}
    where id=#{id}
</update>
<!--根据报销表id查询报销明细-->
<select id="queryBaoXiaoDetail" resultMap="BaseResultMap"
parameterType="com.hongming.demo.entity.DbBaoxiaoDetail">
    select * from db_baoxiao_detail where baoxiaoid=#{baoxiaoid}
</select>
<!--根据报销表id删除报销明细-->
<delete id="deleteByBaoXiaoId" parameterType="Integer">
    DELETE FROM db_baoxiao_detail WHERE baoxiaoid= #{baoxiaoid}
</delete>
<!--根据id查询报销单-->
<select id="queryBaoXiaoDanDetail" resultMap="BaseResultMap"
        parameterType="com.hongming.demo.entity.DbBaoxiaoDetail">
    select * from db_baoxiao_detail
    where id=#{id}
</select>
```

（3）编辑 DbBaoxiaoPictureMapper.xml 文件，添加实现费用报销管理操作相关 SQL 语句，代码如下所示。

```xml
<insert id="addBaoxiaoPicture">
insert into db_baoxiao_picture(pictureName, PictureUrl, committime, baoxiaoid) values (#{pictureName}, #{PictureUrl}, #{committime, jdbcType=DATE}, #{baoxiaoid})
</insert>
<!-- 根据下属图片的 id 删除图片 -->
<delete id="deleteBaoxiaoPicture" parameterType="Integer">
    DELETE FROM db_baoxiao_picture WHERE id = #{id}
</delete>
<!-- 根据产品报销表的 id 查询该张表下的下属图片 -->
<select id="queryBaoxiaoPicture" resultMap="BaseResultMap"
parameterType="com.hongming.demo.entity.DbBaoxiaoPicture">
    select id,pictureName,PictureUrl,convert(nvarchar(100)
    ,committime,20) AS committime,baoxiaoid
    FROM db_baoxiao_picture
    WHERE baoxiaoid = #{baoxiaoid}
    order by id DESC
</select>
<!-- 根据图片 id 查询图片的存放路径 -->
<select id="queryPictureName" resultMap="BaseResultMap"
parameterType="com.hongming.demo.entity.DbBaoxiaoPicture">
    select id, pictureName, PictureUrl, convert(nvarchar(100), committime, 20) AS
    committime,baoxiaoid
    FROM db_baoxiao_picture
    WHERE id = #{id}
</select>
```

（4）编辑 DbBaoxiaoShenhejiluMapper.xml 文件，添加实现费用报销管理操作相关 SQL 语句，代码如下所示。

```xml
<insert id="addBaoxiaoShenheJiLu"
    parameterType="com.hongming.demo.entity.DbBaoxiaoShenhejilu">
    insert into db_baoxiao_shenhejilu(baoxiaoid, CaoZuoRenId, CaoZuoRenName, CaoZuoTime, CaoZuoResult)
values(#{baoxiaoid}, #{CaoZuoRenId}, #{CaoZuoRenName}, #{CaoZuoTime, jdbcType=DATE}, #{CaoZuoResult})
</insert>
<delete id="deleteBaoxiaoShenheJiLu" parameterType="Integer">
    DELETE FROM db_baoxiao_shenhejilu WHERE id = #{id}
</delete>
<select id="queryBaoxiaoShenheJiLuById" resultMap="BaseResultMap"
parameterType="com.hongming.demo.entity.DbBaoxiaoShenhejilu">
    SELECT id,baoxiaoid,CaoZuoRenId,CaoZuoRenName,convert(nvarchar(100)
    ,CaoZuoTime,20) AS CaoZuoTime,CaoZuoResult FROM db_baoxiao_shenhejilu
    where baoxiaoid = #{baoxiaoid}
    order by id DESC
</select>
<!-- 查询自己已审核的报价记录 -->
<select id="queryBaoxiaoShenheJiLuByUsername" resultType="java.lang.Integer">
    SELECT baoxiaoid FROM db_baoxiao_shenhejilu where CaoZuoRenId = #{username}
</select>
```

11.2.2 编辑费用报销管理模块 Mapper 接口

(1) 编辑 DbBaoxiaoMapper 接口,继承 MyBatis-Plus 的 BaseMapper 接口,在该接口文件中添加如下代码。

```java
@Mapper
public interface DbBaoxiaoMapper extends BaseMapper<DbBaoxiao> {
    //查询当日新增产品报价数量,生成报价编号
    List<String> queryBaoXiaoDanHaoByDate(@Param("bianhaoDate") String bianhaoDate);
    //新增报销记录
    int addBaoXiao(DbBaoxiao dbBaoxiao);
    //删除报销记录
    int deleteBaoXiao(@Param("id") Integer id);
    //修改报销记录
    int updateBaoXiao(@Param("id") Integer id, @Param("feiyongjiazhi") String feiyongjiazhi);
    //根据报销单号查询报销单
    List<DbBaoxiao> queryBaoXiaoDanByDanHao(@Param("baoxiaodanhao") String baoxiaodanhao);
    //根据工号查看待自己审核的报销单
    List<DbBaoxiao> queryBaoXiaoDanByMyShenHe(@Param("nextperson") String nextperson);
    //业务员分页查看自己创建的报销单
    List<DbBaoxiao> queryBaoXiaoDanByAccount(@Param("shenqingrenid") String shenqingrenid, @Param("page") Integer page);
    //查看下属员工创建的所有报销单
    List<DbBaoxiao> queryBaoXiaoDanByPower(@Param("item2") List<String> item2, @Param("page") Integer page);
    //管理员分页查看所有的报销单
    List<DbBaoxiao> queryAllBaoXiaoDan(@Param("page") Integer page);
    //根据 id 查询报销单
    DbBaoxiao queryBaoXiaoDanById(@Param("id") Integer id);
    //审核不通过、反审
    int shenHeNotPass(@Param("id") Integer id, @Param("nextperson") String nextperson, @Param("status") String status, @Param("status1") String status1, @Param("status2") String status2, @Param("status3") String status3, @Param("status4") String status4);
    //提交报销单
    int TiJiaoBaoXiao(@Param("id") Integer id, @Param("status") String status);
    //第一个审核人批准通过
    int shenHeUpdateperson1(@Param("id") Integer id, @Param("nextperson") String nextperson, @Param("status1") String status1);
    //第二个审核人批准通过
    int shenHeUpdateperson2(@Param("id") Integer id, @Param("nextperson") String nextperson, @Param("status2") String status2);
    //第三个审核人批准通过
    int shenHeUpdateperson3(@Param("id") Integer id, @Param("nextperson") String nextperson, @Param("status3") String status3);
    //第四个审核人批准通过
    int shenHeUpdateperson4(@Param("id") Integer id, @Param("status") String status, @Param("nextperson") String nextperson, @Param("status4") String status4);
    //根据客户名称查询任务跟进主题
```

```java
    List<String> queryGenJin(@Param("name") String name);
    //根据客户名称查询销售机会主题
    List<String> queryxiaoShou(@Param("name") String name);
    //根据客户名称查询报价记录主题
    List<String> queryBaoJia(@Param("name") String name);
    //根据客户名称查询合同订单主题
    List<String> queryHeTong(@Param("name") String name);
    //根据 id 集查询报销单
    List<DbBaoxiao> queryBaoXiaoDanOverById(@Param("item3")List<Integer> item3,@Param("page")Integer page);
    //根据工号查询审核人
    ShenHeJieDianView queryShenHeRenName(@Param("FNUMBER") String FNUMBER);
}
```

(2) 编辑 DbBaoxiaoDetailMapper 接口，继承 MyBatis-Plus 的 BaseMapper 接口，在该接口文件中添加如下代码。

```java
@Mapper
public interface DbBaoxiaoDetailMapper extends BaseMapper<DbBaoxiaoDetail> {
    //新增报销明细
    int addBaoXiaoDetail(DbBaoxiaoDetail dbBaoxiaoDetail);
    //根据报销明细 id 删除报销明细
    int deleteBaoXiaoDetail(@Param("id") Integer id);
    //根据报销明细表 id 修改报销明细
    int updateBaoXiaoDetail(DbBaoxiaoDetail dbBaoxiaoDetail);
    //根据报销表 id 查询报销明细
    List<DbBaoxiaoDetail> queryBaoXiaoDetail(@Param("baoxiaoid") Integer baoxiaoid);
    //根据报销明细的 baoxiao 字段删除产品明细
    int deleteByBaoXiaoId(@Param("baoxiaoid") Integer baoxiaoid);
    //根据 id 查询明细详情
    DbBaoxiaoDetail queryBaoXiaoDanDetail(@Param("id") Integer id);
}
```

(3) 编辑 DbBaoxiaoPictureMapper 接口，继承 MyBatis-Plus 的 BaseMapper 接口，在该接口文件中添加如下代码。

```java
@Mapper
public interface DbBaoxiaoPictureMapper extends BaseMapper<DbBaoxiaoPicture> {
    //根据产品报价表的 id 插入下属图片
    int addBaoxiaoPicture(
            @Param("pictureName") String pictureName,
            @Param("PictureUrl") String PictureUrl,
            @Param("committime") String committime,
            @Param("baoxiaoid") Integer baoxiaoid);
    //根据下属图片的 id 删除图片
    int deleteBaoxiaoPicture(@Param("id") Integer id);
    //根据产品报价表的 id 查询该张表下的所有下属图片
    List<DbBaoxiaoPicture> queryBaoxiaoPicture(@Param("baoxiaoid") Integer baoxiaoid);
    //根据图片 id 查询图片的存放路径
    DbBaoxiaoPicture queryPictureName(@Param("id") Integer id);
}
```

（4）编辑 DbBaoxiaoShenhejiluMapper 接口，继承 MyBatis-Plus 的 BaseMapper 接口，在该接口文件中添加如下代码。

```
@Mapper
public interface DbBaoxiaoShenhejiluMapper extends BaseMapper<DbBaoxiaoShenhejilu> {
    //查询某个报销单下所有报销审核记录
    List<DbBaoxiaoShenhejilu> queryBaoxiaoShenheJiLuById(@Param("baoxiaoid") Integer baoxiaoid);
    //新增记录
    int addBaoxiaoShenheJiLu(DbBaoxiaoShenhejilu dbBaoxiaoShenhejilu);
    //删除记录
    int deleteBaoxiaoShenheJiLu(@Param("id") Integer id);
    //根据工号查询自己已审核的报价记录id
    List<Integer> queryBaoxiaoShenheJiLuByUsername(String username);
}
```

11.2.3 编辑费用报销管理模块 Service

1. 费用报销管理 Service

（1）编辑 DbBaoxiaoService 接口，继承 MyBatis-Plus 的 IService 接口，代码如下所示。

```
public interface DbBaoxiaoService extends IService<DbBaoxiao> {
    //查询当日新增产品报销单数量,生成报销单编号
    List<String> queryBaoXiaoDanHaoByDate(@Param("bianhaoDate") String bianhaoDate);
    //新增报销记录
    int addBaoXiao(DbBaoxiao dbBaoxiao);
    //删除报销记录
    int deleteBaoXiao(@Param("id") Integer id);
    //修改报销记录
    int updateBaoXiao(@Param("id") Integer id,@Param("feiyongjiazhi")
    String feiyongjiazhi);
    //根据报销单号查询报销单
    List<DbBaoxiao> queryBaoXiaoDanByDanHao(@Param("baoxiaodanhao")    String baoxiaodanhao);
    //根据工号查看待自己审核的报销单
    List<DbBaoxiao> queryBaoXiaoDanByMyShenHe(@Param("nextperson") String nextperson);
    //业务员分页查看自己创建的报销单
    List<DbBaoxiao> queryBaoXiaoDanByAccount(@Param("shenqingrenid")
    String shenqingrenid,@Param("page")Integer page);
    //查看下属员工创建的所有报销单
    List<DbBaoxiao> queryBaoXiaoDanByPower(@Param("item2")
    List<String> item2,@Param("page")Integer page);
    //管理员分页查看所有的报销单
    List<DbBaoxiao> queryAllBaoXiaoDan(@Param("page")Integer page);
    //根据id查询报销单
    DbBaoxiao queryBaoXiaoDanById(@Param("id")Integer id);
    //审核不通过、反审
    int shenHeNotPass(
```

```java
@Param("id") Integer id,@Param("nextperson") String nextperson,@Param("status") String status,@Param("status1") String status1,@Param("status2") String status2,@Param("status3") String status3,@Param("status4") String status4);
//提交报销单
int TiJiaoBaoXiao(@Param("id") Integer id,@Param("status") String status);
//第一个审核人批准通过
int shenHeUpdateperson1(@Param("id") Integer id,@Param("nextperson") String nextperson,@Param("status1") String status1);
//第二个审核人批准通过
int shenHeUpdateperson2(@Param("id") Integer id,@Param("nextperson") String nextperson,@Param("status2") String status2);
//第三个审核人批准通过
int shenHeUpdateperson3(@Param("id") Integer id,@Param("nextperson") String nextperson,@Param("status3") String status3);
//第四个审核人批准通过
int shenHeUpdateperson4(@Param("id") Integer id,@Param("status") String status,@Param("nextperson") String nextperson,@Param("status4") String status4);
//根据客户名称查询任务跟进主题
List<String> queryGenJin(@Param("name") String name);
//根据客户名称查询销售机会主题
List<String> queryxiaoShou(@Param("name") String name);
//根据客户名称查询报价记录主题
List<String> queryBaoJia(@Param("name") String name);
//根据客户名称查询合同订单主题
List<String> queryHeTong(@Param("name") String name);
//根据 id 集查询报销单
List<DbBaoxiao> queryBaoXiaoDanOverById(@Param("item3") List<Integer> item3,@Param("page")Integer page);
//根据工号查询审核人
ShenHeJieDianView queryShenHeRenName(@Param("FNUMBER") String FNUMBER);
}
```

（2）编辑 DbBaoxiaoServiceImpl 类，继承 MyBatis-Plus 的 ServiceImpl 类，实现 DbBaoxiaoService 接口，代码如下所示。

```java
@Service
public class DbBaoxiaoServiceImpl extends ServiceImpl<DbBaoxiaoMapper, DbBaoxiao> implements DbBaoxiaoService {
    @Override
    public List<String> queryBaoXiaoDanHaoByDate(String bianhaoDate) {
        return baseMapper.queryBaoXiaoDanHaoByDate(bianhaoDate);
    }
    @Override
    public int addBaoXiao(DbBaoxiao dbBaoxiao) {
        return baseMapper.addBaoXiao(dbBaoxiao);
    }
    @Override
    public int deleteBaoXiao(Integer id) {
```

```java
        return baseMapper.deleteBaoXiao(id);
    }
    @Override
    public int updateBaoXiao(Integer id, String feiyongjiazhi) {
        return baseMapper.updateBaoXiao(id,feiyongjiazhi);
    }
    @Override
    public List<DbBaoxiao> queryBaoXiaoDanByDanHao(String baoxiaodanhao) {
        return baseMapper.queryBaoXiaoDanByDanHao(baoxiaodanhao);
    }
    @Override
    public List<DbBaoxiao> queryBaoXiaoDanByMyShenHe(String nextperson) {
        return baseMapper.queryBaoXiaoDanByMyShenHe(nextperson);
    }
    @Override
    public List<DbBaoxiao> queryBaoXiaoDanByAccount(String shenqingrenid, Integer page) {
        return baseMapper.queryBaoXiaoDanByAccount(shenqingrenid,page);
    }
    @Override
    public List<DbBaoxiao> queryBaoXiaoDanByPower(List<String> item2, Integer page) {
        return baseMapper.queryBaoXiaoDanByPower(item2,page);
    }
    @Override
    public List<DbBaoxiao> queryAllBaoXiaoDan(Integer page) {
        return baseMapper.queryAllBaoXiaoDan(page);
    }
    @Override
    public DbBaoxiao queryBaoXiaoDanById(Integer id) {
        return baseMapper.queryBaoXiaoDanById(id);
    }
    @Override
    public int shenHeNotPass(Integer id, String nextperson, String status, String status1, String status2, String status3, String status4) {
        return baseMapper.shenHeNotPass(id, nextperson, status, status1, status2, status3, status4);
    }
    @Override
    public int TiJiaoBaoXiao(Integer id, String status) {
        return baseMapper.TiJiaoBaoXiao(id,status);
    }
    @Override
    public int shenHeUpdateperson1(Integer id, String nextperson, String status1) {
        return baseMapper.shenHeUpdateperson1(id,nextperson,status1);
    }
    @Override
    public int shenHeUpdateperson2(Integer id, String nextperson, String status2) {
        return baseMapper.shenHeUpdateperson2(id,nextperson,status2);
    }
    @Override
    public int shenHeUpdateperson3(Integer id, String nextperson, String status3) {
```

```java
        return baseMapper.shenHeUpdateperson3(id,nextperson,status3);
    }
    @Override
    public int shenHeUpdateperson4(Integer id, String status, String nextperson, String status4) {
        return baseMapper.shenHeUpdateperson4(id,status,nextperson,status4);
    }
    @Override
    public List<String> queryGenJin(String name) {
        return baseMapper.queryGenJin(name);
    }
    @Override public List<String> queryxiaoShou(String name) {
        return baseMapper.queryxiaoShou(name);
    }
    @Override public List<String> queryBaoJia(String name) {
        return baseMapper.queryBaoJia(name);
    }
    @Override
    public List<String> queryHeTong(String name) {
        return baseMapper.queryHeTong(name);
    }
    @Override
    public List<DbBaoxiao> queryBaoXiaoDanOverById(List<Integer> item3, Integer page) {
        return baseMapper.queryBaoXiaoDanOverById(item3,page);
    }
    @Override
    public ShenHeJieDianView queryShenHeRenName(String FNUMBER) {
        return baseMapper.queryShenHeRenName(FNUMBER);
    }
}
```

2. 费用报销明细管理 Service

（1）编辑 DbBaoxiaoDetailService 接口，继承 MyBatis-Plus 的 IService 接口，代码如下所示。

```java
public interface DbBaoxiaoDetailService extends IService<DbBaoxiaoDetail>
{
    //新增报销明细
    int addBaoXiaoDetail(DbBaoxiaoDetail dbBaoxiaoDetail);
    //根据报销明细 id 删除报销明细
    int deleteBaoXiaoDetail(@Param("id") Integer id);
    //根据报销明细表 id 修改报销明细
    int updateBaoXiaoDetail(DbBaoxiaoDetail dbBaoxiaoDetail);
    //根据报销表 id 查询报销明细
    List<DbBaoxiaoDetail> queryBaoXiaoDetail(@Param("baoxiaoid") Integer baoxiaoid);
    //根据报销明细的 baoxiao 字段删除产品明细
    int deleteByBaoXiaoId(@Param("baoxiaoid") Integer baoxiaoid);
    //根据 id 查询明细详情
    DbBaoxiaoDetail queryBaoXiaoDanDetail(@Param("id") Integer id);
}
```

（2）编辑 DbBaoxiaoDetailServiceImpl 类，继承 MyBatis-Plus 的 ServiceImpl 类，实现 DbBaoxiaoDetailService 接口，代码如下所示。

```java
@Service
public class DbBaoxiaoDetailServiceImpl extends ServiceImpl < DbBaoxiaoDetailMapper,
DbBaoxiaoDetail > implements DbBaoxiaoDetailService {
    @Override
    public int addBaoXiaoDetail(DbBaoxiaoDetail dbBaoxiaoDetail) {
        return baseMapper.addBaoXiaoDetail(dbBaoxiaoDetail);
    }
    @Override
    public int deleteBaoXiaoDetail(Integer id) {
        return baseMapper.deleteBaoXiaoDetail(id);
    }
    @Override
    public int updateBaoXiaoDetail(DbBaoxiaoDetail dbBaoxiaoDetail) {
        return baseMapper.updateBaoXiaoDetail(dbBaoxiaoDetail);
    }
    @Override
    public List < DbBaoxiaoDetail > queryBaoXiaoDetail(Integer baoxiaoid) {
        return baseMapper.queryBaoXiaoDetail(baoxiaoid);
    }
    @Override
    public int deleteByBaoXiaoId(Integer baoxiaoid) {
        return baseMapper.deleteByBaoXiaoId(baoxiaoid);
    }
    @Override
    public DbBaoxiaoDetail queryBaoXiaoDanDetail(Integer id) {
        return baseMapper.queryBaoXiaoDanDetail(id);
    }
}
```

3. 费用报销图片管理 Service

（1）编辑 DbBaoxiaoPictureService 接口，继承 MyBatis-Plus 的 IService 接口，代码如下所示。

```java
public interface DbBaoxiaoPictureService extends
 IService < DbBaoxiaoPicture > {
    //根据产品报价表的 id 插入下属图片
    int addBaoxiaoPicture(
        @Param("pictureName") String pictureName,@Param("PictureUrl") String PictureUrl,
        @Param("committime") String committime,@Param("baoxiaoid") Integer baoxiaoid);
    //根据下属图片的 id 删除图片
    int deleteBaoxiaoPicture(@Param("id") Integer id);
    //根据产品报价表的 id 查询该表下的所有下属图片
    List < DbBaoxiaoPicture > queryBaoxiaoPicture(@Param("baoxiaoid") Integer baoxiaoid);
    //根据图片 id 查询图片的存放路径
    DbBaoxiaoPicture queryPictureName(@Param("id") Integer id);
}
```

（2）编辑 DbBaoxiaoPictureServiceImpl 类，继承 MyBatis-Plus 的 ServiceImpl 类，实现

DbBaoxiaoPictureService 接口,代码如下所示。

```java
@Service
public class DbBaoxiaoPictureServiceImpl extends ServiceImpl<DbBaoxiaoPictureMapper, DbBaoxiaoPicture> implements DbBaoxiaoPictureService {
    @Override
    public int addBaoxiaoPicture(String pictureName, String PictureUrl, String committime, Integer baoxiaoid) {
        return baseMapper.addBaoxiaoPicture(pictureName,PictureUrl,committime,baoxiaoid);
    }
    @Override
    public int deleteBaoxiaoPicture(Integer id) {
        return baseMapper.deleteBaoxiaoPicture(id);
    }
    @Override
    public List<DbBaoxiaoPicture> queryBaoxiaoPicture(Integer baoxiaoid) {
        return baseMapper.queryBaoxiaoPicture(baoxiaoid);
    }
    @Override
    public DbBaoxiaoPicture queryPictureName(Integer id) {
        return baseMapper.queryPictureName(id);
    }
}
```

4. 费用报销审核记录管理 Service

(1) 编辑 DbBaoxiaoShenhejiluService 接口,继承 MyBatis-Plus 的 IService 接口,代码如下所示。

```java
public interface DbBaoxiaoShenhejiluService extends IService<DbBaoxiaoShenhejilu> {
    //查询某个报销单下所有报销审核记录
    List<DbBaoxiaoShenhejilu> queryBaoxiaoShenheJiLuById(@Param("baoxiaoid") Integer baoxiaoid);
    //新增记录
    int addBaoxiaoShenheJiLu(DbBaoxiaoShenhejilu dbBaoxiaoShenhejilu);
    //删除记录
    int deleteBaoxiaoShenheJiLu(@Param("id") Integer id);
    //根据工号查询自己已审核的报价记录 id
    List<Integer> queryBaoxiaoShenheJiLuByUsername(String username);
}
```

(2) 编辑 DbBaoxiaoShenhejiluServiceImpl 类,继承 MyBatis-Plus 的 ServiceImpl 类,实现 DbBaoxiaoShenhejiluService 接口,代码如下所示。

```java
@Service
public class DbBaoxiaoShenhejiluServiceImpl extends ServiceImpl<DbBaoxiaoShenhejiluMapper, DbBaoxiaoShenhejilu> implements DbBaoxiaoShenhejiluService {
    @Override
    public List<DbBaoxiaoShenhejilu> queryBaoxiaoShenheJiLuById(Integer baoxiaoid) {
        return baseMapper.queryBaoxiaoShenheJiLuById(baoxiaoid);
```

```
    }
    @Override
    public int addBaoxiaoShenheJiLu(DbBaoxiaoShenhejilu dbBaoxiaoShenhejilu) {
        return baseMapper.addBaoxiaoShenheJiLu(dbBaoxiaoShenhejilu);
    }
    @Override
    public int deleteBaoxiaoShenheJiLu(Integer id) {
        return baseMapper.deleteBaoxiaoShenheJiLu(id);
    }
    @Override
    public List<Integer> queryBaoxiaoShenheJiLuByUsername(String username) {
        return baseMapper.queryBaoxiaoShenheJiLuByUsername(username);
    }
}
```

11.2.4 编辑费用报销管理模块 Controller

完整代码请扫描右侧二维码下载。

代码
11.2.4

11.3 实现费用报销管理功能

11.3.1 费用报销列表功能实现

1. 编写费用报销列表 View

由于费用报销列表页面与 9.3.1 节报价记录列表页面相同，具体源代码参考 layout 目录下的 activity_reimbursement_list.xml 文件，实现效果如图 1.46 所示，在此不再赘述。

2. 编写费用报销列表接口

```
//查看本人创建的报销单
@POST("BaoXiao/queryBaoXiaoDanByAccount")
Observable<Response<List<chakanReimbursementListBean>>> queryBaoXiaoDanByAccount(
@Query("shenqingrenid") String shenqingrenid, @Query("page") int page);
//查看权限内的报销单
@POST("BaoXiao/queryBaoXiaoDanByPower")
Observable<Response<List<chakanReimbursementListBean>>> queryBaoXiaoDanByPower(
@Query("shenqingrenid") String shenqingrenid, @Query("page") int page);
```

以上代码中，主要有两个接口，分别用于查询本人的费用报销列表与查询权限内的费用报销列表。

3. 编写费用报销列表 Controller

由于费用报销列表功能逻辑与 6.3.1 节客户资料列表类似，费用报销分别使用 queryBaoXiaoDanByAccount() 与 queryBaoXiaoDanByPower() 方法来查询本人与权限内的费用报销数据。具体代码参考 com.qianfeng.mis.ui.reimbursement.activity 包下的 ReimbursementListActivity，在此不再赘述。

11.3.2 查看与修改费用报销功能实现

1. 编写查看与修改费用报销 View

由于该页面与 6.3.2 节查看客户资料页面类似,修改页面是在查看页面的基础上进行的,在此不再赘述,查看与修改报销单源代码分别参考布局目录下的 activity_charkan_rb.xml 与 activity_edit_reimbursement.xml 文件。

2. 编写查看与修改费用报销接口

```
//查看附件图片
@POST("BaoXiao/queryBaoxiaoPicture")
Observable<Response<List<TupianBean>>> queryBaoxiaoPicture(@Query("baoxiaoid") Integer baoxiaoid);
//删除附件图片
@POST("BaoXiao/deleteBaoxiaoPicture")
Observable<Response<String>> deleteBaoxiaoPicture(@Query("id") int id);
//提交审核
@POST("BaoXiao/shenHeStatus")
Observable<Response<String>> shenHeStatus(@Query("id") Integer id);
//删除报销单
@POST("BaoXiao/deleteBaoxiaoDan")
Observable<Response<String>> deleteBaoxiaoDan(@Query("id") Integer id);
//查看审核记录
@POST("BaoXiao/queryBaoXiaoById")
Observable<Response<List<DbProductofferjilu>>> queryBaoXiaoById(@Query("id") Integer id);
//获取审核人节点
@POST("BaoXiao/BaoXiaoShenHeJieDianBean")
Observable<Response<List<JiedianBean>>> BaoXiaoShenHeJieDianBean(@Query("id") Integer id);
//查看报销明细
@POST("BaoXiao/queryBaoXiaoDetail") Observable<Response<List<baoxMxBean>>> queryBaoXiaoDetail(@Query("baoxiaoid") Integer baoxiaoid);
```

以上代码中,主要有七个接口,分别是查看附件图片、删除附件图片、提交审核、删除报销单、查看审核记录、获取审核人节点与查看报销明细。

3. 编写查看与修改费用报销 Controller

查看报销单的逻辑与 6.3.2 节查看客户资料类似,修改费用报销仅可修改费用价值一个值,逻辑较为简单,在此不再赘述,详见 com.qianfeng.mis.ui.reimbursement.activity 包下的查看报销单 CharkanRBActivity 与编辑报销单 EditReimbursementActivity。由于编辑、保存数据后需要实时更新编辑后的最新数据,当用户编辑、保存报销单后,需要将费用价值的最新数据更新到查看报销单页面,下面着重讲解 EventBus 在本节的作用。

在 EditReimbursementActivity 中,当用户单击"保存"按钮后会调用以下网络请求方法,当保存成功后,通过 EventManager.post(messageEvent)方法将该事件进行发布。

```
RestClient.getInstance()
        .getStatisticsService()
        .updateBaoXiao(bean.getId(), tv_feiyongjiazhi.getText().toString().trim())
```

```
                .subscribeOn(Schedulers.io())
                .compose(bindToLifecycle())
                .observeOn(AndroidSchedulers.mainThread())
                .subscribe(response -> {
                    if (response.getCode() == 200) {
                        ToastUitl.showShort("修改费用价值成功");
                        MessageEvent messageEvent = new MessageEvent(EVENT_UPDATE_BAOXIAO
                        _INFO);
                        messageEvent.setText(tv_feiyongjiazhi.getText().toString().trim());
                        EventManager.post(messageEvent);
                        finish();
                    } else {
                        ToastUitl.showShort("修改费用价值失败");
                    }
                }, throwable -> {
                    ToastUitl.showShort("修改费用价值失败");
                });
```

在CharkanRBActivity中，会收到来自编辑报销类发布的事件，然后将事件的数据设置到对应的控件。

```
@Subscribe(threadMode = ThreadMode.MAIN)
public void disposeEvent(MessageEvent messageEvent) {
    switch (messageEvent.getType()) {
        case EVENT_UPDATE_BAOXIAO_INFO:
            et_feiyongjiazhi.setText(messageEvent.getText());
            break;
    }
}
```

11.3.3 新建费用报销功能实现

本项目在之前的开发中采用的模式为MVC模式，由于事件处理的代码都在Activity中，造成了Activity既像View又像Controller，使得Activity变得臃肿。将架构改为MVP模式以后，Presenter的出现将Activity视为View层，Presenter负责完成View层与Model层的交互。在本节将使用MVP模式进行开发，实例演示MVP模式开发的过程。

1. 编写新建费用报销Contract接口

在com.qianfeng.mis.ui.reimbursement.contract包下新建AddReimbursementContract接口，该接口为新增报销Contract接口。具体代码如下所示。

```
public interface AddReimbursementContract {
    interface AddReimbursementUIView {
        //新增报销失败
        void addBaoXiaoError(String message);
        //新增报销成功
        void addBaoXiaoSuccess(Integer result);
        //获取报销单号失败
```

```
        void getBaoXiaoNumberError(String message);
        //获取报销单号成功
        void getBaoXiaoNumberSuccess(BaoXiaoNumber baoXiaoNumber);
        //获取关联单据成功
        void getGuanLianDanJuSuccess(String s[]);
        //获取关联单据失败
        void getGuanLianDanJuError(String message);
    }
    interface AddReimbursementPresenter {
        //新增报销单
        void addBaoXiao(DbBaoxiao dbBaoxiao);
        //获取报销单号
        void getBaoXiaoNumber();
        //获取关联单据
        void getGuanLianDanJu(String name, String n);
        //新增报销单图片
        void addBaoxiaoPicture(String baoxiaoid, List<File> listImgFile);
        //新增报销明细
        void addBoxiaoDetail(List<DbBaoxiaoDetail> dbBaoxiaoDetails);
    }
}
```

在该接口中，主要有两个接口，分别是新增报销的 UIView 接口与新增报销的 Presenter 接口。

2. 编写新建费用报销 Presenter

在 com.qianfeng.mis.ui.reimbursement.presenter 包下新建 AddReimbursementPresenter 类，该类为新增报销的 Presenter。具体代码如下所示。

```
public class AddReimbursementPresenter extends RxAppCompatActivity
        implements AddReimbursementContract.AddReimbursementPresenter {
    private AddReimbursementContract.AddReimbursementUIView view;
    public AddReimbursementPresenter ( AddReimbursementContract. AddReimbursementUIView
            addReimbursementUIView) {
        this.view = addReimbursementUIView;
    }
    @Override
    public void getBaoXiaoNumber() {
        RestClient.getInstance()
                .getStatisticsService()
                .findNumberBaoXiao()
                .subscribeOn(Schedulers.io())
                .compose(bindToLifecycle())
                .observeOn(AndroidSchedulers.mainThread())
                .subscribe(response -> {
                    if (response.getCode() == 200 && response.getResult() != null) {
                        view.getBaoXiaoNumberSuccess(response.getResult());
                    } else {
                        view.getBaoXiaoNumberError(response.getMessage()
                    }
                );
```

```
                    }
                }, throwable -> {
                    view.getBaoXiaoNumberError("网络请求错误" + throwable.getMessage());
                });
    }
    ...
}
```

该类首先继承 RxAppCompatActivity，实现 AddReimbursementContract. AddReimbursementPresenter 接口，之后通过继承 RxAppCompatActivity，在网络请求方法中添加 bindToLifecycle()方法管理生命周期，当页面 onPause(正在停止)时，会自动结束循环线程，防止内存泄漏。

在开始实现该类的接口之前，通过构造函数将 View 层的引用传递给该类的 view 变量，这样在 Presenter 层便持有了 View 层的引用，当完成业务逻辑后，通过调用 view 的方法将数据回调给 View 层。

在获取报销单号 getBaoXiaoNumber()方法中，当网络请求成功后，通过调用 view. getBaoXiaoNumberSuccess(response. getResult())方法，将返回的数据回调给 View 层，然后 View 层再进行相应的显示。若网络请求不成功，则调用 view. getBaoXiaoNumberError (response. getMessage())方法，将错误的信息回调给 View 层，然后 View 层在该回调进行相应的处理。通过 MVP 模式，使得 Presenter 层专注于业务逻辑的处理，而在 View 层仅仅是对 Presenter 回调的数据进行显示。

3. 编写新建费用报销 View

在 com. qianfeng. mis. ui. reimbursement. activity 包下新建 AddReimbursementActivity，该 Activity 为新增报销的 View。具体代码请扫描右侧二维码下载。

在 AddReimbursementActivity 中，通过 initView()方法对各控件及 adapter 进行初始化，并设置单击监听事件。由于报销单号与编号日期是由后端生成的，所以调用 presenter. getBaoXiaoNumber()方法获取报销单号与编号日期。若获取成功，则会将报销单号与编号日期数据回调到 getBaoXiaoNumberSuccess(BaoXiaoNumber baoXiaoNumber)方法；若获取失败，则将失败信息回调到 getBaoXiaoNumberError(String message)方法。

代码
11.3.3-3

由于报销需要对应单据，这里通过对应客户与单据类型，查询出对应的单据。在 onClick(View view)方法中，当用户单击单据类型时，会调用 presenter. getGuanLianDanJu (String name，String n)方法，参数 1 为对应客户名称，参数 2 为单据类型。若获取关联单据成功，则将数据回调到 getGuanLianDanJuSuccess(String s[])方法，若获取关联单据失败则回调 getGuanLianDanJuError(String message)方法。

当用户添加完报销明细后，会在 onActivityResult()方法中回调明细的数据并调用 updatePiaoJuAndJinE()方法更新票据个数与金额。

当用户单击"提交"按钮后，调用 addBaoXiao()方法将表单数据设置到 DbBaoxiao 报销实体，最后调用 presenter. addBaoXiao(baoxiao)方法将报销单主题数据提交到后端，当数据提交成功后会将报销单主题的 id 回调到 addBaoXiaoSuccess(Integer id)方法，然后为报销明细设置报销单主题 id，将单主题与明细关联起来，调用 addBoxiaoDetail(List < DbBaoxiaoDetail >

dbBaoxiaoDetails)方法提交报销明细数据。调用 addBaoxiaoPicture(String baoxiaoid, List<File> listImgFile)方法提交图片。

11.3.4 新建费用报销明细功能实现

1. 编写新建费用报销明细 View

由于布局较为简单且与 9.3.1 节讲到的页面类似，仅为 RecyclerView 及其 item，在此不再赘述。具体源代码参考布局文件目录下的 activity_add_reimbursement_detail.xml 与 item_edit_reimburse_detail.xml。

2. 编写新建费用报销明细 Controller

在 com.qianfeng.mis.ui.reimbursement.activity 包下新建 AddReimbursementDetailActivity，该 Activity 用于新增报销明细。具体代码如下所示。

```java
public class AddReimbursementDetailActivity extends BaseActivity
        implements View.OnClickListener {
    private RecyclerView rv;
    private Button btn_save;
    private String[] reimburseType = {"住宿费","水电费"...};
    private ReimburseEditDetailAdapter adapter;
    private List<DbBaoxiaoDetail> mList = new ArrayList<>();
    private List<DbBaoxiaoDetail> saveDetail = new ArrayList<>();
    private CommonUtil commonUtil = new CommonUtil(this);
    @Override
    protected int setLayoutResId() {
        return R.layout.activity_add_reimbursement_detail;
    }
    @Override
    public void initView() {
        setTitle("新建-费用报销明细");
        setTitleLeftImg(R.mipmap.back_white);
        rv = findViewById(R.id.rv_etid_reimburse_detail);
        btn_save = findViewById(R.id.btn_save);
        btn_save.setOnClickListener(this);
        //默认添加一个 item
        DbBaoxiaoDetail detail = new DbBaoxiaoDetail();
        //空数据添加首项
        mList.add(detail);
        LinearLayoutManager mLinearLayoutManager = new LinearLayoutManager(this);
        rv.setItemViewCacheSize(500);
        rv.setLayoutManager(mLinearLayoutManager);
        rv.addItemDecoration ( new  DividerItemDecoration ( this, DividerItemDecoration.VERTICAL));
        adapter = new ReimburseEditDetailAdapter(mList);
        rv.setAdapter(adapter);
        adapter.replaceData(mList);
        adapter.setOnItemChildClickListener(new BaseQuickAdapter.OnItemChildClickListener() {
```

```java
    @Override
    public void onItemChildClick(BaseQuickAdapter adapter, View view, int position) {
        if (view.getId() == R.id.img_add) {
            mList.add(detail);
            adapter.setNewData(mList);
        } else if (view.getId() == R.id.img_delete) {
            mList.remove(position);
            adapter.setNewData(mList);
        } else if (view.getId() == R.id.iv_fashengriqi || view.getId() == R.id.tv_fashengriqi) {
            commonUtil.onYearMonthDayTimePicker((time -> {
                View itemView = rv.getLayoutManager().findViewByPosition(position);
                TextView tv_fashengriqi = itemView.findViewById(R.id.tv_fashengriqi);
                tv_fashengriqi.setText(time);
            }));
        } else if (view.getId() == R.id.ll_zhuti) {
            commonUtil.onRoadPicker(reimburseType, item -> {
                View itemView = rv.getLayoutManager().findViewByPosition(position);
                TextView tv_zhuti = itemView.findViewById(R.id.tv_zhuti);
                tv_zhuti.setText(item);
            });
        }

    }
});
}
@Override
public void onClick(View v) {
    switch (v.getId()) {
        case R.id.btn_save:
            for (int i = 0; i < mList.size(); i++) {
                View itemView = rv.getLayoutManager().findViewByPosition(i);
                String tv_zhuti = ((TextView) itemView.findViewById(R.id.tv_zhuti)).getText().toString();
                String tv_fashengriqi = ((TextView) itemView.findViewById(R.id.tv_fashengriqi)).getText().toString();
                String et_jine = ((TextView) itemView.findViewById(R.id.et_jine)).getText().toString().trim();
                BigDecimal jine = new BigDecimal("0");
                try {
                    jine = new BigDecimal(et_jine);
                } catch (Exception e) {
                    e.printStackTrace();
                }
                String et_piaojuzhangshu = ((EditText) itemView.findViewById(R.id.et_piaojuzhangshu)).getText().toString().trim();
                String et_yongtu = ((EditText) itemView.findViewById(R.id.et_yongtu)).getText().toString().trim();
```

```java
                if (!TextUtils.isEmpty(tv_zhuti) &&!TextUtils.isEmpty(tv_fashengriqi) &&!
TextUtils.isEmpty(et_jine) &&!TextUtils.isEmpty(et_piaojuzhangshu)) {
                    DbBaoxiaoDetail detail = new DbBaoxiaoDetail(tv_zhuti, tv_fashengriqi,
jine, Integer.valueOf(et_piaojuzhangshu), et_yongtu);
                    saveDetail.add(detail);
                } else {
                    ToastUitl.showShort(getString(R.string.string_wtite_all));
                    return;
                }
            }
            BigDecimal allJinE = new BigDecimal("0");
            int piaoJuZhangshu = 0;
            for (int i = 0; i < saveDetail.size(); i++) {
                allJinE = allJinE.add(saveDetail.get(i).getJine());
                piaoJuZhangshu += saveDetail.get(i).getPiaojuzhangshu();
            }
            Intent intent = new Intent();
            intent.putExtra("details", (Serializable) saveDetail);
            intent.putExtra("allJinE", allJinE.toPlainString());
            intent.putExtra("piaoJuZhangshu", piaoJuZhangshu);
            setResult(Activity.RESULT_OK, intent);
            finish();
            break;
        }
    }
}
```

在 AddReimbursementDetailActivity 中,通过 RecyclerView 动态增减项目,实现新增与删除报销明细功能。

首先为报销明细 mList 添加一个空 DbBaoxiaoDetail 实体作为首项,当用户单击"增加"按钮时,会为 mList 再添加一个空的报销明细实体。删除则会删除对应位置的数据。单击主题与发生日期则会调用 CommonUtil 类中的相关方法,在此不再赘述。由于要获取 RecyclerView 动态增减 item 中各控件的数据,这里可以通过遍历 mList,通过 rv.getLayoutManager().findViewByPosition(i)方法拿到对应的 View,通过该 View 查找对应控件并获取到控件中的值。最后将数据通过 intent 回调到 AddReimbursementActivity 中的 onActivityResult()方法中。

该页面的动态切换新增"删除"按钮的控制是在 ReimburseEditDetailAdapter 中实现的,逻辑非常简单。首先通过构造函数将报销明细的列表传入,在 convert()方法中,当满足条件(mList.size()-1) == helper.getPosition()时,表明该位置为最后一项,便显示"新增"按钮,反之显示"删除"按钮。详细代码参考 com.qianfeng.mis.ui.reimbursement.adapter 包下的 ReimburseEditDetailAdapter。

第 12 章 数据审核中心

本章学习目标
- 了解数据审核流程。
- 了解数据审核中心中的审核方式。
- 了解数据审核功能移动端实现。

数据审核中心是用来审核用户提交的所有待审核数据的地方,用户进入该模块后,如果该用户拥有相应的审核权限,可以通过自己的用户名查看到待自己审核和已经审核的数据信息。在上级领导审核员工提交的数据之前,可以更改提交的报价记录、合同订单的信息,但是修改产品价格时,需要控制在自己的权限内才能修改成功。如果员工提交的报价过低,需要添加备注,阐述自己通过该数据的原因,然后再提交至下一个审核节点继续完成审核。待所有审核节点全部审核完毕,该条数据才算审核通过。

12.1 数据审核服务端接口

在该模块中,所有待审核的数据都需要同一个实体类接收、展示、审核,因此,需要统一创建一个实体类来展示待审核和已审核数据列表,单击这些列表中的单条数据可以跳转到其自身所对应的实体。例如,报价记录、合同订单、报销单这些不同实体类,在数据审核中心展示时会以同一个实体类的形式展示,如果单击查看报价记录,就会跳转到报价记录的实体类中进行查看;如果单击报销单就会跳转到报销单的实体类进行查看。

(1) 创建统一展示实体类 ShenHeZhongXinBean,属性如下。

```
private Integer id;
private String zhuti;                //主题
private String duiyingkehu;          //对应客户
private String datetime;             //创建时间
private String suoyouzhe;            //创建人
private String leixing;              //数据类型,报价、合同、报销单等
```

(2) 在项目中的 controller 文件夹下新建 ShenHeZhongXinController,代码请扫描右侧二维码下载。

代码
12.1-2

12.2 实现数据审核管理功能

12.2.1 数据审核列表功能实现

1. 编写数据审核列表页面 View

由于数据审核列表页面与 6.3.1 节客户资料列表页面类似，在此不再赘述。数据审核列表页面源代码参考布局目录下的 activity_data_audit_list.xml 文件，实现效果如图 1.44 所示。

2. 编写数据审核列表接口

```
//查询未审核数据列表
@POST("ShenHeZhongXin/ShenHeZhongXinByUsername")
Observable< Response< List< DataAudit_listBean >>> Dataaudit(@Query("username") String username);
//查询已审核数据列表
@POST("ShenHeZhongXin/ShenHeZhongXinOverByUsername")
Observable< Response< List< DataAudit_listBean >>> NoDataaudit(@Query("username") String username, @Query("page") int page);
//查询合同信息
@POST("ContractOrder/queryContractorderImageById")
Observable< Response< DbContractOrder >> hetong(@Query("id") Integer id);
//查询报销单信息
@POST("BaoXiao/queryBaoXiaoDanBean") Observable< Response< chakanReimbursementListBean >> queryBaoXiaoDanBean(@Query("id") Integer id);
//查询报价记录信息
@POST("CustomProductOffer/queryProductOfferImageById")
Observable< Response< DbProductOffer >> baojia(@Query("id") Integer id);
```

在数据审核中心主要有五个接口，分别查询未审核数据列表、查询已审核数据列表、查询合同信息、查询报销单信息与查询报价记录信息。

3. 编写数据审核列表 Controller

在 com.qianfeng.mis.ui.shujushenhe 包下新建 DataAuditListActivity，该 Activity 用于数据审核列表的展示。代码请扫描左侧二维码下载。

代码
12.2.1-3

在 DataAuditListActivity 中，首先初始化 adapter 并为其设置单击监听事件，当用户单击不同类型的单据时，会调用相应的网络请求并在请求成功后跳转到相应的页面，然后调用 ShenHeZhongXinByUsername() 方法获取未审核列表数据。在加载列表数据中，调用 sortData() 方法，根据日期进行升序排序，然后设置到 adapter 中。当用户单击合同订单时会调用 contractReview() 方法，单击报价记录时会调用 quotePrice(id1) 方法，单击报销单时会调用 fybaoxiao(id3) 方法。

12.2.2 合同、报销、报价审核功能实现

1. 编写合同、报销、报价审核 View

由于数据审核与查看页面相似，在此不再赘述。合同、报销、报价审核页面源代码分别

参考 layout 目录下的 activity_contracr_order_des、activity_charkan_rb.xml 与 activity_product_offer_des.xml 文件。

2. 编写合同、报销、报价审核接口

(1) 合同审核接口。

```
//审核不通过
@POST("ContractOrder/shenHeOrderNotPass")
Observable<Response<String>> shenHeOrderNotPass(@Query("id") Integer id,
@Query("username") String username, @Query("account") String account);
//审核通过
@POST("ContractOrder/ContractOrderShenHe")
Observable<Response<String>> ContractOrderShenHe(@Query("id") Integer id, @Query(
"stu") String stu);
```

(2) 费用报销审核接口。

```
//审核不通过
@POST("BaoXiao/shenHeNotPass")
Observable<Response<String>> shenHeNotPass1(@Query("id") Integer id,
@Query("username") String username, @Query("account") String account);
//审核通过
@POST("BaoXiao/BaoXiaoPassShenHe")
Observable<Response<String>> BaoXiaoPassShenHe(@Query("id") Integer id);
```

(3) 报价记录审核接口。

```
//审核不通过
@POST("CustomProductOffer/shenHeNotPass")
Observable<Response<String>> shenHeNotPass(@Query("id") Integer id,
@Query("username") String username, @Query("account") String account);
//审核通过
@POST("CustomProductOffer/ProductOfferAllShenHe")
Observable<Response<String>> ProductOfferAllShenHe(@Query("id") Integer id, @Query
("stu") String stu);
```

以上代码中，主要有两个接口，分别是审核通过与审核不通过，由于其他接口与 10.3.2 节中合同查看功能、13.3.2 节中修改费用报销功能以及 9.3.3 节中查看报价记录功能类似，在此不再赘述。

3. 编写查看合同、报销、报价审核 Controller

由于数据审核与查看页面逻辑相似，在此不再赘述，本章着重讲解审核相关逻辑。代码如下所示。

```
if(SharedPreferencesHelperScan.getInstance(ContractOrderDesShenheActivity.this).
getStringValue("username").equals("18040027")) {
    stu = "0";
    ContractOrderShenHe();
```

```java
    } else {
        if (sum.compareTo(rolePrice) != -1) {
            stu = "0";
            ContractOrderShenHe();
        } else {
            stu = "1";
            final EditText inputServer = new EditText(ContractOrderDesShenheActivity.this);
AlertDialog.Builder builder = new AlertDialog.Builder(ContractOrderDesShenheActivity.this);
builder.setTitle("您通过小于您权限内的价格请写明原因").setIcon(android.R.drawable.ic_dialog_info).setView(inputServer)
            .setNegativeButton("取消", new DialogInterface.OnClickListener() {
            @Override
            public void onClick(DialogInterface dialog, int which) {
                dialog.dismiss(); }});
            builder.setPositiveButton("确定", new DialogInterface.OnClickListener() {
            public void onClick(DialogInterface dialog, int which) {
                shenheyijian = inputServer.getText().toString().trim();
                if (shenheyijian.isEmpty() || shenheyijian.equals("")) {
                    ToastUitl.showShort("您通过小于您权限内的价格请写明原因");
                }
                else {
                    dialog.cancel();
                    updateContractOrder1();
                }
            }
        });
    }
 }
}
```

在合同审核中,用户单击"通过"按钮后,若工号等于指定的工号或者合同总价大于或等于权限内总价,则将 stu 置为 0,并且调用 ContractOrderShenHe() 方法通过审核。反之则需要填写通过小于权限内价格的备注,然后调用 updateContractOrder1() 方法更新备注。若单击"不通过"按钮则直接调用 shenHeStatus() 方法。合同审核与报价审核逻辑类似,费用报销审核的通过与不通过直接调用网络请求接口即可,无须额外的逻辑判断。

第 13 章　回款记录管理模块

本章学习目标
- 了解回款计划流程。
- 了解定时任务注解的使用。
- 掌握 Redis 的使用。

回款记录管理模块的主要功能是根据有效的合同订单制订详细的回款计划、查看近期需要回款的信息以及超过回款日尚未回款的信息。用户在回款记录模块可以单击"申请回款"按钮,在弹出的对话框中输入回款金额和回款日期。提交后回款计划会进行更新。如果回款金额大于当期待回款金额,则多出来的金额将自动填充至下一期待还金额中,改变下一期待还金额总数。在查看回款计划页面还可以通过单击"回款记录"按钮,查看该回款计划的回款详情等。

13.1 @Scheduled 注解

@Scheduled 注解是 SpringBoot 提供的用于定时任务控制的注解,主要用于控制任务在某个指定时间执行或者每隔一段时间执行。注意,需要配合@EnableScheduling 使用。@Scheduled 主要有三种配置执行时间的方式: cron、fixedRate、fixedDelay。例如:

```
@Component
@Configuration            //1.主要用于标记配置类,兼备 Component 的效果
@EnableScheduling         //2.开启定时任务
public class SaticScheduleTask {
    //3.添加定时任务
    @Scheduled(cron = "0/5 * * * * ?")
    //或直接指定时间间隔,例如,5s
    //@Scheduled(fixedRate = 5000)
    private void configureTasks() {
        System.err.println("执行静态定时任务时间: " + LocalDateTime.now());
    }
}
```

cron 表达式定义时间规则,其由 6 或 7 个空格分隔的时间字段组成: 秒 分 小时 日期 月份 星期 年(可选)。

13.2 回款记录库表设计

13.2.1 回款记录表结构设计

回款记录表中的数据都是由有效的合同订单生成的,在回款记录模块中可以查看待回款的产品明细,用户可以根据产品明细总额自定义回款计划,设置回款期数和每期应回款金额。该模块设计了回款计划表、回款计划明细表、回款记录表、临近回款表作为存储数据表。回款计划表中的主要字段有 hetongbianhao(合同编号)、sumMoney(合同总额)、daihuanjine(待还金额)、status(还款状态)等;回款计划明细表中的主要字段有 qishu(期数)、jihuadate(计划还款日)、yinghuanmoney(应还金额)、daihuanmoney(本期未还金额)、status(还款状态)、hetongbianhao(对应合同编号)等;回款记录表中的主要字段有 suoyouzhe(回款操作人)、caozuodate(操作时间)、hetongbianhao(对应合同编号)等;临近回款表中的主要字段有 duiyingkehu(对应客户)、hetongbianhao(合同编号)、bid(序号)、qishu(期数)、daihuanmoney(待还金额)等。

13.2.2 创建回款记录管理模块数据表

1. 创建回款计划表

```
create table db_huikuanjihua(
    id int not null identity(1,1) primary key,
    duiyingxiangmu nvarchar(20),              -- 对应项目
    duiyingkehu nvarchar(30),                 -- 对应客户
    hetongbianhao nvarchar(20)not null unique, -- 合同编号
    zhuti nvarchar(50),                       -- 合同主题
    suoyouzhe nvarchar(20),                   -- 所有者(创建人)
    suoyouzheId nvarchar(20),                 -- 员工工号
    chaosongduixiang nvarchar(20),            -- 抄送对象
    fuzeren nvarchar(20),                     -- 负责人
    sumMoney decimal(14,0),                   -- 合同总额
    daihuanjine decimal(14,0),                -- 待还金额
    status nvarchar(10))                      -- 还款状态(已结清|未结清)
```

回款计划表中,status 字段的值为 1 时代表存在未结清期数,为 2 时代表全部结清。

2. 创建回款计划明细表

```
create table db_huikuanjihua_detail(
    id int not null identity(1,1) primary key,
    qishu int,                                -- 期数
    jihuadate datetime2,                      -- 计划还款日
    yinghuanmoney decimal(14,0),              -- 应还金额
    zhanbi nvarchar(20),                      -- 本期金额占比,应还金额除以合同总额
    daihuanmoney decimal(14,0),               -- 本期未还金额
```

```
    status nvarchar(10),              -- 还款状态(已结清|未结清)
    hetongbianhao nvarchar(20) )      -- 对应合同编号,由上面合同编号获取
```

回款计划明细表中,status 字段的值为 1 时代表本期未结清,status 字段的值为 2 时代表本期已结清。

3. 创建回款记录表

```
create table db_huikuanjilu(
    id int not null identity(1,1) primary key,
    suoyouzhe nvarchar(20),           -- 回款操作人
    suoyouzheId nvarchar(20),         -- 回款操作人工号
    caozuodate datetime2,             -- 操作时间,当前时间
    caozuomoney decimal(14,0),        -- 操作金额,输入的金额
    hetongbianhao nvarchar(20) )      -- 对应合同编号
```

4. 创建临近回款表

```
create table db_huankuantime(
    id int not null identity(1,1) primary key,
    duiyingkehu nvarchar(30),         -- 对应客户
    suoyouzheId nvarchar(20),         -- 回款操作人工号
    hetongbianhao nvarchar(20),       -- 合同编号
    bid int,                          -- 序号
    qishu int,                        -- 期数
    jihuadate datetime2,              -- 计划回款时间
    daihuanmoney decimal(14,0))       -- 待还金额
```

13.3 回款记录服务端接口

在该回款计划中,能够查看到回款计划中制定的回款总额、回款期数、回款日期、回款计划的状态等信息,近期待回款的功能主要是用来查询即将要回款的信息,提前三天预警。逾期回款中主要显示的是超过了回款日期但尚未进行回款或者回款日期已过但回款计划当期为未结清状态。

13.3.1 编辑回款记录管理模块文件

(1) 编辑 DbHuikuanjihuaMapper.xml 文件,添加实现回款记录管理操作相关 SQL 语句,代码如下所示。

```xml
<!-- 新增 -->
<insert id="addHuiKuanJiHua" parameterType="com.hongming.demo.entity.DbHuikuanjihua">
    insert into db_huikuanjihua(
    duiyingxiangmu,duiyingkehu,hetongbianhao,zhuti,suoyouzhe,suoyouzheId,chaosongduixiang,
        fuzeren,sumMoney,daihuanjine,status) values(   #{duiyingxiangmu},#{duiyingkehu},
    #{hetongbianhao},#{zhuti},#{suoyouzhe},#{suoyouzheId},#{chaosongduixiang},
```

```xml
            #{fuzeren},#{sumMoney},#{daihuanjine},#{status})
    </insert>
    <!-- 删除 -->
    <delete id="deleteHuiKuanJiHua" parameterType="Integer">
        DELETE FROM db_huikuanjihua WHERE id = #{id}
    </delete>
    <!-- 分页查询下属员工的回款计划 -->
    <select id="queryHuiKuanJiHuaById" resultMap="BaseResultMap" parameterType="com.hongming.demo.entity.DbHuikuanjihua">
        SELECT top 20 id, duiyingxiangmu, duiyingkehu, hetongbianhao, zhuti, suoyouzhe, suoyouzheId,
        chaosongduixiang, fuzeren, sumMoney, daihuanjine, status
        FROM (select ROW_NUMBER() OVER(order by id DESC) AS rownumber, * FROM db_huikuanjihua) AS T
        where T.rownumber BETWEEN (#{page}-1)*20+1 AND #{page}*20+1 AND T.suoyouzheId in
        <foreach collection="item2" open="(" item="item2" separator="," close=")">
            #{item2}
        </foreach>
    </select>
    <!-- 根据工号查询 -->
    <select id="queryHuiKuanJiHuaByAccount" resultMap="BaseResultMap" parameterType="com.hongming.demo.entity.DbHuikuanjihua">
        SELECT top 20 id, duiyingxiangmu, duiyingkehu, hetongbianhao, zhuti, suoyouzhe, suoyouzheId,
        chaosongduixiang, fuzeren, sumMoney, daihuanjine, status
        FROM (select ROW_NUMBER() OVER(order by id DESC) AS rownumber, * FROM db_huikuanjihua) AS T
        where T.rownumber BETWEEN (#{page}-1)*20+1 AND #{page}*20+1 AND T.suoyouzheId = #{suoyouzheId}
    </select>
    <!-- 分页查询所有回款计划 -->
    <select id="queryHuiKuanJiHuaAll" resultMap="BaseResultMap" parameterType="com.hongming.demo.entity.DbHuikuanjihua">
        SELECT top 20 id, duiyingxiangmu, duiyingkehu, hetongbianhao, zhuti, suoyouzhe, suoyouzheId,
        chaosongduixiang, fuzeren, sumMoney, daihuanjine, status
        FROM (select ROW_NUMBER() OVER(order by id DESC)
        AS rownumber, * FROM db_huikuanjihua) AS T
        where T.rownumber BETWEEN (#{page}-1)*20+1 AND #{page}*20+1
    </select>
    <!-- 修改待还金额及还款状态 -->
    <update id="updateHuiKuanJiHuaById">
        update db_huikuanjihua
        set daihuanjine = #{daihuanjine}, status = #{status}
        where hetongbianhao = #{hetongbianhao}
    </update>
    <!-- 查询合同编号查询回款计划 -->
    <select id="queryHuiKuanJiHuaByHeTong" resultMap="BaseResultMap" parameterType="com.hongming.demo.entity.DbHuikuanjihua">
        SELECT id, duiyingxiangmu, duiyingkehu, hetongbianhao, zhuti, suoyouzhe, suoyouzheId,
        chaosongduixiang, fuzeren, sumMoney, daihuanjine, status
        FROM db_huikuanjihua where hetongbianhao = #{hetongbianhao}
    </select>
    <!-- 根据客户名称查询所有合同 -->
```

```xml
<select id = "queryAllByName" resultMap = "BaseResultMap" parameterType = "com.hongming.demo.entity.DbHuikuanjihua">
    SELECT id, duiyingxiangmu, duiyingkehu, hetongbianhao, zhuti, suoyouzhe, suoyouzheId,
    chaosongduixiang, fuzeren, sumMoney, daihuanjine, status
    from db_huikuanjihua WHERE duiyingkehu = #{duiyingkehu}
</select>
```

（2）编辑 DbHuikuanjihuaDetailMapper.xml 文件，添加实现回款计划明细管理操作相关 SQL 语句，代码如下所示。

```xml
<!-- 新增 -->
<insert id = "addHuiKuanJiHuaDetail"
parameterType = "com.hongming.demo.entity.DbHuikuanjihuaDetail">
    insert into db_huikuanjihua_detail (qishu, jihuadate, yinghuanmoney, zhanbi,
                                        daihuanmoney, status, hetongbianhao)
    values(
    #{qishu}, #{jihuadate}, #{yinghuanmoney}, #{zhanbi}, #{daihuanmoney}, #{status},
    #{hetongbianhao})
</insert>
<!-- 删除该合同编号下的所有计划明细 -->
<delete id = "deleteHuiKuanJiHuaDetailAll" parameterType = "String">
    DELETE FROM db_huikuanjihua_detail WHERE hetongbianhao = #{hetongbianhao}
</delete>
<!-- 查询,根据合同编号查看该合同下的所有回款计划明细 -->
<select id = "queryHuiKuanJiHuaDetailAll" resultMap = "BaseResultMap" parameterType = "com.hongming.demo.entity.DbHuikuanjihuaDetail">
    SELECT id, qishu, convert(NVARCHAR, jihuadate, 23) AS jihuadate, yinghuanmoney, zhanbi,
    daihuanmoney, status, hetongbianhao FROM db_huikuanjihua_detail
    where hetongbianhao = #{hetongbianhao}
    order by qishu ASC
</select>
<!-- 修改未还金额和状态 -->
<update id = "updateHuiKuanJiHuaDetailById">
    update db_huikuanjihua_detail
    set daihuanmoney = #{daihuanmoney}, status = #{status}
    where id = #{id}
</update>
<!-- 根据工号查询还款日临近三天的数据 -->
<select id = "queryHuiKuanJiHuaDetailDate" resultMap = "BaseResultMap" parameterType = "com.hongming.demo.entity.DbHuikuanjihuaDetail">
    SELECT * FROM db_huikuanjihua_detail where jihuadate between getdate() and dateadd(day, 3,
    getdate())order by qishu ASC
</select>
```

（3）编辑 DbHuikuanjiluMapper.xml 文件，添加实现回款记录管理操作相关 SQL 语句，代码如下所示。

```xml
<!-- 新增还款记录 -->
<insert id = "addHuiKuanJiLu" parameterType = "com.hongming.demo.entity.DbHuikuanjilu">
```

```xml
        insert into db_huikuanjilu(suoyouzhe,suoyouzheId,caozuodate,caozuomoney,hetongbianhao,huikuandate)
    values(#{suoyouzhe},#{suoyouzheId},#{caozuodate},#{caozuomoney},#{hetongbianhao},#{huikuandate})
</insert>
<!-- 查询合同编号 -->
<select id="queryHuiKuanJiLuByHeTongBianHao" resultMap="BaseResultMap" parameterType="com.hongming.demo.entity.DbHuikuanjihua">
    SELECT id,suoyouzhe,suoyouzheId,convert(nvarchar(100)
    ,caozuodate,20) AS caozuodate,caozuomoney,hetongbianhao,convert(nvarchar(100)
    ,huikuandate,20) AS huikuandate FROM db_huikuanjilu where hetongbianhao = #{hetongbianhao}
    ORDER BY id DESC
</select>
```

（4）编辑 DbHuankuantimeMapper.xml 文件，添加实现查看临近回款相关功能的管理操作相关 SQL 语句，代码如下所示。

```xml
<!-- 查询所有未还清的,查看临近还款日期 -->
<select id="getBean" resultMap="BaseResultMap" parameterType="com.hongming.demo.entity.DbHuankuantime">
    SELECT a.duiyingkehu,a.suoyouzheId,a.hetongbianhao,b.id,b.qishu,convert(NVARCHAR,jihuadate,23)AS jihuadate,b.daihuanmoney
    FROM
    db_huikuanjihua a
    LEFT JOIN
    db_huikuanjihua_detail b
    ON
    a.hetongbianhao = b.hetongbianhao
    where b.jihuadate between dateadd(day,-1,getdate()) and dateadd(day,3,getdate()) and b.status = '1'
</select>
<!-- 查询所有未还清的,查看逾期数据 -->
<select id="getYuQiBean" resultMap="BaseResultMap" parameterType="com.hongming.demo.entity.DbHuankuantime">
    SELECT a.duiyingkehu,a.suoyouzheId,a.hetongbianhao,b.id,b.qishu,convert(NVARCHAR,jihuadate,23)AS jihuadate,b.daihuanmoney
    FROM
    db_huikuanjihua a
    LEFT JOIN
    db_huikuanjihua_detail b
    ON
    a.hetongbianhao = b.hetongbianhao
    WHERE b.jihuadate &lt; getdate()-1 AND b.status = '1'
</select>
```

13.3.2　编辑回款记录管理模块 Mapper 接口

（1）编辑 DbHuikuanjihuaMapper 接口，继承 MyBatis-Plus 的 BaseMapper 接口，在该

接口文件中添加如下代码。

```java
@Mapper
public interface DbHuikuanjihuaMapper extends BaseMapper<DbHuikuanjihua> {
    //新增回款计划
    int addHuiKuanJiHua(DbHuikuanjihua dbHuikuanjihua);
    //删除回款计划
    int deleteHuiKuanJiHua(@Param("id") Integer id);
    //根据下属员工工号查询回款计划
    List<DbHuikuanjihua> queryHuiKuanJiHuaById(@Param("item2") List<String> item2,
    @Param("page") Integer page);
    //根据员工工号查询
    List<DbHuikuanjihua> queryHuiKuanJiHuaByAccount(@Param("suoyouzheId") String
    suoyouzheId,@Param("page") Integer page);
    //查询全部回款计划
    List<DbHuikuanjihua> queryHuiKuanJiHuaAll(@Param("page") Integer page);
    //修改待还金额及还款状态
    int updateHuiKuanJiHuaById(@Param("hetongbianhao") String hetongbianhao, @Param
    ("daihuanjine") BigDecimal daihuanjine,@Param("status") String status);
    //根据合同编号查询
    DbHuikuanjihua queryHuiKuanJiHuaByHeTong(@Param("hetongbianhao")String hetongbianhao);
    //根据客户名称查询所有合同
    List<DbHuikuanjihua> queryAllByName(@Param("duiyingkehu") String duiyingkehu); }
```

（2）编辑 DbHuikuanjihuaDetailMapper 接口,继承 MyBatis-Plus 的 BaseMapper 接口,在该接口文件中添加如下代码。

```java
@Mapper
public interface DbHuikuanjihuaDetailMapper extends BaseMapper<DbHuikuanjihuaDetail> {
    //新增计划明细
    int addHuiKuanJiHuaDetail(DbHuikuanjihuaDetail dbHuikuanjihuaDetail);
    //根据合同编号删除所有该合同下的计划明细
    int deleteHuiKuanJiHuaDetailAll(@Param("hetongbianhao") String hetongbianhao);
    //修改计划明细的待还金额和状态
    int updateHuiKuanJiHuaDetailById(@Param("id") Integer id,@Param("daihuanmoney")
    BigDecimal daihuanmoney,@Param("status") String status);
    //根据合同编号查询计划明细
    List<DbHuikuanjihuaDetail> queryHuiKuanJiHuaDetailAll(@Param("hetongbianhao") String
    hetongbianhao);
    //根据工号查询还款日临近三天的数据
    List<DbHuikuanjihuaDetail> queryHuiKuanJiHuaDetailDate();
}
```

（3）编辑 DbHuikuanjiluMapper 接口,继承 MyBatis-Plus 的 BaseMapper 接口,在该接口文件中添加如下代码。

```java
@Mapper
public interface DbHuikuanjiluMapper extends BaseMapper<DbHuikuanjilu> {
```

```java
//新增回款记录
int addHuiKuanJiLu(DbHuikuanjilu dbHuikuanjilu);
//查询全部回款计划
List<DbHuikuanjilu> queryHuiKuanJiLuByHeTongBianHao(@Param("hetongbianhao") String hetongbianhao);
}
```

（4）编辑 DbHuankuantimeMapper 接口，继承 MyBatis-Plus 的 BaseMapper 接口，在该接口文件中添加如下代码。

```java
@Mapper
public interface DbHuankuantimeMapper extends BaseMapper<DbHuankuantime> {
    //查询临近三天需要还款的数据
    List<DbHuankuantime> getBean();
    //查询逾期数据
    List<DbHuankuantime> getYuQiBean();
}
```

13.3.3 编辑费用报销管理模块 Service

1. 回款计划 Service

（1）编辑 DbHuikuanjihuaService 接口，继承 MyBatis-Plus 的 IService 接口，代码如下所示。

```java
public interface DbHuikuanjihuaService extends IService<DbHuikuanjihua> {
    //新增回款计划
    int addHuiKuanJiHua(DbHuikuanjihua dbHuikuanjihua);
    //删除回款计划
    int deleteHuiKuanJiHua(@Param("id") Integer id);
    //根据下属员工工号查询回款计划
    List<DbHuikuanjihua> queryHuiKuanJiHuaById(@Param("item2") List<String> item2, @Param("page") Integer page);
    //根据员工工号查询
    List<DbHuikuanjihua> queryHuiKuanJiHuaByAccount(@Param("suoyouzheId") String suoyouzheId, @Param("page") Integer page);
    //查询全部回款计划
    List<DbHuikuanjihua> queryHuiKuanJiHuaAll(@Param("page") Integer page);
    //修改待还金额及还款状态
    int updateHuiKuanJiHuaById(@Param("hetongbianhao") String hetongbianhao, @Param("daihuanjine") BigDecimal daihuanjine, @Param("status") String status);
    //根据合同编号查询
    DbHuikuanjihua queryHuiKuanJiHuaByHeTong(@Param("hetongbianhao") String hetongbianhao);
    //根据客户名称查询所有合同
    List<DbHuikuanjihua> queryAllByName(@Param("duiyingkehu") String duiyingkehu);
}
```

（2）编辑 DbHuikuanjihuaServiceImpl 类，继承 MyBatis-Plus 的 ServiceImpl 类，实现

DbHuikuanjihuaService 接口,代码如下所示。

```java
@Service
public class DbHuikuanjihuaServiceImpl extends ServiceImpl < DbHuikuanjihuaMapper, DbHuikuanjihua >
implements DbHuikuanjihuaService {
    @Override
    public int addHuiKuanJiHua(DbHuikuanjihua dbHuikuanjihua) {
        return baseMapper.addHuiKuanJiHua(dbHuikuanjihua);
    }
    @Override
    public int deleteHuiKuanJiHua(Integer id) {
        return baseMapper.deleteHuiKuanJiHua(id);
    }
    @Override
    public List < DbHuikuanjihua > queryHuiKuanJiHuaById(List < String > item2, Integer page) {
        return baseMapper.queryHuiKuanJiHuaById(item2,page);
    }
    @Override
    public List < DbHuikuanjihua > queryHuiKuanJiHuaByAccount ( String suoyouzheId, Integer page) {
        return baseMapper.queryHuiKuanJiHuaByAccount(suoyouzheId,page);
    }
    @Override
    public List < DbHuikuanjihua > queryHuiKuanJiHuaAll(Integer page) {
        return baseMapper.queryHuiKuanJiHuaAll(page);
    }
    @Override
    public int updateHuiKuanJiHuaById(String hetongbianhao, BigDecimal daihuanjine, String status) {
        return baseMapper.updateHuiKuanJiHuaById(hetongbianhao,daihuanjine,status);
    }
    @Override
    public DbHuikuanjihua queryHuiKuanJiHuaByHeTong(String hetongbianhao) {
        return baseMapper.queryHuiKuanJiHuaByHeTong(hetongbianhao);
    }
    @Override
    public List < DbHuikuanjihua > queryAllByName(String duiyingkehu) {
        return baseMapper.queryAllByName(duiyingkehu);
    }
}
```

2. 回款计划明细 Service

(1) 编辑 DbHuikuanjihuaDetailService 接口,继承 MyBatis-Plus 的 IService 接口,代码如下所示。

```java
public interface DbHuikuanjihuaDetailService extends
IService < DbHuikuanjihuaDetail > {
    //新增计划明细
    int addHuiKuanJiHuaDetail(DbHuikuanjihuaDetail dbHuikuanjihuaDetail);
```

```
    //根据合同编号删除所有该合同下的计划明细
    int deleteHuiKuanJiHuaDetailAll(@Param("hetongbianhao") String hetongbianhao);
    //修改计划明细的待还金额和状态
    int updateHuiKuanJiHuaDetailById(@Param("id") Integer id, @Param("daihuanmoney")
BigDecimal daihuanmoney,@Param("status") String status);
    //根据合同编号查询计划明细
    List<DbHuikuanjihuaDetail> queryHuiKuanJiHuaDetailAll(@Param("hetongbianhao") String
hetongbianhao);
    //根据员工工号查询还款日临近三天的数据
    List<DbHuikuanjihuaDetail> queryHuiKuanJiHuaDetailDate();
}
```

（2）编辑 DbHuikuanjihuaDetailServiceImpl 类，继承 MyBatis-Plus 的 ServiceImpl 类，实现 DbHuikuanjihuaDetailService 接口，代码如下所示。

```
@Service
public class DbHuikuanjihuaDetailServiceImpl extends ServiceImpl<DbHuikuanjihuaDetailMapper,
DbHuikuanjihuaDetail> implements DbHuikuanjihuaDetailService {
    @Override
    public int addHuiKuanJiHuaDetail(DbHuikuanjihuaDetail dbHuikuanjihuaDetail) {
        return baseMapper.addHuiKuanJiHuaDetail(dbHuikuanjihuaDetail);
    }
    @Override
    public int deleteHuiKuanJiHuaDetailAll(String hetongbianhao) {
        return baseMapper.deleteHuiKuanJiHuaDetailAll(hetongbianhao);
    }
    @Override
    public int updateHuiKuanJiHuaDetailById(Integer id, BigDecimal daihuanmoney, String
status) {
        return baseMapper.updateHuiKuanJiHuaDetailById(id,daihuanmoney,status);
    }
    @Override
    public List<DbHuikuanjihuaDetail> queryHuiKuanJiHuaDetailAll(String hetongbianhao) {
        return baseMapper.queryHuiKuanJiHuaDetailAll(hetongbianhao);
    }
    @Override
    public List<DbHuikuanjihuaDetail> queryHuiKuanJiHuaDetailDate() {
        return baseMapper.queryHuiKuanJiHuaDetailDate();
    }
}
```

3. 临近回款提醒 Service

（1）编辑 DbHuankuantimeService 接口，继承 MyBatis-Plus 的 IService 接口，代码如下所示。

```
public interface DbHuankuantimeService extends IService<DbHuankuantime> {
    //查询临近三天需要还款的数据
    List<DbHuankuantime> getBean();
    //查询逾期数据
    List<DbHuankuantime> getYuQiBean();
}
```

（2）编辑 DbHuankuantimeServiceImpl 类，继承 MyBatis-Plus 的 ServiceImpl 类，实现 DbHuankuantimeService 接口，代码如下所示。

```java
@Service
public class DbHuankuantimeServiceImpl extends ServiceImpl < DbHuankuantimeMapper, DbHuankuantime >
implements DbHuankuantimeService {
    @Override
    public List < DbHuankuantime > getBean() {
        return baseMapper.getBean();
    }
    @Override
    public List < DbHuankuantime > getYuQiBean() {
        return baseMapper.getYuQiBean();
    }
}
```

4. 回款记录 Service

（1）编辑 DbHuikuanjiluService 接口，继承 MyBatis-Plus 的 IService 接口，代码如下所示。

```java
public interface DbHuikuanjiluService extends IService < DbHuikuanjilu > {
    //新增回款记录
    int addHuiKuanJiLu(DbHuikuanjilu dbHuikuanjilu);
    //查询全部回款计划
    List < DbHuikuanjilu > queryHuiKuanJiLuByHeTongBianHao(@Param("hetongbianhao") String hetongbianhao);
}
```

（2）编辑 DbHuikuanjiluServiceImpl 类，继承 MyBatis-Plus 的 ServiceImpl 类，实现 DbHuikuanjiluService 接口，代码如下所示。

```java
@Service
public class DbHuikuanjiluServiceImpl extends ServiceImpl < DbHuikuanjiluMapper, DbHuikuanjilu > implements DbHuikuanjiluService {
    @Override
    public int addHuiKuanJiLu(DbHuikuanjilu dbHuikuanjilu) {
        return baseMapper.addHuiKuanJiLu(dbHuikuanjilu);
    }
    @Override
    public List < DbHuikuanjilu > queryHuiKuanJiLuByHeTongBianHao(String hetongbianhao) {
        return baseMapper.queryHuiKuanJiLuByHeTongBianHao(hetongbianhao);
    }
}
```

13.3.4 编辑回款记录管理模块 Controller

完整代码请扫描右侧二维码下载。

代码 13.3.4

第 14 章　项目部署

本章学习目标
- 掌握服务端项目打包部署流程。
- 掌握 Android APK 打包流程。

本章主要讲解项目最后阶段的打包部署方面的流程，项目分为服务端和移动端两部分。服务端直接打包，然后在服务器部署即可；移动端需要将项目生成 App 发布，最后下载至手机安装即可。

14.1　服务端项目打包部署

项目编写完成后将项目打成 jar 包，首先需要在 pom.xml 文件中导入 SpringBoot 的 Maven 依赖，代码如下所示。

```xml
<!--将应用打包成一个可以执行的jar包-->
<build>
    <plugins>
        <plugin>
            <groupId>org.springframework.boot</groupId>
            <artifactId>spring-boot-maven-plugin</artifactId>
        </plugin>
    </plugins>
</build>
```

然后，单击 idea 界面右下角的 Terminal 按钮，输入 mvn clean package 后按 Enter 键，如果出现如图 14.1 所示的界面，在控制面板中打印出 BUILD SUCCESS 即代表打包成功。

此时打开项目目录，会发现在 target 目录中会生成一个 jar 包，如图 14.2 所示。

本书部署项目的服务器为 Windows 版本，下面将基于此版本做讲解。将该 jar 包复制至服务器，即可运行部署指令，完成项目部署。需要注意的是，该项目在运行时依赖 Redis，因此要先启动 Redis，然后再部署 jar 包，否则会报错。

接下来启动 Redis 服务，在 Redis 的安装路径下输入 cmd，打开 DOS 窗口，输入 redis-server.exe redis.windows.conf，出现如图 14.3 所示的界面，即代表 Redis 服务启动成功。

最后在打开项目 jar 包所在的路径下输入 cmd，进入命令行提示窗口，输入 java-jar XXX.jar 2>&1 按 Enter 键即可。

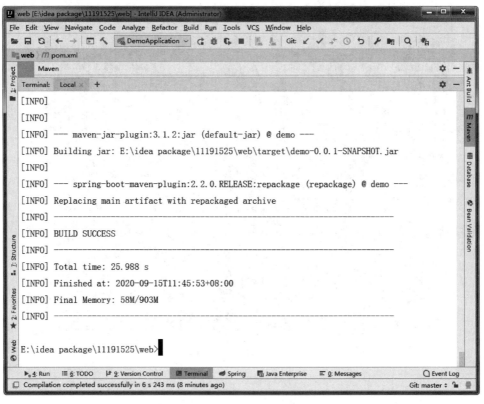

图 14.1　项目打包

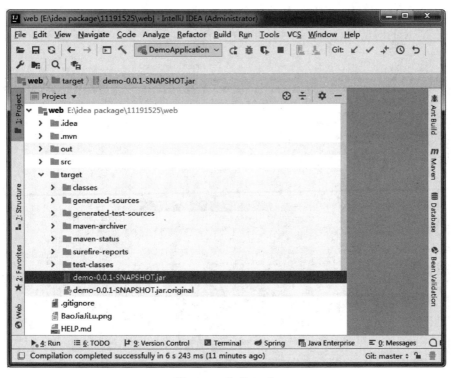

图 14.2　生成 jar 包

图 14.3　启动 Redis 服务

14.2　移动端 App 打包发布

在 Android Studio 菜单栏中选择 Build→ Generate Signed Bundle/APK，打开生成 Bundle 或 APK 的对话框，如图 14.4 所示，然后选择 APK 单选按钮，接着单击 Next 按钮，如图 14.5 所示。

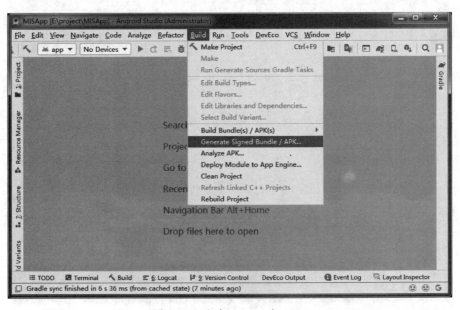

图 14.4　生成 Bundle 或 APK

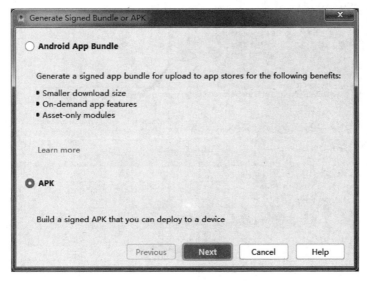

图 14.5　生成 APK

如果没有签名文件,则需要单击 Create new 按钮创建签名文件,按照要求填写签名文件,填写完成单击 OK 按钮,如图 14.6 所示。

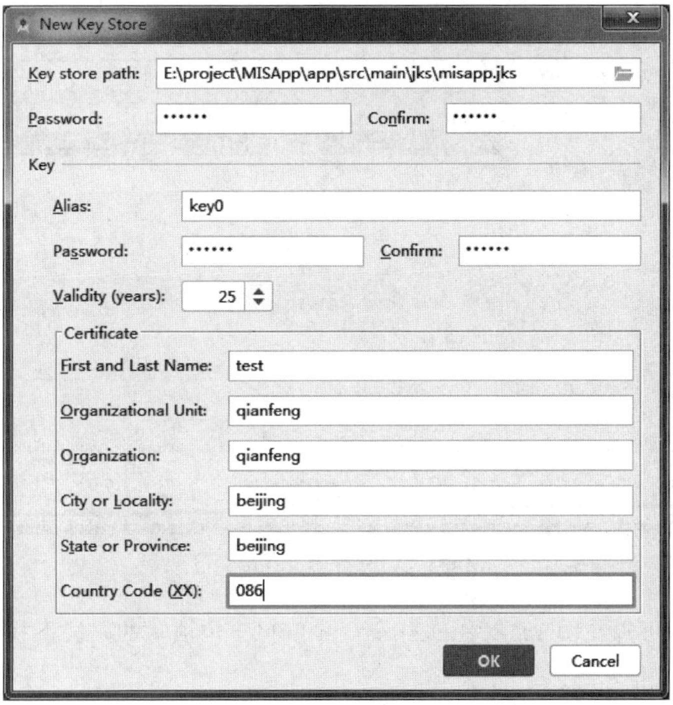

图 14.6　创建签名文件

如果使用已有的签名文件,可以单击 Choose existing 按钮,选择已有签名文件的路径,在 Key store password 输入框中填写签名文件的密码,在 Key alias 输入框中填写别名,在 Key password 输入框中填写该别名对应的密码,如图 14.7 所示。

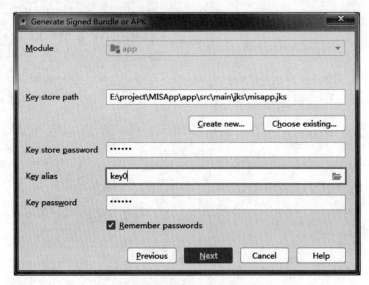

图 14.7　填写签名文件密码与别名

单击 Next 按钮后,在 Build Variants 列表框中选择 release,单击 Finish 按钮,等待打包完成,如图 14.8 所示。

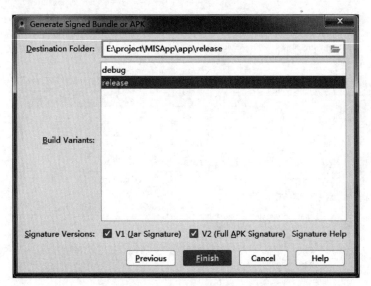

图 14.8　等待项目打包完成

打包完成后,可以在图 14.8 中 Destination Folder 中填写的路径下找到打包好的 APK 安装包文件。